新农村能工巧匠速成丛书

焊 工

鲁植雄 李晓勤 主编

中国农业出版社

内容提要

本书全面系统地介绍了初级焊工应掌握的基本技能和操作要点。全书共分七章，分别介绍了焊工基本知识、焊条电弧焊、气焊与气割、CO_2气体保护焊、埋弧焊、焊接缺陷与检验、焊工安全等内容。适合广大焊工、初学者、爱好者入门自学，也适合在岗焊工自学参考，以进一步提高焊工操作技能；也可作为职业院校、培训中心等的技能培训教材。

主　编　　鲁植雄　李晓勤

参　编　　许爱谨　刘奕贯　白学峰

　　　　　常江雪　郭　兵　金　月

　　　　　周伟伟　姜春霞　吴俊淦

　　　　　徐　浩　李文明　金文忻

　　　　　梅士坤　王亚馗　杨永梅

前　言

随着中国国民经济和现代科学技术的迅猛发展，我国农村也发生了巨大的变化。在党中央构建社会主义和谐社会和建设社会主义新农村的方针指引下，为落实党中央提出的"加快建立以工促农、以城带乡的长效机制"、"提高农民整体素质，培养造就有文化、懂技术、会经营的新型农民"、"广泛培养农村实用人才"等具体要求，全社会都在大力开展"农村劳动力转移培训阳光工程"，以增强农民转产转岗就业的能力。目前，图书市场上针对这一读者群的成规模、成系列的读物不多。为了满足数亿农民工的迫切需求和进一步规范劳动技能，中国农业出版社组织编写了《新农村能工巧匠速成丛书》。

该套丛书力求体现"定位准确、注重技能、文字简明、通俗易懂"的特点，因此在编写中从实际出发，简明扼要，不追求理论的深度，使具有初中文化程度的读者就能读懂学会稍加训练就能轻松掌握基本操作技能，从而达到实用速成、快速上岗的目的。

《焊工》为初级焊工而编写。书中不涉及高深的专业知识，您只要按照本书的指引，通过自己的努力训练，很快就可以掌握焊工的基本技能和操作技巧，成为一名合格的焊工。

本书全面系统地介绍了初级焊工应掌握的基本技能和操作要点。全书共分七章，分别介绍了焊工基本知识、焊条电弧焊、气焊与气割、CO_2 气体保护焊、埋弧焊、焊接缺陷与检验、焊工安全等内容。适合广大焊工、初学者、爱好者入门自学，也适合在岗焊工自学参考，以进一步提高焊工操作技能。也可作为职业院校、培训中心等的技能培训教材。

　　本书由南京农业大学鲁植雄、李晓勤主编，参加本书编写与绘图的有许爱谨、刘奕贯、白学峰、常江雪、郭兵、金月、周伟伟、姜春霞、吴俊淦、徐浩、李文明、金文忻、梅士坤、王亚馗、杨永梅等。

　　在本书编写过程中，得到了许多焊工相关企业的大力支持和协助，并参阅了大量参考文献，在此表示诚挚地感谢。

编 者

2012 年 12 月

目 录

第一章

焊工的基本知识

第一节 焊工的工作内容

一、焊工的职业定义与能力特征

1. 职业定义　焊工是指操作焊接和气割设备，进行金属工件的焊接或切割成型的人员。

2. 职业等级　根据国家标准，焊工共设五个等级，分别为初级、中级、高级、技师、高级技师。

3. 职业环境　焊工的职业环境主要是在室内、外及高空作业，且大部分在常温下工作（个别地区除外），施工中会产生一定的光辐射、烟尘、有害气体和环境噪声。

4. 职业能力特征　焊工应具有一定的学习理解和表达能力；手指、手臂灵活，动作协调；视力良好，具有分辨颜色色调和浓淡的能力。

5. 基本文化程度　初中毕业及以上。

二、焊工应掌握的基本知识

1. 职业道德

（1）遵守法律、法规和有关规定。

（2）爱岗敬业，忠于职守，自觉认真履行各项职责。

（3）工作认真负责，严于律己，吃苦耐劳。

（4）刻苦学习，钻研业务，努力提高思想和科学文化素质。

（5）谦虚谨慎，团结协作，主动配合。

（6）严格执行工艺文件，重视安全，保证质量。

（7）坚持文明生产。

2. 识图

（1）简单装配图的识读。

（2）焊接装配图的识读。

（3）焊接符号和焊接方法代号的识读。

3. 金属学及热处理知识

（1）金属晶体结构的一般知识。

（2）合金的组织结构、铁碳合金的基本组织。

（3）Fe－C 相图的构造及应用。

（4）钢的热处理基本知识。

4. 常用金属材料知识

（1）常用金属材料的物理、化学和力学性能。

（2）碳素结构钢、合金钢、铸铁、有色金属的分类、牌号、成分、性能和用途。

5. 电工基本知识

（1）直流电与电磁的基本知识。

（2）交流电基本概念。

（3）变压器的结构和基本工作原理。

（4）电流表和电压表的使用方法。

6. 化学基本知识

（1）化学元素符号。

（2）原子结构。

（3）简单的化学反应式。

7. 安全卫生和环境保护知识

（1）安全用电知识。

（2）焊接环境保护及安全操作规程。

（3）焊接劳动保护知识。

（4）特殊条件与材料的安全操作规程。

8. 冷加工基础知识

（1）焊工基础知识。

（2）钣金工基础知识。

三、焊工应掌握的基本技能

不同的焊工职业等级，所要求掌握的基本技能不一样，本书是针对入门级焊工，即系统介绍初级焊工应掌握的基本技能，以能适应焊工上岗的基本要求。

初级焊工应掌握的基本技能主要有以下几个方面。

1. 焊前准备的工作技能

（1）劳动保护准备技能

① 能够正确准备个人劳保用品。

② 能够进行场地设备、工具与卡具的安全检查。

（2）焊接材料准备技能

① 正确选择和使用常用金属材料的焊条。

② 正确选择和使用焊剂。

③ 正确选择和使用保护气体。

④ 正确选择和使用焊丝。

（3）工件准备技能

① 能够识别金属牌号。

② 能够正确识图。

③ 能够进行不同位置的焊接坡口的准备。

④ 能够控制焊接变形。

⑤ 能够进行焊前预热。

⑥ 能够进行焊件组对及定位焊。

（4）设备准备技能

① 能够正确选用手弧焊机。

② 能够正确选用焊钳及焊接电缆。

③ 能正确选用埋弧焊机及辅助装置。

④ 能正确选用气体保护焊机及辅助装置。

⑤ 能正确选用电阻焊机及辅助装置。

2. 手工电弧焊的操作技能

（1）能够正确使用手弧焊机。

（2）能够正确选择手弧焊工艺参数。

(3) 能够进行焊接电弧的引燃、运条、收弧。

(4) 能够进行工件的组对及定位焊。

(5) 能够进行低碳钢平板平焊位的单面焊双面成型。

(6) 能够进行低碳钢平板的立焊、横焊。

(7) 能够进行角接及 T 形接头焊接。

(8) 能够进行低碳钢的水平转动管焊接。

(9) 能够进行低碳钢平板对接立焊、横焊的单面焊双面成型。

(10) 能够进行低碳钢平板对接的仰焊。

(11) 能够进行低碳钢管垂直固定的单面焊双面成型。

(12) 能够进行低碳钢管板插入式各种位置的焊接。

(13) 能够进行低碳钢管的水平固定焊接。

3. 气焊与气割的操作技能

(1) 能够正确使用气焊、气割设备、工具及材料。

(2) 能够进行低碳钢和低合金钢的气焊和气割。

4. 碳弧气刨的操作技能

(1) 能够进行碳弧气刨的设备、工具和材料的选择。

(2) 能够进行低碳钢和低合金钢的碳弧气刨。

5. 二氧化碳气体保护焊的操作技能

(1) 能够正确选择半自动二氧化碳气体保护焊工艺。

(2) 能够进行半自动二氧化碳气体保护焊板的各种位置单面焊双面成型。

(3) 能够进行薄板点焊、钢筋对焊。

6. 氩弧焊的操作技能

(1) 能够正确选择手工钨极氩弧焊工艺。

(2) 能够进行管材的手工钨极氩弧焊对接单面焊双面成型。

(3) 能够进行管材的手工钨极氩弧焊打底，手工电弧焊填充、盖面。

7. 埋弧焊的操作技能

(1) 能够进行埋弧焊机的操作。

(2) 能够正确选择埋弧焊工艺参数。

(3) 能够进行中、厚板的平板对接双面焊。

8. 等离子焊接与切割的操作技能

(1) 能够进行奥氏体不锈钢的等离子切割。

(2) 能够进行奥氏体不锈钢的焊接。

9. 电阻焊的操作技能

（1）能够正确选择电阻焊工艺参数。

（2）能够进行电阻焊机操作。

10. 焊后检查的操作技能

（1）能够防止焊接缺陷。

（2）能够进行焊接缺陷的返修和焊补。

（3）能够进行焊缝外观尺寸和表面缺陷的检查。

（4）能够对焊接接头外观缺陷进行检验。

第二节 焊接方法的种类和应用

一、焊接的内涵

1. 钢制零件固定连接方法 将两个分离的钢制零件连接在一起，常采用的方法主要有：螺栓连接、铆钉连接、粘接、键连接和焊接等（图 1-1）。

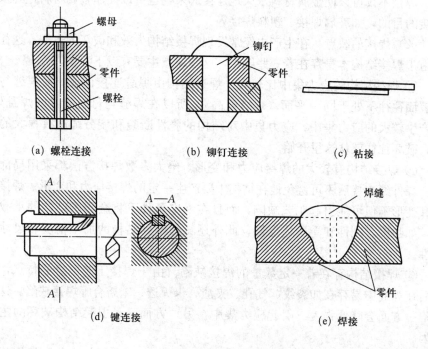

图 1-1 两个钢制零件的连接形式

利用螺栓将两个分离的零件连接在一起的方法称螺栓连接，它属可拆卸连接，在钢制结构中应用很少。

利用铆钉将两个分离的零件连接在一起的方法称铆钉连接，它金属材料耗费大，劳动强度大，密封性差，是落后的工艺措施，已逐步被焊接所取代。

利用黏结剂将两零件在一定温度及压力下，经一定时间的固化冷却凝固而连接在一起的方法称粘接。

通过加热或加压或两者并用，用或不用填充材料，使工件达到结合的方法称焊接。焊接通常是指金属的焊接。

铆接、粘接与焊接属不可拆连接。

2. 焊接的特点

（1）焊接的优点　焊接与螺栓连接、铆钉连接等连接方法相比具有以下优点：可以节省大量金属材料；减轻结构的质量；简化了加工与装配工序；不需钻孔，不需模型，划线的工作量少，劳动生产率高；焊接结构的致密性好、强度高；改善了劳动条件等。

焊接不仅可以使金属材料永久地连接起来，也可以使非金属材料达到永久连接的目的，如玻璃焊接、塑料焊接等。

（2）焊接的缺点　在生产中经常发现焊接结构失效和破坏的事例，这往往是由于焊接结构本身存在着一些缺点，这些缺点主要有以下五点。

① 焊接结构的应力集中比较大。焊接结构由焊缝连接而成，而焊缝与焊件表面往往不处于同一平面（焊缝略高），所以在焊缝与母材交界的焊趾处，易产生较大的应力集中，应力集中对结构的脆性断裂和疲劳强度有很大的影响，破坏往往就从这里开始。

② 焊接结构有较大的焊接应力和变形。绝大多数焊接方法都采用局部加热，焊件经焊接后不可避免地在结构中要产生一定的焊接应力和变形。焊接应力和变形不但可能引起工艺缺陷，而且在一定条件下将会影响结构的承载能力，如强度、刚性和受压稳定性，此外还将影响到结构的加工精度和尺寸稳定性。

③ 焊接结构存在着一定数量的焊接缺陷。由于焊接工艺本身的特点，焊完后在焊缝中易存在如裂纹、气孔、夹渣、未焊透、未熔合等焊接缺陷。这些缺陷一方面会降低强度、引起应力集中，另一方面又是引起结构破坏的主要原因。

④ 焊接结构具有较大的性能不均匀性。由于焊缝金属的成分和组织与基

本金属不同，以及焊接接头各部位所经受的热循环不同，所以焊接接头的不同区域具有不同的性能，形成了一个不均匀体。它的不均匀程度远远超过铸件和锻件，并且在这个不均匀中往往存在着一个薄弱环节，结构的破坏经常就从这里开始。

⑤ 焊接接头的整体性。这是焊接结构区别于铆接结构的一个重要特性。这一特性一方面使焊接结构具有较高的密封性和刚性，但另一方面也带来了一个严重问题，即整个结构的止裂性没有铆接结构好，裂纹一旦扩展就不易控制，继续延长而使结构遭到破坏，而铆接缝往往可以起到限制裂纹扩展的作用。

二、焊接方法的种类

按照焊接过程中金属所处状态的不同，可以把焊接方法分为熔焊、压焊和钎焊三种类型。

熔焊是在焊接过程中，将待焊处的母材加热至熔化状态，不加压完成焊接的方法。在加热的条件下，促进金属原子间的相互扩散，当被焊金属加热至熔化状态形成液态熔池时，原子之间可以充分扩散和紧密接触，因此冷却凝固后，即可形成牢固的焊接接头。常见的气焊、电弧焊、电渣焊、气体保护电弧焊等都属于熔焊的方法。

压焊是在焊接过程中，必须对焊件施加压力（加热或不加热），以完成焊接的方法。这类焊接有两种形式：

（1）将被焊金属接触部分加热至塑性状态或局部熔化状态，然后施加一定的压力，以使金属原子间相互结合形成牢固的焊接接头，如锻焊、接触焊、摩擦焊等就是这种类型的压焊方法。

（2）不进行加热，仅在被焊金属的接触面上施加足够大的压力，借助于压力所引起的塑性变形，使原子间相互接近而获得牢固的挤压接头，这种压焊的方法有冷压焊、锻焊、爆炸焊等。

钎焊是采用比母材熔点低的金属材料做钎料，将焊件和钎料加热到高于钎料熔点，低于母材熔化温度，利用液态钎料润湿母材，填充接头间隙并与母材相互扩散实现连接焊件的方法。常见的钎焊方法有烙铁钎焊、火焰钎焊等。

目前的焊接方法很多，常用的焊接方法分类如图1-2所示。

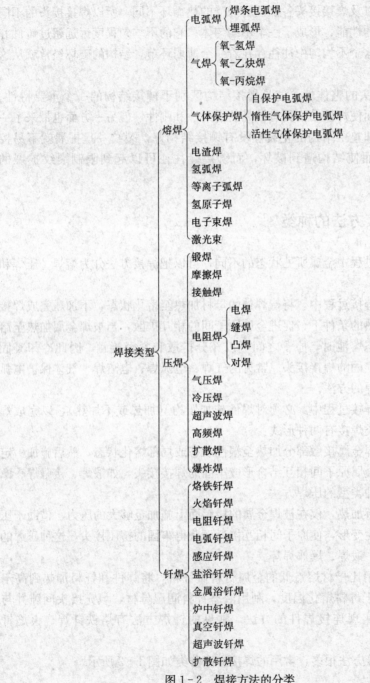

图 1-2　焊接方法的分类

三、常用焊接方法的特点与应用

常用焊接方法的特点与应用见表1-1。

表1-1 常用焊接方法特点与应用

种类	焊接方法	主要特点	应用
熔化焊	焊条电弧焊	采用手工操作，具有设备简单、易于操作、适用性较强的优点。但焊材的利用率较低，劳动强度大，难以实现机械化和自动化生产	焊接各种黑色金属，也可用于某些有色金属的焊接。对不规则的焊缝较适宜
	埋弧焊	在焊剂层下，焊丝端与焊件之间燃烧的电弧熔化母材和焊丝而形成焊缝。具有焊丝熔敷率高、熔深大、劳动条件好等特点	碳钢、低合金钢、不锈钢和铜等材料的中、厚板焊接。较适于平焊位置的焊接，对于其他位置焊接，必须采取特殊的保护措施
	熔化极气体保护焊	利用外加保护气体作为电弧介质，以隔离空气，防止空气侵入焊接区。常用的保护气体有 Ar、He、N_2、CO_2 及混合气体。其生产效率较高，质量较好，成本较低	惰性气体保护焊适于碳钢、合金钢及铝、铜、钛等金属材料的焊接。二氧化碳气体保护焊适于焊接碳钢，堆焊一般用于低合金钢及耐热耐磨钢
	钨极氩弧焊	以惰性气体（常用 Ar）作保护气体，钨极为不熔化电极的电弧焊。具有焊接电弧稳定性好，热量集中，熔池金属不发生氧化反应等优点。但生产效率较低，成本较高，不宜用于厚壁件焊接	焊接各种钢材和合金，特别适于薄壁焊件和难焊位置的焊接
	电渣焊	利用电流通过液态熔渣所产生的电阻热来熔化金属，其热影响区宽，晶粒易长大，焊后需热处理	碳钢、低合金钢厚壁结构件，容器的纵缝和环缝，以及厚的大钢件、铸件、锻件的焊接
	等离子弧焊	利用等离子弧加热焊件，能量密度大、热量集中、熔深大、热影响区小，且焊接速度快、生产效率高。但焊接设备较复杂。按特点可分为大电流、脉冲、微束等离子弧焊等	碳钢、低合金钢、不锈钢、耐热钢，以及铜、镍、钛及其合金等材料的焊接。微束等离子弧焊可焊金属箔及细丝
	气焊	利用可燃气体与氧混合燃烧的火焰加热焊件。其设备简单，操作方便，但加热区较宽，焊件变形较大，生产效率较低	焊接各种金属材料，特别是薄件焊接、管子的全位置焊接，零件预热、火焰钎焊、堆焊，以及火焰矫正

（续）

种类	焊接方法	主要特点	应 用
加压焊	电阻焊	利用电流通过焊件产生的电阻热来加热焊件，使之呈塑性状态或局部熔化状态，然后加压使之连接在一起。按焊接形式不同分点焊、缝焊、凸焊、对焊等。其生产效率高、节省材料、成本低，易于实现自动化生产	焊接各种钢、铝及铝合金、铜及铜合金等材料。主要用于焊接薄板（厚度3 mm以下）焊件
	摩擦焊	利用焊件接触面的相互旋转摩擦产生的热量，使局部达到热塑性状态，加压后形成焊接接头。可焊金属范围广，特别适于焊接异种金属，且接头质量好，易于自动化生产	铝、铜、钢及异种金属材料焊接
	冷压焊	不需外加热源，利用压力使金属产生塑性变形，将焊件焊接在一起	塑性较好的金属，如铝、铜、铅、钛等材料的焊接
钎焊	烙铁钎焊	利用电烙铁或火焰加热的烙铁，局部加热焊件。其焊接温度低，要用钎料	钎焊导线、电子元件、电路板及一般薄件，使用的钎料熔点低于300 ℃
	电阻钎焊	利用电阻热加热焊件。加热速度快，生产效率高	钎焊铜及铜合金、银及银合金、钢、硬质合金材料，常用于钎焊刀具、电器元件等
	火焰钎焊	利用气体火焰加热焊件。设备简单，通用性好	钎焊钢、不锈钢、硬质合金、铸铁及铜、银、铝等有色金属材料

第三节 焊接原理

一、焊接的三要素

焊接是对待焊处的焊件加热至熔化状态，并通过填充材料，使其原子间进行相互扩散，紧密接触，冷却凝固后，形成牢固的焊缝，从而将两个零件连接为一个整体。

由此可知，要使两个待焊零件焊为一体，则需要有三个要素：

（1）焊接电弧 使待焊零件的焊接处加热至熔化状态，形成熔池。

（2）焊条 即填充材料。

（3）焊件 即被焊金属材料。

二、焊接电弧

1. 定义 焊接电弧指在具有一定电压的两电极间或电极与焊件间的气体（空气）介质中产生强烈而持久的放电现象。电弧能产生大量的热能并放出强烈的光，其热能用来熔化金属。

2. 焊接电弧的形成 焊接电弧是具有一定电压的两电极间或电极与焊件间强烈而持久的放电现象。焊接时将焊条与焊件接触后很快拉开，在焊条端部与焊件间会产生电弧（图 1-3）。与一般气体的放电现象相比，焊接电弧不但能量大，而且连续持久。焊接电弧产生和维持的必要条件：一是气体电离；二是阴极电子发射。

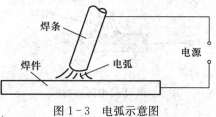

图 1-3 电弧示意图

（1）气体电离 在常态下，气体原子中的电子按一定的轨道环绕原子核作有规律的高速运动，整个原子呈中性。在一定条件下，气体原子中的电子从外面获得足够的能量，就脱离原子核的引力而放出，同时原子由于失去电子而形成正离子。这种使中性气体原子放出电子形成正离子的过程称为气体电离。

（2）阴极电子发射 阴极的金属表面连续向外发射出电子的现象，称为阴极电子发射。焊接时，如果只有气体电离而没有阴极电子发射，就没有电流通过，电弧就不能形成。根据在焊接过程中阴极所吸收能量的不同，所产生的电子发射有热发射、电场发射和撞击发射等。

一般来说，阴极表面温度越高，电场强度越大，电子发射作用越强。实际上，在焊接过程中，热发射、电场发射和撞击发射常同时存在，相互促进，在不同的条件下，它们所起的作用可能稍有差异。例如，在引弧过程中，热发射和电场发射起主要作用；电弧正常燃烧时，如采用高熔点的材料作为阴极时，则热发射作用较显著；若用铜或铝等作为阴极时，则撞击发射和电场发射起主要作用；而钢作为电极时，则热发射、撞击发射、电场发射都有影响。

3. 焊接电弧的构成 焊接电弧由阴极区、阳极区和弧柱区三部分组成（图 1-4）。

（1）阴极区 阴极区靠近阴极（电源负极），区域很窄（$10^{-6} \sim 10^{-5}$ mm），电场强度大。在阴极表面上有一个明亮的辉点，称为阴极辉点（图 1-5）。它是

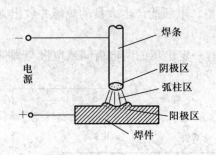

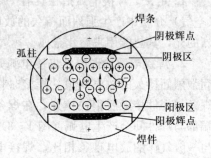

电子发射的发源地，电流密度很大。它也是阴极区温度最高的地方。

（2）阳极区 阳极区靠近阳极（电源正极），区域比阴极区宽些（$10^{-4} \sim 10^{-3}$ mm），但电场强度比阴极小得多。在阳极表面上也有一个明亮的辉点，称为阳极辉点（图1-5）。它是集中接受电子的微小区域。

图1-4 焊接电弧的构成　　　　图1-5 阴极辉点与阳极辉光

（3）弧柱区 弧柱区处于阴极区与阳极区之间，电弧的长度基本上等于弧柱的长度。弧柱区充满电子、正负离子及中性气体分子与原子，并有激烈的电离反应。

4. 焊接电弧的引燃方法 焊接电弧的引燃方法主要有接触短路引弧法和高频高压引弧法两种。

（1）接触短路引弧法 先将两电极互相接触短路，产生短路电流，然后迅速将电极拉开，两电极间立即产生一个电压（焊接的空载电压），使气体电离而引燃电弧。接触短路引弧法主要用于焊条电弧焊和埋弧自动焊。

（2）高频高压引弧法 将两电极靠近至相距 2～5 mm，然后加上 2 000～3 000 V 的高压，将两电极间的气体击穿电离，从而引燃电弧。由于工频（50 Hz）高压对人身的危害很大，为此将其频率提高到 150～260 kHz。高频高压引弧法主要用于钨极氩弧焊、等离子弧焊。

5. 焊接电弧的极性

（1）极性的定义 焊接电弧的极性是指直流电弧焊或直流电弧切割（如碳弧气刨）时，焊件与电源输出端正（阳）、负（阴）极的接法。

（2）极性的接法 当焊接电源采用交流电源时，由于正、负极性是交替变化的，所以不存在正接与反接。而采用直流电源时，若工件接电源正极，焊条接电源负极，称为直流正接；若工件接电源负极，焊条接电源正极，称为直流反接。直流的正接与反接如图1-6所示。

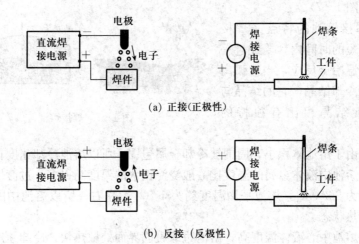

(a) 正接（正极性）

(b) 反接（反极性）

图 1-6 直流电弧焊的极性接法

（3）极性的选用 焊接时极性的选用，主要根据焊件所需的热量及使用焊条的类型或牌号而选取。

由于阴极的发热量远小于阳极，采用直流正接时，工件接正极，温度较高。因此，焊厚板时用直流正接，焊薄板时用直流反接。采用钨极氩弧焊焊接钢、黄铜时，应选用直流正接。钨极为阴极，热电子发射能力强，电弧稳定而集中，钨极发热量小，寿命长，而工件发热量大，熔深大，生产效率高。埋弧焊采用直流电源时，应采用直流反接。低氢型碱性焊条必须采用直流反接。直流反接时，电弧燃烧稳定，飞溅小；而采用直流正接时，电弧燃烧不稳定，飞溅大，而且容易产生气孔缺陷。

（4）极性的判断 在实际生产中，因某些直流弧焊设备使用年代已久，两次接线板上没有正（＋）、负（－）标记，在这种情况下，可通过观察电弧的形态来判断焊接电源的正、负接法。当使用碱性焊条时，如果电弧燃烧不稳定，出现爆裂声和飞溅大等现象，则表明极性是正接，与焊条要求用反接不符；如果电弧燃烧稳定，声音较平静均匀，飞溅也小，则表明是反接。

三、焊接熔池

1. 焊接熔池的定义 熔焊时，被焊金属（母材）和填充金属在热源作用下熔融在一起，并形成具有一定几何形状的液体金属叫熔池，冷却凝固后即称为焊缝（图 1-7）。

2. 焊接熔池的特点　焊接
熔池在极短的时间内，要经过一
系列的高温冶金反应，当电弧离
开之后便冷却结晶，它的结晶与
一般钢锭结晶相比有独特的
特点。

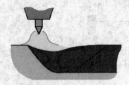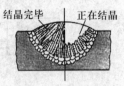

图 1-7　焊接熔池

（1）由于熔池体积小，周围被冷却金属包围，所以熔池冷却速度很快。

（2）熔池中液体金属的温度比一般浇注钢水的温度高得多，过渡熔滴的平
均温度约为 2 300 ℃，熔池平均温度约为 1 700 ℃左右，所以熔池中的液体金
属处于过热状态。

（3）熔池中心液体温度高，熔池边缘凝固界面处散热快，冷却速度高，因
而熔池结晶是在很大的温差条件下进行的。

（4）熔焊熔池一般均随电弧的移动而移动，因此熔池的形状和结晶组织受
焊接速度的影响。此外，焊条的摆动，电弧的吹力对熔池有强烈的搅拌作用，
能使熔池内的熔化金属处于运动状态下结晶。如图 1-8 所示，熔池前半部 a、
b、c 进行熔化过程，而后半部 c、d、a 进行凝固过程。熔焊时，随着电弧的
移动，熔池的结晶过程一直在连续地进行着。它的结晶速度相当于焊接速度。
因此，焊速越慢，熔池体积越大，则焊缝冷却就越慢，晶粒也就越粗大，焊缝
金属的塑性和韧性也就越差。

3. 焊接熔池的结晶　当热源移走后，熔池即开始结晶。熔池的结晶与
一般金属一样，由形核和核长大两个过程组成，但它是以熔合区半熔化晶
粒为现成表面形核，然后长大，形成联生柱状晶，一直长到焊缝中心（图
1-9）。

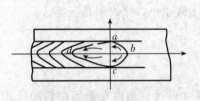

图 1-8　熔池在运动状态下结晶

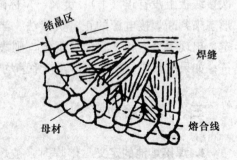

图 1-9　焊接金属结晶

第四节 焊件材料

焊件材料有金属材料和非金属材料，初级焊工涉及的焊接对象，一般是金属材料，所以本节主要介绍金属材料的分类与性能。

一、金属材料的分类

金属材料可分为黑色金属材料和有色金属材料两大类。黑色金属材料主要指钢和铸铁，黑色金属材料以外的其他金属材料统称为有色金属材料。

1. 钢的分类 钢是最常见的可焊材料，钢的种类繁多，性能各异，焊接窗口亦不同。

（1）**按用途分** 按用途不同，钢可分为结构钢、工具钢和特殊性能钢。

① 结构钢。包括碳钢中的甲类钢、乙类钢、特类钢以及普通低合金钢、渗碳钢、调质钢、弹簧钢、滚动轴承钢等。

② 工具钢。工具钢是指用于制造各种加工工具的钢种。根据工具的不同用途，又可分为刃具钢、模具钢、量具钢。

③ 特殊性能钢。特殊性能钢是指具有某种特殊物理或化学性能的钢种，包括不锈钢、耐热钢、耐磨钢、电工钢等。

（2）**按化学成分分** 按化学成分不同，钢可分为碳素钢和合金钢两大类。

① 碳素钢。碳素钢简称碳钢，是指碳的质量分数小于 2.11% 的铁碳合金。由于碳钢具有价格低廉，冶炼方便，工艺性能良好，而且在一般情况下能够满足使用性能要求等优点，因而在机械制造、建筑、交通运输及其他工业行业中得到了广泛的应用。

碳素钢按碳的质量分数可分为：

低碳钢：碳的质量分数小于 0.25% 的钢。

中碳钢：碳的质量分数在 $0.25\% \sim 0.60\%$ 的钢。

高碳钢：碳的质量分数大于 0.60% 的钢。

碳素钢按质量可分为：

普通碳素钢：硫、磷的质量分数较高。

优质碳素钢：硫、磷的质量分数较低。

高级优质碳素钢：硫、磷的质量分数很低。

特级质量碳素钢：硫、磷的质量分数非常低。

碳素钢按用途可分为：

碳素结构钢：主要用于制造各种工程构件和机器零件，一般属于低碳钢和中碳钢；

碳素工具钢：主要用于制造各种刃具、量具、模具等，一般属于高碳钢。

② 合金钢。合金钢是在碳钢的基础上，为了改善其组织和性能，有目的地加入一些元素而制成的钢，加入的元素称为合金元素。常用的合金元素有 Si、Mn、Cr、Ni、W、V、Mo、Ti 等。

合金钢按用途分类可分为：

合金结构钢：用于制造各种机械零件和工程结构的钢。

合金工具钢：用于制造各种工具的钢。

特殊性能刚：具有某些特殊的物理、化学性能的钢。

合金钢按合金元素分类可分为：

低合金钢：合金元素总量小于 5%。

中合金钢：合金元素总量在 5%～10%。

高合金钢：合金元素总量大于 10%。

（3）按品质分　根据钢中有害元素硫、磷的含量，可分为普通钢、优质钢、高级优质钢。

2. 铸铁的分类　铸铁是指含碳量大于 2.11% 的铁碳合金。也是一种可焊材料。铸铁具有优良的铸造性、切削加工性、耐磨性及减震性，而且熔炼铸铁的工艺与设备简单，成本低廉，是制造各种铸件的常用材料。

根据碳在铸铁中存在形式和形态的不同，铸铁可分为：

（1）白口铸铁　碳除少量熔于铁素体外，其余的碳都以渗碳体的形式存在于铸铁中，其断面呈银白色，故称为白口铸铁。这类铸铁硬而脆，很难切削加工，所以很少用来加工各种零件。

（2）灰铸铁　铸铁中的碳大部分以片状石墨形式存在，其断口呈暗灰色，故称灰铸铁。这类铸铁力学性能不高，但生产工艺简单，价格低廉，且具备其他方面的性能。

（3）球墨铸铁　铸铁中的碳绝大部分以球状石墨存在，故称球墨铸铁。这类铸铁力学性能比灰铸铁高，且通过热处理后可以进一步提高。

（4）可锻铸铁　铸铁中碳主要以团絮状石墨存在于铸铁中，它在薄壁复杂铸件中应用较多。

3. 有色金属材料的分类　有色金属材料具有许多良好的特殊性能，是现代工业中不可缺少的材料，也是一种可焊材料。

常用有色金属材料可分为：

(1) 铝及铝合金 有纯铝、变形铝合金、铸造铝合金。

(2) 铜及铜合金 有纯铜、黄铜、青铜、白铜。

(3) 钛及钛合金 有工业纯钛、钛合金。

(4) 镁合金 有变形镁合金、铸造镁合金。

(5) 镍及镍合金 有纯镍、耐蚀镍合金、热强镍合金、抗氧化镍合金。

二、金属材料的性能

金属材料的性能分为使用性能和工艺性能。了解这些性能是焊工应掌握的基本知识。

1. 金属材料的使用性能 使用性能指金属材料在使用过程中所表现出来的性能，包括物理性能、化学性能和力学性能。

(1) 金属材料的物理性能

① 密度。某种物质单位体积的质量称为该物质的密度。

② 熔点。纯金属和合金从固态向液态转变时的温度称为熔点。

③ 导热性。金属材料传导热量的性能称为导热性。

④ 热膨胀性。金属材料随着温度变化而膨胀、收缩的特性称为热膨胀性。一般来说，金属受热时膨胀而体积增大，冷却时收缩而体积缩小。

⑤ 导电性。金属材料传导电流的性能称为导电性。

衡量金属材料导电性的指标是电阻率，电阻率越小，金属导电性越好。金属导电性以银为最好，铜、铝次之。

⑥ 磁性。金属材料在磁场中受到磁化的性能称为磁性。

磁性与材料的成分和温度有关，不是固定不变的。当温度升高时，有的铁磁材料会消失磁性。

(2) 金属材料的化学性能 金属材料的化学性能主要有耐腐蚀性、抗氧化性等。

(3) 金属材料的力学性能 力学性能指金属在各种不同性质的外力作用下，所表现出来的抵抗变形和破坏的能力，包括强度、塑性、硬度、韧性和疲劳强度等。

① 强度。它指金属材料在外力的作用下，抵抗塑性变形或断裂的能力，主要有屈服强度（屈服点）和抗拉强度。

屈服强度（屈服点）是指在拉伸过程中，载荷不增加，试样（指试验用的材料）仍能继续伸长时的最小应力。

抗拉强度是指试样在拉断前所承受的最大应力。

② 塑性。它指金属材料在拉断前产生塑性变形的能力，主要有伸长率和断面收缩率。

伸长率是指拉伸后试样上标距的伸长与原始标距的百分比。

断面收缩率是指试样拉断后，缩颈处横断面积的最大缩减量与原始横断面积的百分比。

③ 硬度。它指材料抵抗硬物体压入其表面的能力。根据测试压头、载荷和试验方法的不同，硬度可分为布氏硬度、洛氏硬度、维氏硬度等。

④ 冲击韧性。它指金属材料抵抗冲击载荷作用而不破坏的能力。目前，常用一次摆锤冲击弯曲试验来测定。

⑤ 疲劳强度。它指金属材料在无限多次交变应力的作用下而不破坏的最大应力。实际上金属材料不可能做无数次交变载荷试验，所以一般规定：对于黑色金属应力循环次数达 10^7 次而不断裂的最大应力称为疲劳强度（疲劳极限），对于有色金属、不锈钢等应力循环次数达 10^8 次而不断裂的最大应力称为疲劳强度。

2. 金属材料的工艺性能　工艺性能是指金属材料对不同加工方法的适应能力，包括铸造性能、锻造性能、焊接性能和切削加工性能。工艺性能是生产过程中制订加工工艺考虑的重要因素，它直接影响到零件的制造工艺和质量。

（1）铸造性能　它指金属及合金在铸造中获得优良铸件的能力。衡量铸造性能的指标有流动性、收缩性和偏析倾向等。金属和合金的流动性越好、收缩性越小、偏析倾向越小，其铸造性能越好。

（2）锻造性能　它指金属材料利用锻压加工获得优良锻件的难易程度。锻造性能的好坏主要与金属的塑性和变形抗力有关，塑性越好、变形抗力越小，锻造性能越好。

（3）焊接性能　它指金属材料对焊接加工的适应性，也就是在一定的焊接工艺条件下，获得优质焊接接头的难易程度。对于同一种金属材料，如果采用不同的焊接方法或焊接材料，其焊接性能可能会有很大的差别。对于碳钢和低合金钢，焊接性能主要与金属材料的化学成分有关（其中碳的影响最大）。低碳钢具有良好的焊接性能，而高碳钢和铸铁的焊接性能较差。

（4）切削加工性能　它指金属材料切削加工的难易程度，由工件切削后其表面粗糙度及刀具的使用寿命等来衡量。一般认为金属材料具有适当的硬度和足够的脆性时，较易切削加工。

三、金属材料的焊接性

金属材料的焊接性包括两方面的内容：其一是接合性能，即在一定焊接工艺条件下，一定金属形成焊接缺陷的敏感性；其二是使用性能，即在一定焊接工艺条件下，一定金属的焊接接头对使用要求的适应性。

焊接性与材料、工艺、结构和使用条件等因素都有密切的关系，只能通过多方面的研究对其进行综合评定。各种金属材料的焊接性比较见表1-2。

表1-2 各种金属的焊接性

焊接方法	气焊	手弧焊	埋弧焊	CO_2保护焊	氩弧焊	电子束焊	电渣焊	点缝焊	对焊	摩擦焊	钎焊
铸铁	良好	良好	差	差	较好	较好	较好	很差	很差	很差	较好
铸钢	良好	良好	良好	良好	良好	良好	良好	很差	较好	较好	较好
低碳钢	良好	良好	良好	良好	良好	良好	良好	良好	良好	良好	良好
高碳钢	较好	良好	较好	较好	较好	良好	较好	良好	良好	良好	良好
低合金钢	较好	良好	良好	良好	良好	良好	良好	良好	良好	良好	良好
不锈钢	良好	良好	较好	较好	良好	良好	良好	良好	良好	良好	良好
耐热钢	较好	良好	较好	差	良好	很差	较好	较好	差	很差	良好
铜	较好	良好	差	差	良好	较好	很差	差	良好	良好	良好
铝及其合金	较好	差	差	很差	良好	良好	很差	良好	良好	较好	差
钛及其合金	很差	很差	很差	很差	良好	良好	很差	较好	差	很差	较好

金属焊接性的评定是通过各种焊接性试验来进行的。对钢进行接合性能评定时，可通过碳当量的初步估算，也可用冷裂纹敏感系数估计高强度钢热影响区冷裂纹敏感性的高低。

第五节 焊接接头与焊缝

一、焊接接头

1. 焊接接头的定义 焊接接头是指两个或两个以上焊件用焊接方法的连接之处。一个焊件总是由多个焊接接头组成的。

2. 焊接接头的组成　焊接接头是由电弧高温热源进行局部加热而形成的。整个焊接接头由焊缝金属、熔合区和热影响区组成，如图 1-10 所示。

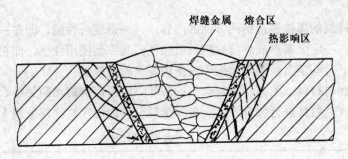

图 1-10　焊接接头的组成

（1）焊缝金属由焊接填充金属材料及部分母材金属熔化冷却结晶后而形成，其组织与化学成分不同于母材金属。

（2）热影响区指焊件受热的影响，但未熔化时发生金相组织和力学性能变化的区域。

（3）熔合区指由焊缝向热影响区过渡的区域。

3. 焊接接头的特点　焊接接头是一个化学成分和力学性能不均匀体。焊接接头的不连续性体现在以下四个方面：几何形状不连续；化学成分不连续；金相组织不连续；力学性能不连续。

4. 焊接接头的作用　焊接接头在焊接结构中的作用主要有三点：

（1）工作接头主要进行工作力的传递，该接头必须进行强度计算，确保焊接结构的安全可靠。

（2）联系接头虽然也参与力的传递，但主要作用是用焊接使更多的焊件连接成整体，起连接作用。这类接头通常不作强度计算。

（3）密封接头的主要作用是保证焊接结构的密闭性，防止泄漏，可以同时是工作接头或是联系接头。

5. 焊接接头的基本形式　焊接接头的基本形式有对接接头、搭接接头、T形（十字）接头和角接头。不同类型的接头有各自的优缺点，不同的焊接工艺及方法也有其特殊的接头形式。

（1）对接接头　对接接头是指两焊件表面构成大于或等于 135°，小于或等于 180°夹角的接头，即两焊件（板、棒、管等）相对端焊接而形成的接头，它是最常用的一种接头形式。根据焊件的厚度不同，有卷边对接接头、平对接接头和坡口对接接头等形式。对接接头的形式如图 1-11 所示。

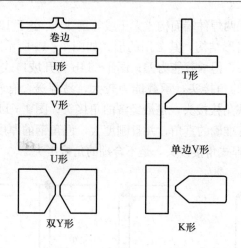

图 1-11 对接接头的形式

（2）搭接接头 搭接接头是指用（角）焊缝将两个焊件相互重叠连接而成的接头。根据不同的焊接方法及工艺，搭接接头有以下几种形式，如图 1-12 所示。

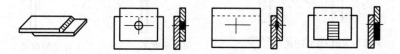

图 1-12 搭接接头的形式

钻孔塞焊、开槽塞焊常用于对强度要求不高的结构中；电阻点焊常用于薄板结构中。搭接接头虽然不是焊接结构的理想接头形式，但因焊前准备和装配工作比较简单，其横向收缩量也比较小，因此在焊接结构中仍然得到广泛的应用。

（3）T 形接头（十字接头） T 形接头是指一焊件之端面与另一焊件表面构成直角或近似直角的接头。这种接头种类较多，如图 1-13 所示，能承受各种方向的外力和力矩。这类接头应避免采用单面角焊缝，因为接头的根部有较深的缺口，其承载能力较低。

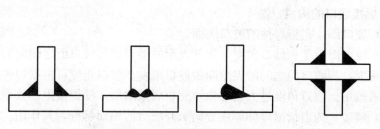

图 1-13 T 形接头的基本形式

（4）角接接头　两焊件端面构成大于或等于 30°，小于 135°夹角的接头称为角接接头，多用于箱形结构，其常用的形式如图 1-14 所示。其中，图 1-14a 是最简单的角接接头，但承载能力差；图 1-14b 为开坡口式角接接头，采用双面焊缝从内部加强的角接头，承载能力较大，易焊透，有较高的疲劳强度；图 1-14c 为易装配式角接接头，是最经济的角接头；图 1-14d 为直角式角接接头，保证角接接头有准确的直角，并且刚度大，但角钢的厚度应大于焊件厚度；图 1-14e 为不易施焊式角接接头，是不合理的角接接头。

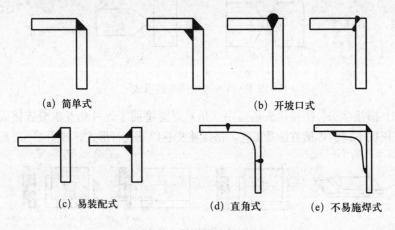

(a) 简单式　　　　　　　　　　　(b) 开坡口式

(c) 易装配式　　　　(d) 直角式　　　(e) 不易施焊式

图 1-14　角接接头的形式

二、焊接坡口

1. 焊接坡口的定义　根据设计或工艺需要，在焊件的待焊部位加工并装配成一定几何形状的沟槽称为坡口。

2. 焊接坡口的作用　焊接坡口的作用是为了保证焊缝根部焊透，保证焊接质量和连接强度，同时调整基本金属与填充金属的比例。

3. 焊接坡口的构成（图 1-15）

（1）坡口面　它指焊件的坡口表面。

（2）坡口面角度和坡口角度　焊件表面的垂直面与坡口面之间的夹角叫做坡口面角度，两坡口面之间的夹角叫做坡口角度。坡口角度可根据焊件厚度和设计要求选用。坡口角度过大会导致填充金属量增加，使焊接生产效率降低。

（3）钝边　钝边指沿焊件厚度方向未开坡口的端面部分，其作用主要是防止烧穿。钝边尺寸不能过大，要保证底层焊缝焊透。

（4）根部间隙　根部间隙指焊接前在接头根部之间预留的空隙，其作用是在焊接打底焊道时保证根部焊透。

（5）根部半径　坡口底部的圆弧半径叫做根部半径，其作用是增大坡口根部的空间，使焊条能深入根部，增大焊缝的熔敷率，保证根部焊透。

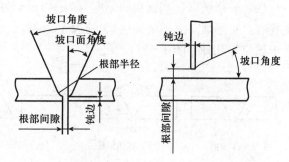

图1-15　焊接坡口的构成

开坡口的主要目的是保证焊件在厚度方向上全部焊透，坡口角度越大，焊透程度越高，焊缝的填充金属消耗量也越多，焊接变形也趋大。

其中，坡口角度、根部半径和钝边称为焊接坡口的三要素。

① 当钝边尺寸较大而根部间隙不变时，焊缝根部的熔透度要受到影响；当钝边尺寸较小而根部间隙较大时，焊缝根部可熔透，但也可烧穿而成焊瘤，这主要取决于焊工的操作水平。

② 当坡口角度过大时，缩小根部间隙和加大钝边，用小直径焊条可保证焊缝根部焊透；当坡口角度过小时，应加大根部间隙，适当减小钝边，用小直径焊条也可将焊缝根部熔透。焊前应清除坡口表面的铁锈、油污、水分，目的是提高焊缝金属的综合力学性能。

4. 焊接坡口的形式　焊接坡口主要有I形坡口、V形坡口、X形坡口、U形坡口等形式。

（1）I形坡口　当钢板的厚度在6mm以下，一般不开坡口，也被称为I形坡口。I形坡口只留1～2mm的根部间隙（图1-16）。但这也不是绝对的，在有些重要的结构中，当钢板厚度大于3mm时要求开坡口。

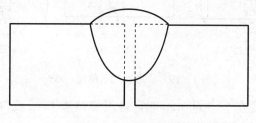

图1-16　I形坡口

（2）V形坡口　当钢板的厚度为7～40 mm时，采用V形坡口。V形坡口主要有：V形坡口（不留钝边）、钝边V形坡口、单边V形坡口和带钝边单边V形坡口等几种（图1-17）。

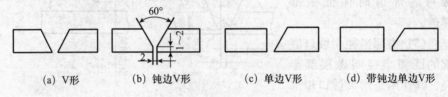

（a）V形　　　（b）钝边V形　　　（c）单边V形　　　（d）带钝边单边V形

图1-17　V形坡口

V形坡口的特点是加工容易，但焊后焊件易产生角变形。

（3）X形坡口　X形坡口也称双面V形或双面Y形坡口。与V形坡口相比，X形坡口具有在相同厚度下，能焊着金属量约1/2，焊后的变形量和产生的应力也小些。主要用于大厚度及要求变形较小的结构中（图1-18）。一般来说，当板厚在12～60 mm时，可采用X形坡口。

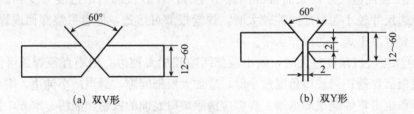

（a）双V形　　　　　　　　　　　　（b）双Y形

图1-18　X形坡口（单位：mm）

（4）U形坡口　U形坡口有带钝边U形坡口、带钝边J形坡口、带钝边双U形坡口（图1-19）。

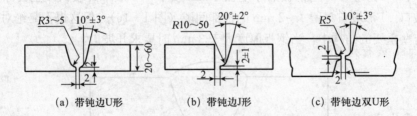

（a）带钝边U形　　　（b）带钝边J形　　　（c）带钝边双U形

图1-19　U形坡口（单位：mm）

当钢板的厚度在20～60 mm时，采用带钝边U形坡口，当厚度为40～60 mm时采用双U形带钝边坡口。

U 形坡口的特点是焊着金属量少，焊件产生变形也小，焊缝金属中母材所占比例也少，但这种坡口加工较困难，一般用于较重要的焊接结构。

不同厚度钢板对接焊时，如果两板厚度差（$\delta-\delta_1$）不超过表 1-3 所列值，则接头基本形式和尺寸应按较厚板的数据选取。如果两板厚度差（$\delta-\delta_1$）超过此表的所列值，则应将厚板单面或双面削薄，削薄长度 $L \geqslant 3\,\mathrm{mm}(\delta-\delta_1)$，如图 1-20 所示。

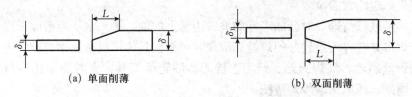

(a) 单面削薄　　　　　　　　　　　　(b) 双面削薄

图 1-20　不同厚度钢板对接接头的削薄处理

表 1-3　不同厚度的钢板对接焊时允许厚度差（mm）

较薄板的厚度 δ_1	$\geqslant 2 \sim 5$	$>5 \sim 9$	$>9 \sim 12$	>12
允许厚度差（$\delta-\delta_1$）	1	2	3	4

注：δ 为较厚板的厚度。

5. 焊接坡口的选择原则　如何选择这些坡口，主要取决于被焊构件的厚度、焊接方法、焊接位置和焊接工艺程序。此外，还应尽量做到以下几点：

（1）填充材料最少　例如，同样厚度平板对接，双面 V 形坡口比单面 V 形坡口省约一半的填充金属材料。

（2）具有良好的可达性　例如，有些情况不便或不能两面施焊时，宜选择单面 V 形或 U 形坡口。

（3）坡口容易加工，且费用低　V 形和双面 V 形坡口可以气割，而 U 形坡口一般要机械加工，成本较高。

（4）要有利于控制焊接变形　双面对称坡口的角变形小；单面 V 形坡口的角变形比单面 U 形坡口的大。

6. 焊接坡口的加工方法　利用机械、火焰或电弧等加工坡口的过程称为开坡口，可根据焊件的尺寸、形状与加工条件选用以下几种加工方法：

（1）机械加工　常用的机械加工有剪切法，如采用 I 形接头的薄钢板可用剪板机剪切；采用刨削法、车削法和铣削法，如对角度的坡口，利用机床对板、管的边缘进行切削加工。机械加工后的坡口一般精度较高，坡口面较光洁。还可用专用的坡口加工机加工坡口。

（2）气割加工 氧乙炔焰切割是应用较广的坡口加工方法，可得到直线形与曲线形的任何角度的各类坡口。通常有手工切割、半自动切割和自动切割 3 种，手工切割坡口边缘不太平整，应尽量使用半自动切割和自动切割。

（3）碳弧气刨 利用碳弧气刨枪的碳棒或石墨棒与焊件间产生的电弧将坡口金属熔化，并用压缩空气吹掉熔渣来加工坡口。其加工效率较高，但气刨时烟雾大，应注意通风。

（4）坡口清理 对已加工好的坡口边缘上的油、锈、水等应清除干净，以利于焊接并获得质量较好的焊缝。清理时可根据具体情况选用钢丝刷、电动或风动钢丝刷轮、气焊火焰、铲刀、锉刀、砂轮等工具，有时要采用溶剂（汽油、丙酮、四氯化碳等）清洗。

三、焊缝

焊缝是指焊件经焊接后形成的结合部分。

1. 焊缝的形式 焊缝按不同分类方法有多种形式。

（1）按焊缝在空间的位置分 按焊缝在空间的位置的不同可分为平焊缝、立焊缝、横焊缝和仰焊缝 4 种形式（图 1-21）。

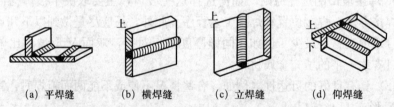

(a) 平焊缝　　(b) 横焊缝　　(c) 立焊缝　　(d) 仰焊缝

图 1-21 按焊缝在空间位置不同的焊缝形式

（2）按焊缝结合形式分 按焊缝结合形式可分为对接焊缝、角焊缝和塞焊缝 3 种形式（图 1-22）。

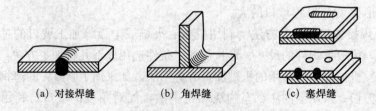

(a) 对接焊缝　　　　(b) 角焊缝　　　　(c) 塞焊缝

图 1-22 按焊缝接合形式不同的焊缝形式

（3）按焊缝断续情况分　按焊缝断续情况可分为连续焊缝和断续焊缝两种（图1-23）。

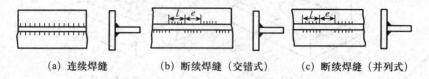

(a) 连续焊缝　　　　(b) 断续焊缝（交错式）　　　　(c) 断续焊缝（并列式）

图1-23　按焊缝断续情况不同的焊缝形式

① 连续焊缝。沿接头全长连续焊接的焊缝。

② 断续焊缝。沿接头全长具有一定间隙的焊缝，称为断续焊缝。断续焊缝又分为交错式和并列式断续焊缝。

2. 焊缝的形状与尺寸　焊缝的形状用一系列几何尺寸来表示，不同形式的焊缝，其形状参数也不一样。对接焊缝各部分尺寸名称如图1-24所示，角焊缝各部分尺寸名称如图1-25所示。

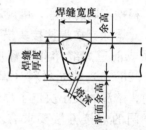

图1-24　对接焊缝各部分尺寸名称

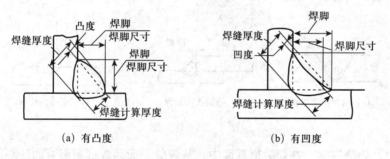

(a) 有凸度　　　　　　　　　　　(b) 有凹度

图1-25　角焊缝各部分尺寸名称

焊缝各部分的名称主要有焊缝宽度、余高、熔深、焊缝厚度、焊缝计算厚度、焊缝凸度、焊缝凹度、焊脚等。

（1）焊缝宽度　焊缝表面与母材金属交界处叫做焊趾。单道焊缝中，焊缝表面两焊趾之间的距离叫做焊缝宽度（图1-26）。

（2）余高　超出母材表面连线上面的那部分焊缝金属的最大高度叫做余高（图1-27）。焊缝的余高使焊缝的横截面增加，强度提高，并且能增加X射线的灵敏度，但却使焊趾处产生应力集中，所以余高既不能低于母材，但也不能

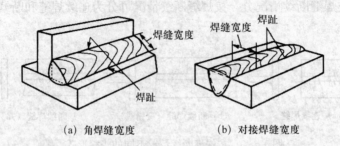

(a) 角焊缝宽度　　　　　(b) 对接焊缝宽度

图 1-26　焊缝宽度

过高，根据不同的板厚，可规定不同的余高值。

（3）熔深　在焊接接头横截面上，母材金属或前道焊缝熔化的深度叫做熔深（图 1-28）。当填充材料（焊条或焊丝）一定时，熔深的大小决定了焊缝的化学成分。不同的焊接方法要求有不同的熔深值，例如堆焊时，为了保持堆焊层的硬度，减少母材金属对焊缝的稀释作用，在保证熔透的前提下，应要求较小的熔深。

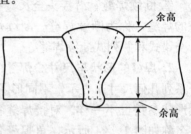

图 1-27　焊缝余高

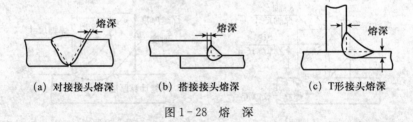

(a) 对接接头熔深　　(b) 搭接接头熔深　　(c) T形接头熔深

图 1-28　熔　深

（4）焊缝厚度　在焊缝横截面中，从焊缝正面到焊缝根部背面的距离叫做焊缝厚度（图 1-29）。

（5）焊缝计算厚度　设计焊缝时使用的焊缝厚度为焊缝计算厚度，对接焊缝时，它等于焊件的厚度；角焊缝时它等于在角焊缝断面内画出的最大直角三角形中，从直角的顶点到斜边的垂直长度。如果角焊缝的断面是标准的等腰直角三角形，则焊缝计算厚度等于焊缝厚

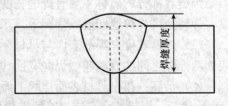

图 1-29　焊缝厚度

度；在凸形或凹形角焊缝中，焊缝计算厚度均小于焊缝厚度。

（6）焊缝凸度 凸形角焊缝横截面中，焊趾连线与焊缝表面之间的最大距离。

（7）焊缝凹度 凹形角焊缝横截面中，焊趾连线与焊缝表面之间的最大距离。

（8）焊脚 角焊缝横截面中，从一个焊件上的焊趾到另一个焊件表面的最小距离。

焊脚尺寸是，在角焊缝横截面中画出的最大等腰直角三角形中直角边的长度。对于凸形角焊缝，焊脚尺寸等于焊脚；对于凹形角焊缝，焊脚尺寸小于焊脚。

第六节　焊工识图

焊工在焊接时，应按照设备的装配图进行组装焊接，并且还能与钳工配合进行工件组装，所以焊工应具备一定的识图基础知识。

一、图样的识读

1. 轴测图 轴测图就是通常所说的机械立体图。图1-30所示为起重机钩的轴测图，将它拆开后的轴测图如图1-31所示。轴测图画起来费时，但立体感很强，所表现的机械结构和内部情况都能叫人一看就懂。

轴测图是利用投影的方法形成的，将物体连同确定物体的三个坐标轴一起，用平行投影法投射到一个轴测投影面上，就得到物体的轴测图。

轴测图在表达物体的实际形象和直观上有着突出的优越性，但在加工工件时，不可能以它来作为施工的唯一依据，这是因为轴测图不易度量物体的大小，也反映不出物体的整体形状，尤其不容易表达出物体内部的结构情况。

图1-30 起重机钩的
　　　轴测图

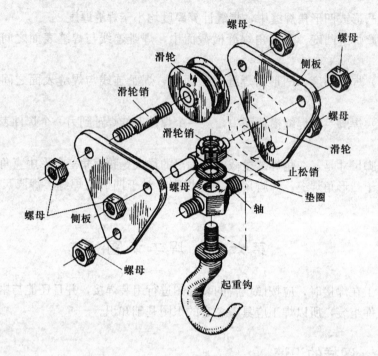

图 1-31　起重机钩的零件轴测图

在机械加工中，广泛采用的是正投影（直角投影）制图方法，它的投影射线互相平行，且与投影面垂直（图 1-32），好像把物体压扁在投影面上似的。在一张图样上，通过分别采用一至几个方向的正投影图，可以正确地表达出物体的完整形状和大小。

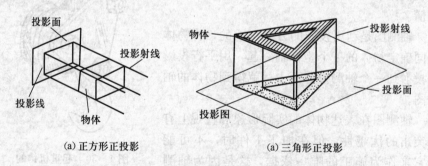

图 1-32　正投影法表现物体

2. 三视图

（1）三视图的形成　视图就是利用正投影方法画出的工件图样。

任何一个物体都可以从前、后、左、右、上、下六个方向进行观察，分别向六个投影面投影，就得到六个方向的基本视图。图1-33所示是将物体放在一个分角内进行投影，此时，物体处在观察者眼睛和投影面之间，从前向后观察和投影，得到的视图称为主视图（图1-34a）；从左向右观察和投影，得到的视图称为左视图；从上向下观察和投影，得到的视图称为俯视图；从后向前观察和投影，得到的视图称为后视图；从右向左观察和投影，得到的视图称为右视图；从下向上观察和投影，得到的视图称为仰视图。

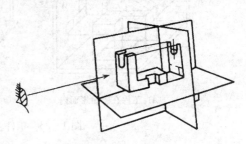

图1-33 将物体放在一个分角内进行投影

一般工件用3个视图就能表达清楚，比较简单的物体甚至用1～2个视图就可以说明问题。

常用的主视图、左视图和俯视图合起来称为三视图。图样中，主视图不动，左视图在主视图的正右方，俯视图在主视图的正下方（图1-34b）。

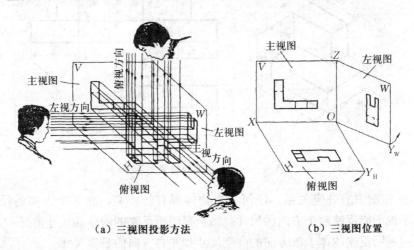

（a）三视图投影方法　　　　　　**（b）三视图位置**

图1-34 三视图的形成

图1-35所示是另一个形状的工件放在3个互相垂直的投影面中，用正投影方法从3个不同的方向得到的3个视图。由前向后投影，在V面上得到主视图；由左向右投影，在W面上得到左视图；由上向下投影，在H面上得到俯视图。

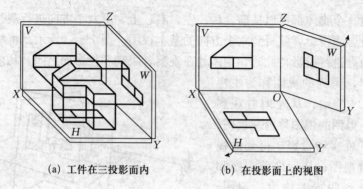

(a) 工件在三投影面内　　　(b) 在投影面上的视图

图 1-35　工件三视图

(2) 三视图的对应关系

① 三视图的位置关系。从投影图的展开，我们不难想象出 3 个视图位置。俯视图在主视图的正下方，左视图在主视图的正右方，如图 1-36 所示。

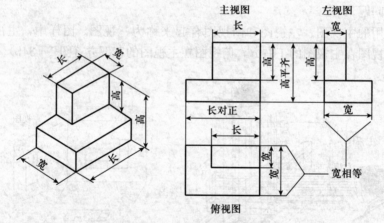

图 1-36　三视图的位置关系

② 视图中的对应关系。任何一个物体都有长、宽、高 3 个方向的尺寸，而每个视图能反映两个方向的尺寸。每个视图所反映的物体的尺寸情况：

主视图反映物体上下方向的高度尺寸和左右方向的长度尺寸。

俯视图反映物体左右方向的长度尺寸和前后方向的宽度尺寸。

左视图反映物体上下方向的高度尺寸和前后方向的宽度尺寸。

由此归纳得出：主、俯视图长对正（等长）；主、左视图高平齐（等高）；俯、左视图宽相等（等宽）。

三视图的尺寸关系简称："长对正，高平齐，宽相等"的"三等原则"。作图时，为了实现"俯、左视图宽相等"，可利用自点 O 所作的 45°辅助线，来求得其对应关系。

3. 识读零件图

(1) 识读零件图的步骤 零件图就是用于加工和检验机械零件（工件）的图样。识读零件图时要依次看清图中所表达的各项内容，可按照以下步骤进行：

① 首先看标题栏。了解工件的名称、材料、比例和加工数量等方面情况。

② 分析图形。先看这张图有几个视图，是否采用剖视和剖面等表示方法，然后找出哪个是主视图，从主视图看起，对正视图之间的线条，找出各视图之间的关系。如果图样比较复杂，就用前面介绍过的形体分解法和线面分析法帮助识读，先看大轮廓，再看细节，并对照各个投影，经过这样认真地分析，对图样逐渐形成一个比较清楚的立体形象。

③ 分析尺寸要求。分析整体尺寸和分体尺寸，了解长、宽、高以及各加工部位的基准，搞清楚哪几个是主要尺寸，哪几个是主要加工面，进一步确定先加工哪个面或部位，后加工哪个面或部位。

④ 分析技术要求。根据图样中的符号和文字注解去了解表面粗糙度、形状公差和位置公差以及其他方面的技术要求。

(2) 识读零件图举例 图 1-37 所示是叉板工件的三视图。由于该工件较为复杂，所以，可以利用形体分解方法将其分为①、②两部分进行分析。①的上部为一长方体，左面有一圆孔，并且左面上部切去一小块。长方体右下部也是长方体，中间有一个长方形槽。②为圆柱体，中间有一圆孔，和长方形上的圆孔相同并对正，左边切去一小块而产生两条直立的交线。圆柱体在大长方体的上方，左边切去部分也对正。根据分析，可以想象出这个工件的立体形状如图 1-38 所示。

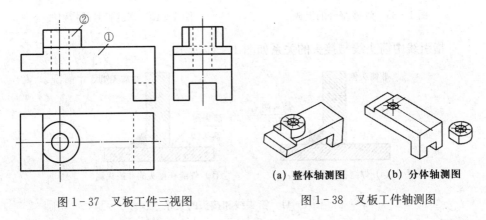

图 1-37 叉板工件三视图

(a) 整体轴测图   (b) 分体轴测图

图 1-38 叉板工件轴测图

二、焊缝符号的识读

1. 焊缝符号的定义　在图样上标注焊接方法、焊缝形式和焊缝尺寸的符号称为焊缝符号（焊缝代号）。

焊缝符号是工程语言的一种，用于在图样上标注焊缝形式，焊缝尺寸和焊接方法。焊缝符号是进行焊接施工的主要依据。从事焊接工作的焊工，应熟悉常用焊缝符号的标注方法及其含义。

2. 焊缝符号的组成　焊缝符号由指引线、基本符号，以及辅助符号、补充符号、焊缝尺寸符号组成，如图 1－39 所示。

（1）指引线　指引线一般由带有箭头的引线（又简称箭头线）与两条基准线（一条为实线，另一条为虚线）组成，如图 1－40 所示。箭头线相对焊缝位置一般无特殊要求，但在标注 V、Y、J 形焊缝时，箭头线应指向带有坡口一侧的焊件。必要时，允许箭头线弯折一次。基准线一般应与图样的底边相平行，但在特殊条件下也可与底边相垂直。基准线的虚线可画在基准线实线的上侧或下侧。

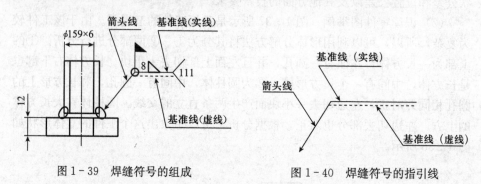

图 1－39　焊缝符号的组成　　　　　图 1－40　焊缝符号的指引线

指引线中箭头线与接头的关系如图 1－41 所示。

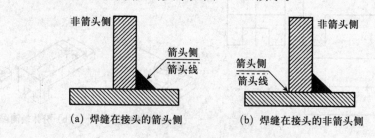

（a）焊缝在接头的箭头侧　　　　（b）焊缝在接头的非箭头侧

图 1－41　箭头线和接头的关系

（2）基本符号 基本符号是表示焊缝截面形状的符号，一般采用近似于焊缝横剖面符号的形状。

为了在图纸上确切表示焊缝的位置，将基本符号相对基准线的位置规定为：焊缝在接头的箭头侧，基本符号应标在基准线的实线侧，如图 1-42a 所示；焊缝在接头的非箭头侧，基本符号应标在基准线的虚线侧，如图 1-42b 所示；对称焊缝及双面焊缝标注时可不加虚线，如图1-42c所示。

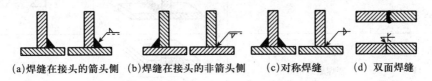

(a)焊缝在接头的箭头侧　(b)焊缝在接头的非箭头侧　(c)对称焊缝　　(d)双面焊缝

图 1-42　焊缝基本符号相对基准线的位置

焊缝基本符号见表 1-4。

表 1-4　焊缝的基本符号

序号	名称	示意图	符号
1	卷边焊缝 （卷边完全熔化）		八
2	I 形焊缝		‖
3	V 形焊缝		∨
4	单边 V 形焊缝		V
5	带钝边 V 形焊缝		Y
6	带钝边单边 V 形焊缝		Y
7	带钝边 U 形焊缝		Y
8	带钝边 J 形焊缝		Y

（续）

序号	名称	示意图	符号
9	封底焊缝		⌣
10	角焊缝	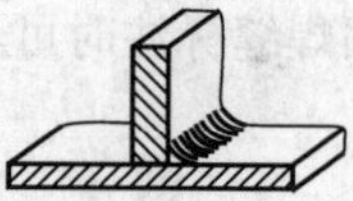	△
11	塞焊缝或槽焊缝	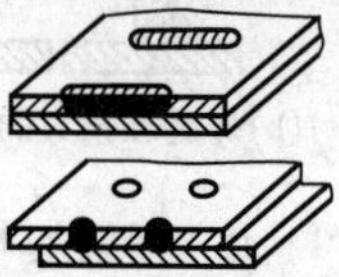	⊓
12	点焊缝	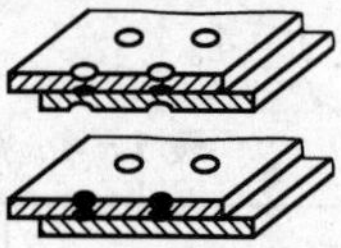	○
13	缝焊缝	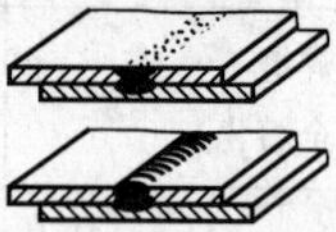	⊖

（3）辅助符号　焊缝辅助符号是表示焊缝表面形状特征的符号，见表1-5。它与基本符号配合使用，不需要确切地说明焊缝的表面形状时，可省略该符号。

表1-5　焊缝的辅助符号

序号	名称	示意图	符号	说明
1	平面符号		—	焊缝表面齐平（一般通过加工）
2	凹面符号	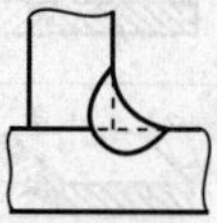	⌣	焊缝表面凹陷
3	凸面符号		⌢	焊缝表面凸起

（4）补充符号　焊缝补充符号是为了补充说明焊缝的某些特征而采用的符号，见表1-6。

表1-6　焊缝的补充符号

序号	名称	示意图	符号	说明
1	带垫板符号		▭	表示焊缝底部有垫板
2	三面焊缝符号		⊏	表示三面带有焊缝
3	周围焊缝符号		○	表示环绕工件周围焊缝
4	现场符号	—	⚑	表示在现场或工地上进行焊接
5	尾部符号	—	＜	可以参照 GB/T5185—2005 焊接及相关工艺方法等内容

（5）焊缝尺寸符号　焊缝尺寸符号是表示焊接坡口和焊缝特征尺寸的符号。必要时，焊缝基本符号可附带有尺寸符号及数据，焊缝尺寸符号见表1-7。

表1-7　焊缝尺寸符号

符号	名称	示意图	符号	名称	示意图
δ	工作厚度		c	焊缝宽度	
α	坡口角度		R	根部半径	
b	根部间隙		l	焊缝长度	

（续）

符号	名称	示意图	符号	名称	示意图
p	钝边	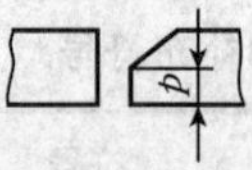	n	焊缝段数	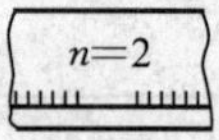 $n=2$
e	焊缝间隙	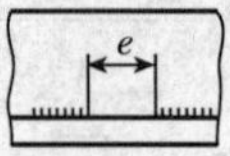 e	N	相同焊缝数量符号	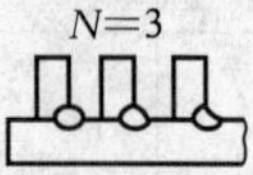 $N=3$
k	焊脚尺寸	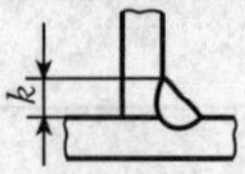 k	H	坡口深度	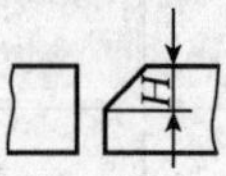 H
d	熔核直径	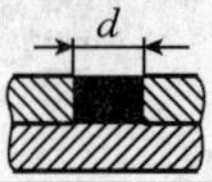 d	h	余高	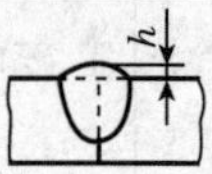 h
s	焊缝有效厚度	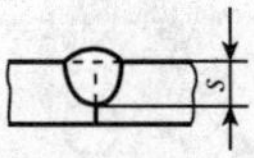 s	β	坡口面角度	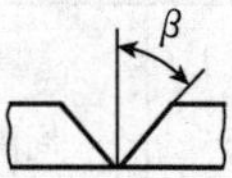 β

焊缝尺寸符号及数据的标注原则如图 1-43 所示。

① 焊缝横剖面上的尺寸，如钝边高度 p、坡口深度 H、焊脚高度 k、焊缝宽度 c 等标注在基本符号左侧。

$$\alpha.\beta.b$$
$$p.H.k.h.s.R.c.d(\text{基本符号})n\times l(e)$$
$$\underset{\text{———————————————————}}{}$$
$$p.H.k.h.s.R.c.d(\text{基本符号})n\times l(e) \quad N$$
$$\alpha.\beta.b$$

② 焊缝长度方向的尺寸，如焊缝长度 l、焊缝间

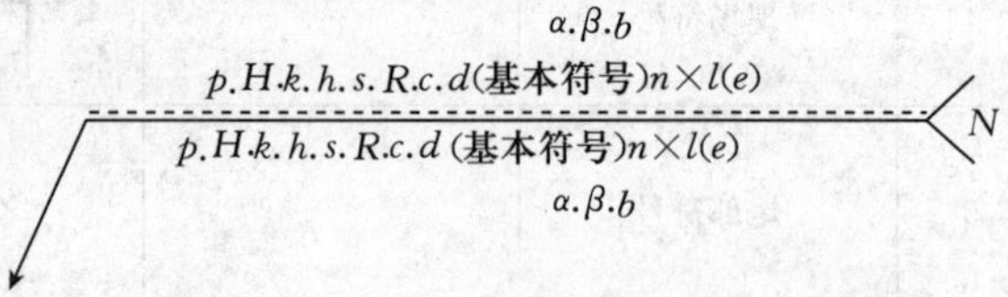

图 1-43　焊缝尺寸符号及数据的标注原则

距 e、相同焊缝段数 n 等标注在基本符号的右侧。

③ 坡口角度 α、坡口面角度 β、根部间隙 b 等尺寸标注在基本符号的上侧或下侧。

④ 相同焊缝数量 N 标注在尾部。当若干条焊缝的焊缝符号相同时，可使用公共基准线进行标注（图 1-44）。

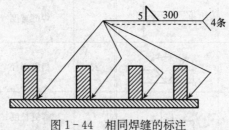

图 1-44　相同焊缝的标注

3. 焊缝符号识读示例 焊缝符号标注应用举例见表1-8。

表1-8 焊缝符号标注应用举例

示意图	标注方法	说明
		组对间隙为2mm的I形对接焊焊缝。单面焊
		组对间隙为2mm的I形对接焊焊缝。双面焊
		V形坡口，坡口角度为60°，钝边为1.5mm，根部间隙为2mm的对接焊焊缝
		双面V形坡口，坡口角度分别为60°和65°，钝边为1.5mm，根部间隙为2mm的对接焊焊缝
		焊缝有效厚度为4mm的I形对接焊焊缝
		V形坡口带垫板，坡口角度为60°，根部间隙为4mm的对接焊焊缝。手工电弧焊
		V形坡口，坡口角度为60°，钝边为1.5mm，根部间隙为2mm的对接焊焊缝。埋弧焊，手工电弧焊封底
		V形坡口，坡口角度为60°，钝边为1.5mm，根部间隙为2mm的对接焊焊缝。钨极氩弧焊打底，手工电弧焊盖面
		单边V形坡口，坡口角度为40°，钝边为1.5mm，根部间隙为2mm的现场焊接的对接焊焊缝

（续）

示意图	标注方法	说明
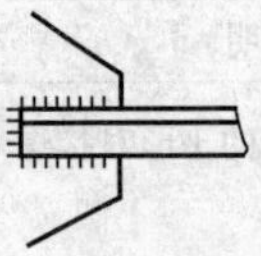	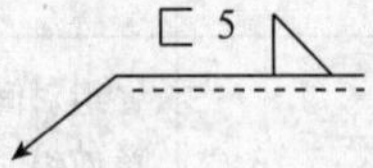 ⌐ 5	焊角尺寸为 5 mm 的三面焊接的角焊缝
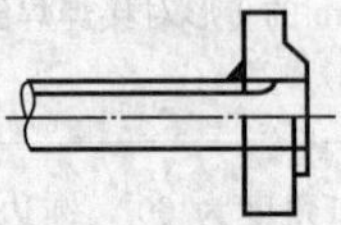	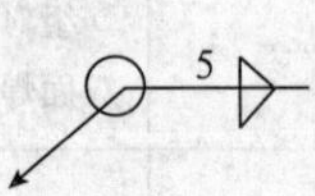 5	焊角尺寸为 5 mm 的周围焊接的双面角焊缝
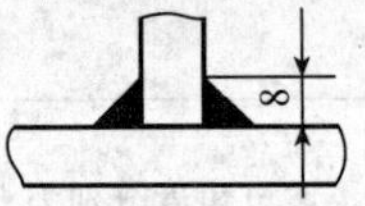	 8　　GB/T12469Ⅲ级	焊角尺寸为 8 mm 的双面角焊缝。缺陷要求符合 GB/T 12469 标准的Ⅲ级
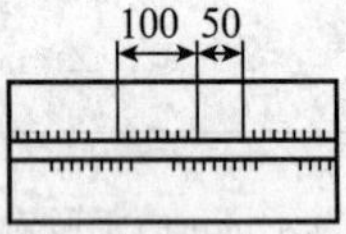 100 50	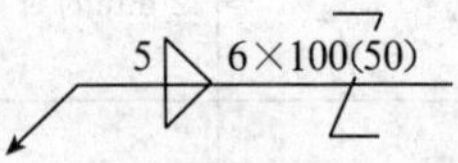 5　6×100(50)	焊角尺寸为 5 mm，相同焊缝 6 条，焊缝长度为 100 mm，焊缝间距为 50 mm 的交错断续角焊缝
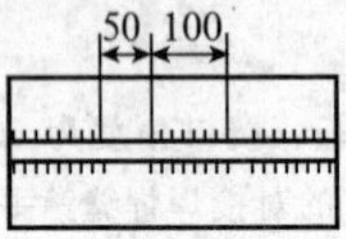 50 100	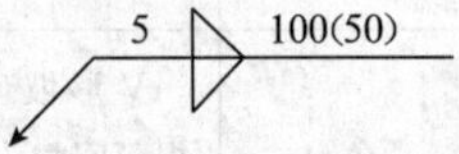 5　100(50)	焊角尺寸为 5 mm，焊缝长为 100 mm，焊缝间距为 50 mm 的对称断续角焊缝

三、焊接装配图的识读

　　焊接装配图是供焊接施工使用的图样，在图中除了完整的结构投影图、剖视图和断面图外，还要有焊接结构的主要尺寸、标题栏、技术条件及焊缝符号标注等。图 1-45 是一个容器焊接装配图。由图中可知：

　　（1）容器的直径　为 $\phi2\,000$ mm，筒节长度为 $4\,200$ mm，在距封头与筒节环焊缝中心 $1\,800$ mm 处有一入孔法兰短节，入孔直径为 $\phi400$ mm，入孔法兰盘与筒节圆心相距 $1\,300$ mm。

　　（2）封头与筒节环焊缝　筒节与筒节环焊缝用丝极埋弧焊焊接，V 形坡口，坡口根部间隙为 2 mm，坡口角度为 60°，钝边为 3 mm，余高为 2 mm，共

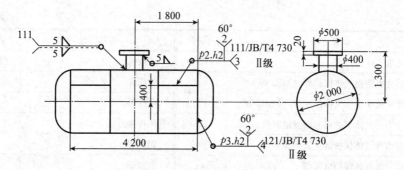

图1-45　容器焊接装配图

有4条环焊缝，焊缝须经射线探伤，达到 JB/T 4730—2005 标准的Ⅱ级为合格。

（3）筒节纵焊缝　用焊条电弧焊焊接，焊缝坡口开 60°，坡口根部间隙为 2 mm，钝边为 2 mm，余高为 2 mm，共有 3 条纵缝，焊后应经射线检查，达到 JB/T 4730—2005 标准的Ⅱ级为合格。

（4）入孔与筒节焊缝　插入式正面、反面用焊条电弧焊焊接，角焊缝焊脚高为 5 mm。

在容器焊接装配图中，焊接符号尾部上的数字 111、121 是表示焊接方法代号，111 表示采用手工电弧焊，121 表示采用丝极埋弧焊。各焊接方法代号见表 1-9。

表1-9　焊接方法代号

焊接方法	代号	焊接方法	代号
电弧焊	1	氧-丙烷焊	312
无气体保护的电弧焊	11	氢-氧焊	313
手工电弧焊（涂料焊条熔化极电弧焊）	111	空气燃气焊	32
重力焊	112	空气-乙炔焊	321
光焊丝电弧焊	113	空气-丙烷焊	322
药芯焊丝电弧焊	114	氧-乙炔喷焊（堆焊）	33
涂层焊丝电弧焊	115	压焊	4
熔化极电弧点焊	116	超声波焊	41
埋弧焊	12	摩擦焊	42
丝极埋弧焊	121	锻焊	43
带极埋弧焊	122	爆炸焊	441

（续）

焊接方法	代号	焊接方法	代号
熔化极气体保护焊	13	扩散焊	45
熔化极惰性气体保护焊（MIG 焊）	131	气压焊	47
熔化极非惰性气体保护焊（MAG 焊）	135	冷压焊	48
非惰性气体保护药芯焊丝电弧焊	136	其他焊接方法	7
非惰性气体保护熔化极电弧点焊	137	铝热焊	71
非熔化极气体保护电弧焊	14	电渣焊	72
钨极惰性气体保护焊（TIG 焊）	141	电子束焊	76
钨极惰性气体保护点焊	142	储能焊	77
原子氢焊	149	螺柱焊	78
等离子弧焊	15	螺柱电弧焊	781
大电流等离子弧焊	151	螺柱电阻焊	782
微束等离子弧焊	152	硬钎焊、软钎焊、钎接焊	9
等离子粉末堆焊	153	硬钎焊	91
等离子填丝堆焊	154	火焰硬钎焊	912
其他电弧焊	18	炉中硬钎焊	913
碳弧焊	181	浸沾硬钎焊	914
旋弧焊	182	盐浴硬钎焊	915
电阻焊	2	感应硬钎焊	916
电阻点焊	21	超声波硬钎焊	917
缝焊	22	电阻硬钎焊	918
搭接缝焊	221	扩散硬钎焊	919
加带缝焊	222	真空硬钎焊	924
凸焊	23	软钎焊	94
闪光对焊	24	火焰软钎焊	942
电阻对焊	25	炉中软钎焊	943
其他电阻焊	29	浸沾软钎焊	944
高频电阻焊	291	盐浴软钎焊	945
气焊	3	感应软钎焊	946
氧-燃气焊	31	烙铁软钎焊	952
氧-乙炔焊	311	钎接焊	97

第二章

焊条电弧焊

第一节　焊条电弧焊的特点与工艺

一、焊条电弧焊的工作过程

焊条电弧焊是用手工操纵焊条进行焊接的一种电弧焊方法。焊接电弧是一种气体放电现象。焊条电弧焊引弧时，焊条与焊件接触后很快拉开。接触时焊接回路短路，很快拉起焊条以后，焊条与焊件之间的空气在引弧电压的作用下电离，发光发热，产生强烈而持久的气体放电现象，形成焊条电弧焊的电弧。

焊条电弧焊的过程如图 2-1 所示。焊件为一个电极，焊条为另一个电极。电弧在焊条和焊件之间形成，通过外加电压燃烧。在电弧热的作用下，焊件和焊条的焊芯熔化共同形成熔池。在电弧热的作用下，涂敷于焊芯外面的焊条药皮会分解产生 CO、H_2、CO_2 等保护气体，阻止空气与熔池的接触。药皮在电弧热的作用下，生成熔渣，浮于熔池表面，对其起保护作用，凝固后在焊缝表面结成渣壳。也就是说，焊条电弧焊时，焊接熔池的保护是气体和熔渣的联合保护。液态金属与液态熔渣之间还进

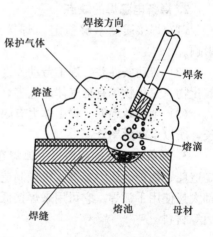

图 2-1　焊条电弧焊示意图

行脱氧、去硫、去磷、去氢和渗合金元素等复杂的冶金反应，从而使焊缝金属具有合适的化学成分。

二、焊条电弧焊的特点

1. 焊条电弧焊的优点

① 焊条电弧焊时，焊条的药皮在电弧热的作用下产生保护气体和保护熔渣，对熔池进行气—渣联合保护，保护效果好。

② 焊条电弧焊配用相应的焊条，能够焊接碳钢、合金钢、不锈钢、铸铁、铜、铝、镍及其合金等绝大多数材质的焊件，应用范围广。

③ 焊条电弧焊采用手工操作，灵活方便，能够焊接各种厚度、各种结构形状的工件，可以进行平、横、仰、立各种位置的焊接，特别是在维修、返修、装配及点固焊时，有其他焊接方法所不可替代的优势。

④ 焊条电弧焊时，遇到焊接接头装配不规则的地方，焊工可有意识地控制电弧的长度、焊条的角度、焊接的速度等工艺参数，以弥补装配的缺陷，所以焊条电弧焊对焊接接头装配的要求较低。

⑤ 焊条电弧焊时，焊工可以采用对称焊、分段焊、退步焊等焊接技术来控制焊接应力与变形。

⑥ 焊条电弧焊设备结构简单，价格便宜，使用、维护都很方便。

2. 焊条电弧焊的缺点

（1）焊接质量不够稳定　焊接质量受焊工的操作技术、经验、情绪的影响。

（2）劳动条件差　焊工劳动强度大，还要受到弧光辐射及烟尘、臭氧、氮氧化物、氟化物等有毒气体的危害。

（3）生产效率低　焊工体力有限，且焊接电流受到限制，加之辅助时间较长，所以生产效率低。

3. 焊条电弧焊的应用　
手弧焊在国民经济各行业中得到广泛应用，特别是造船、锅炉、压力容器、机械制造、建筑结构、化工设备等制造维修行业中都大量使用手弧焊。它可用来焊接低碳钢、低合金高强钢、高合金钢及有色金属等材料。

三、焊条电弧焊工艺参数的选择

焊条电弧焊焊接工艺内容包括焊条型号（牌号）、焊条的直径、焊接电流、电弧电压、焊接速度、焊接层数、电流种类和焊接极性等。

1. 焊条型号的选择　不同种类的焊条具有不同的型号，其选择通常可根据被焊金属的化学成分、力学性能、工作环境等方面的要求，以及焊接结构承载情况和弧焊设备的条件等综合考虑。选择合适的焊条型号，可保证焊缝金属的成分和性能要求。

焊条型号的选择应遵循等强度、等同比、等条件原则。

（1）等强度原则　对于承受静载或一般载荷的工件或结构，通常选用抗拉强度与母材相等的焊条。例如 20 钢抗拉强度在 400 MPa 左右，可选用 43 系列的焊条。

（2）等同性原则　在特殊环境下工作的工件结构如要求具有耐磨、耐腐蚀、耐高温或耐低温等较高的力学性能，则应选用能保证熔敷金属的性能与母材相同或相近似的焊条。如焊接不锈钢时，应选用不锈钢焊条。

（3）等条件原则　根据工件结构或焊接的工作条件和特点选择焊条。如焊件需要受动载荷或冲击载荷时，应选用熔敷金属冲击韧性较高的低氢型焊条。反之，焊一般结构的工件时，应选用酸性焊条。

2. 焊条直径的选择　一般来说，较大的焊条直径可提高焊接的生产率，但焊条直径过大，又会影响焊接质量。焊条直径的选择应根据焊件厚度、焊接位置、焊道层数、接头形式等因素进行选择。

（1）根据焊件厚度来选择焊条直径　厚度较大的焊件应选用直径较大的焊条，而厚度较小的焊件应选用直径较小的焊条。焊条直径与焊件厚度的关系见表 2-1。

表 2-1　焊条直径的选择

焊件厚度（mm）	≤1.5	2	3	4～5	6～12	≥12
焊条直径（mm）	1.6	2.5	3.2	3.2～4	4～5	4～6

（2）根据焊接位置来选择焊条直径　与横、立、仰焊 3 种焊接位置相比，由于平焊不存在熔池金属下流的倾角，所以焊条直径可选择大一些。横焊和仰焊时，焊条的直径不超过 4 mm；立焊时，焊条的直径不超过 5 mm，尽量形成较小的熔池以减少熔化金属下流。

（3）根据焊道层数来选择焊条直径　多层多道焊时，第一层焊道要采用直径较小的焊条，以保证根部焊透。双面焊时，背面碳弧经气刨清焊根以后，焊道窄而深，也应采用直径较小的焊条。其他焊道可采用直径较大的焊条。

（4）根据接头形式来选择焊条直径　T形接头与搭接接头不存在全焊透问题，可选用较大的焊条直径，以提高效率。

3. 焊接电源的选择　焊条电弧焊的电源有交流和直流两大类，根据焊条的性质进行选择。

通常，酸性焊条可采用交、直流两种电源，一般优选交流弧焊机。碱性焊条由于电弧稳定性差，所以必须使用直流弧焊机，对药皮中含有较多稳弧剂的焊条，亦可使用交流弧焊机，但此时电源的空载电压应较高些。

采用直流电源时，焊件与电源输出端的接法，叫极性。焊件接电源的正极时，焊条接负极的接法叫正接，也称正极性；焊件接电源的负极时，焊条接正极的接法叫反接，也称反极性。

极性的选择原则：碱性焊条常采用反接，因为碱性焊条正接时，电弧燃烧不稳定，飞溅严重，噪声大。使用反接时，电弧燃烧稳定，飞溅很小，而且声音较平静均匀。酸性焊条在焊接厚板时可采用正接，因为电弧阳极部分的温度高于阴极部分，采用正接可获得较大的熔深；酸性焊条在焊接薄板、铸铁以及有色金属时，应采用反接。

采用交流电源时，不存在正接和反接的接线法。

4. 焊接电流的选择　合适的焊接电流是取得良好的焊缝成形和保证焊接质量的关键。焊接电流过小，不仅引弧困难，电弧不稳，还会造成未焊透和夹渣，焊缝成形也不好。焊接电流过大，容易产生烧穿和咬边等缺陷，使熔池合金元素烧损严重，影响焊缝的力学性能。焊接电流的大小与焊条的类型、直径、焊件的厚度、焊接接头的形式、焊接位置以及焊道层次等因素有关。其中，焊条的直径和焊接位置是决定性因素。

（1）根据焊条的直径选择焊接电流　焊条直径大，熔化焊条所需要的电弧热量多，所以焊接电流就应增大。根据焊条直径选择焊接电流，可参考表 2-2。

表 2-2　根据焊条直径推荐选择焊接电流

焊条直径（mm）	1.6	2.0	2.5	3.2	4.0	5.0	6.0
焊接电流（A）	25～40	40～65	50～80	100～130	160～210	200～270	260～300

（2）根据焊接位置选择焊接电流　其他焊接工艺参数相同的情况下，焊接位置（平、横、立、仰焊 4 种）的不同，焊接电流也有所不同。平焊时，运条和控制熔池金属比较容易，可选用较大的电流进行焊接。由于熔池金属有流淌现象，立焊时选用的焊接电流要比平焊时减少 10%～15%。而横焊和仰焊则

应更小一些，比平焊时应减少 15%～20%。

（3）根据焊道层数选择焊接电流　根据焊道层次选择，通常焊接打底焊道时，特别是焊接单面焊双面成形的焊道时，使用的焊接电流要小，这样才便于操作和保证背面焊道的质量；焊接填充焊道时，为了提高效率，通常使用较大的焊接电流；而焊接盖面焊道时，为防止咬边和获得较美观的焊缝，使用的电流应稍小些。

（4）根据焊条类型选择焊接电流　通常情况下，相同直径的焊条，碱性焊条使用的焊接电流应比酸性焊条的小 10%～15%；不锈钢焊条使用的焊接电流比碳钢焊条的小 15%～20%。

（5）判断焊接电流是否适当的方法

① 看飞溅。电流过大时，电弧吹力大，焊接熔池较大，可看到较大颗粒的铁水向熔池外飞溅，焊接时爆裂过大；电流较小时，电弧吹力小，熔渣与铁水分不清。

② 看焊缝成形。电流大时，熔深大，焊缝金属较低，且波纹粗糙，焊缝两侧易咬边；电流小时，熔深浅，焊缝窄而高，两侧与母材熔合不好；电流适中时，焊缝与母材呈圆滑过渡。

③ 看焊条熔化状况。电流大时，焊条熔化了大半根时，其余部分易发红，严重时药皮脱落；电流过小时，焊条易粘在焊件上。

④ 听声音。过大的电流有较大的爆裂声，过小的电流爆裂声小，适中的电流其声音像煎鱼声。

5. 电弧电压的确定　焊条电弧焊时，电弧电压是由焊工根据具体情况灵活掌握的，其原则一是保证焊缝具有合乎要求的尺寸和外形，二是保证焊透。

电弧电压主要决定于弧长。电弧长则电弧电压高；反之，电弧电压则低。在焊接过程中，一般希望弧长保持一致，而且尽可能用短弧焊接。所谓短弧是指弧长为焊条直径的 0.5～1.0 倍，相应的电弧电压为 16～25 V。

6. 焊接速度的确定　单位时间内完成的焊缝长度称为焊接速度。焊条电弧焊的焊接速度即指焊工操纵焊条前移的速度。所以，焊接速度主要由焊工根据实际情况灵活掌握，随时调整，以保证焊缝的高低宽窄一致，成形良好。焊接工艺卡中的焊接速度，是根据焊接工艺评定时采用的焊接速度所确定的一个速度范围。焊接生产时，要依工艺卡的规定速度进行焊接。例如，直径为 4 mm 的 J507 焊条，电弧电流一般为 160～170 A，焊接电压为 22～24 V，焊接速度应为 10～15 cm/min，即每分钟完成 10～15 cm 长的焊缝。

第二节　焊条电弧焊的设备

焊条电弧焊涉及的设备主要有焊机、电焊条、辅助设备、装配夹具等。

一、焊机

焊机是焊条电弧焊的主要设备，是一种提供热量来熔化焊条和焊件的电源设备，所以又称为焊条电弧焊电源，本书统一称之为焊机或电焊机。

用于焊条电弧焊的焊机主要有交流焊机和直流焊机。

1. 交流焊机

(1) 特点　交流弧焊机也称弧焊变压器，它是以交流电形式向焊接电弧输送电能的设备。交流焊机实际上是一台具有一定特性的变压器，其主要特征是在等效次级回路中增加阻抗，获得陡降的外特性，以满足焊接工艺的要求。

交流焊机如图 2-2 所示。

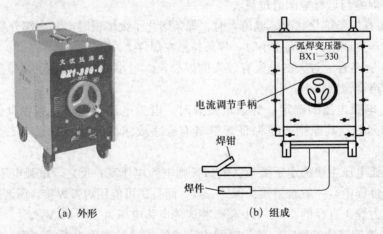

(a) 外形　　　　　　　　　　(b) 组成

图 2-2　交流焊机

(2) 类型　交流焊机按其变压器的工作原理不同，可分为动铁芯式交流焊机、同体式交流焊机和动圈式交流焊机 3 种。

① 动铁芯式交流焊机。动铁芯式交流焊机的变压器具有 3 个铁芯柱，其中两个为固定的主铁芯，中间为可动铁芯。变压器的一次线圈为筒形，绕在一个主铁芯柱上，二次线圈一部分绕在一次线圈外面，另一个兼作电抗线圈，绕

在另一个主铁芯上。弧焊变压器两侧装有接线板，供接电路用，另一侧为二次接线板，供焊机回路用，焊机变压器的陡降外特性是靠动铁芯的漏磁作用获得的（图2-3）。

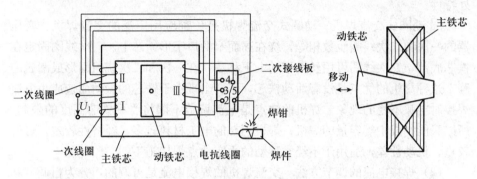

图2-3　动铁芯式交流焊机

这类交流焊机的结构简单，容易制造和修理，但是，由于有两个空气气隙，漏感和损耗较大，所以，适宜制作成中小容量的焊机。该类焊机机动性强、价格便宜，特别适宜中、小企业制造；个体开业的零活维修；供焊接技能培训学校练习操作技能用。

　②同体式交流焊机。此类焊机是由一台具有平特性的降压变压器和一电抗器组成，铁芯形状像一个"H"字形，并在上部装有活动铁芯。改变它与固定铁芯的间隙大小，就可改变漏磁的大小，达到调节电流的目的（图2-4）。

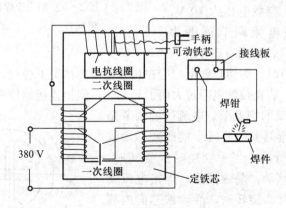

图2-4　同体式交流焊机

当焊机短路时，电抗线圈通过很大的短路电流，产生很大的电压降，使二次线圈的电压接近于零，从而限制了短路电流。

当焊机空载时，由于没有焊接电流通过，电抗线圈不产生电压降，因此，空载电压基本上等于二次电压，此时便于引弧。

在焊接时，由于有焊接电流通过，电抗线圈产生电压降，从而获得陡降的外特性。

③ 动圈式交流焊机。动圈式交流焊机是一种应用广泛的交流焊机。变压器的一次和二次线圈匝数相等，绕在高而窄的口字形铁芯上。一次线圈固定在铁芯底部，二次线圈可用丝杠带动上下移动，在一次和二次绕组间形成漏磁磁路。这种焊机的优点是没有活动铁芯，不会出现由于铁芯的振动而造成小电流焊接时电弧不稳的现象。焊机的缺点是电流调节下限将受到铁芯高度的限制，所以只能制成中等容量的焊机；焊机消耗的电工材料较多，经济性较差；焊机较重，机动性差，适用于不经常移动的固定地点焊接施工。

(3) 焊接电流的调节方法　交流焊机的焊接电流是可调的，分为粗调节和细调节两部分。

① 焊接电流的粗调节。BX3-500型交流焊机焊接电流的粗调节如图2-5所示。通过更换电源转换开关和二次接线板上连接的位置，来改变一、二线圈的匝数，即串联（接法 I）或是并联（接法Ⅱ）。

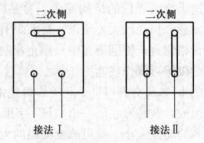

图2-5　BX3-500型交流焊机焊接电流的粗调节

接法 I，焊接电流的调节范围为50～180 A，空载电压为70 V。接法 Ⅱ，焊接电流调节范围为160～450 A，空载电压为60V。

电流粗调节时，为防止触电，应在切断电源的情况下进行。调节前，各连接螺栓要拧紧，防止接触电阻过大而引起发热，烧损连接螺栓和连接板。

② 焊接电流的细调节。电流的细调节是通过弧焊变压器侧面的旋转手柄改变活动铁芯的位置来进行的。当手柄逆时针旋转时，活动铁芯向外移动，漏磁减少。焊接电流增大；当手柄顺时针旋转时，活动铁芯向内移动，漏磁加大，焊接电流减小。BX1-330型交流焊机焊接电流的细调节方法如图2-6所示。

图2-6　BX1-330型交流焊机焊接电流的细调节

（4）几种常用的交流焊机

① BX1 系列交流焊接。它是一种动铁芯式单人手工交流弧焊机，可满足各种场合下对各类低碳钢、低合金钢的焊接，是应用最广的节能型交流弧焊机。主要特点：效率高、电弧稳定、电流无级连续调节，选用适当的焊接电流和焊条，可以实现长时间连续焊接。

② BX3 系列交流焊机。它是一种动圈式单人手工操作交流弧焊机，可满足各类低碳钢、低合金钢的焊接。主要特点：焊接电流特别稳定，小电流焊接特性良好，功率大，效率高，过载能力强，电流可无级连续调节，能够满足连续焊接的需要。

③ BX5 系列交流焊机。它是一种采用双向晶闸管控制调节电流大小及特性的新型交流弧焊机，其增强漏抗式变压器能使焊接电流稳定、飞溅减少。其中 BX5-63B 型主要用于手工电弧焊，焊接厚度 0.3～3 mm 的薄板件。与其他普通交流焊机相比，它具有焊接电流调节范围宽（5～63 A）、电弧稳定、焊接质量好、体积小、重量轻、携带方便等特点。

④ BX6 系列交流焊机。它是一种抽头式变压器结构的单人手工操作交流弧焊机，可对各种低碳钢、低合金钢进行一般性焊接。有自冷式和风冷式两种，其中风冷式焊机的额定负载持续率和负载能力比自冷式均有显著提高。主要特点：体积小、重量轻，适用于 380/220 V 两种电压，电流分挡调节，使用方便。它适用于一般维修、装修、小作坊等不需要连续焊接的场合，规格在 250 A 以上的风冷式焊机亦可用于小型建筑工地非连续性焊接的场合。

常见交流焊机的主要技术数据及用途见表 2-3。

表 2-3　常见交流焊机的主要技术数据及用途

型号	输入容量（kVA）	初级电压（V）	次级电压（V）	电流调节范围（A）	负载持续率（%）	主要用途
BX1-300	24	380	76	50～300	40	手工电弧焊，用于 $\phi3.2～6$ mm 焊条
BX1-500	39.5	220/380	77	100～500	60	手工电弧焊，用于 $\phi3.2～6$ mm 焊条焊大型工件
BX2-1000	76	380	69～78	400～1 200	60	作自动焊或半自动焊电源
BX3-120	7 或 9	220/380	70～75	20～160	60	农机修理及手工焊薄板

（续）

型号	输入容量 (kVA)	初级电压 (V)	次级电压 (V)	电流调节范围（A）	负载持续率（%）	主要用途
BX3-400	28	380	80～90	60～500	60	可作交流手工氩弧焊电源
BP1-3×1000	160	380	3.8～53.4	可达1 000	60	电渣焊专用电源
BP3×500	122	380	70	35～210	60	供12个手工电弧焊集中使用

2. 直流焊机

（1）直流焊机的组成　直流焊机是用直流电来产生电弧焊，溶化焊条和焊件，从而进行焊接。

通常是将交流电整流为直流电，所以直流焊机的核心部件是整流器，因此，直流焊机又称为弧焊整流器。

直流焊机一般由主变压器、整流器、直流控制器、输出电抗器和指示装置等组成（图2-7）。主变压器的作用是把三相380 V电压降至所需的空载电压，整流器的作用是将交流电整流成直流电，直流控制器的作用是控制外特性并调节焊接电流，输出电抗器起到改善和控制电源的动特性和滤波作用。

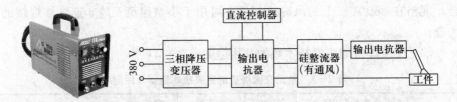

图2-7　直流焊机的组成

（2）直流焊机的类型与原理　直流焊机按整流元件种类可分为硅整流、晶闸管整流；按交流电源种类可分为单相、三相；按外特性种类可分为下降特性、平特性、多种特性；按外特性调节机构的作用原理可分为动铁式、动圈式、抽头式、附加变压器式、磁放大器式、自调电感式等。

① 硅整流式直流焊机。该焊机是一种利用硅元件作为整流元件，将交流电整流为直流电的焊接电源，所以又常称为硅弧焊整流器，或硅整流弧焊机。

硅整流式直流焊机的组成如图2-8所示。

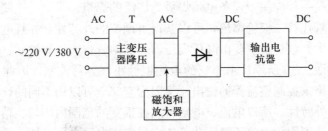

图 2-8 硅整流式直流焊机的组成

硅弧焊整流电源是以硅元件作为整流元件，通过增大降压变压器的漏磁或通过磁饱和放大器来获得下降的外特性及调节空载电压和焊接电流。输出电抗器是串联在直流回路中的一个带铁芯并有气隙的电磁线圈，起到改善焊机动特性的作用。

硅弧焊整流器的优点主要有电弧稳定、耗电少、噪声小、制造简单、维护方便、防潮、抗震、耐候力强。其缺点主要是由于没采用电子电路进行控制和调节，焊接过程中可调节的焊接参数少，不够精确，受电网电压波动的影响较大。用于一般质量要求的产品焊接。

几种硅整流式直流焊机的技术参数及用途见表 2-4。

表 2-4 几种硅整流式直流焊机的技术参数及用途

型号	输入容量（kVA）	初级电压（V）	次级电压（V）	电流调节范围（A）	负载持续率（%）	主要用途
ZXG-300	21	380	25～30	15～300	60	手工电弧焊电源，可用于 $\phi 3\sim 6$ mm 焊条
ZXG-400	34.9	380	26	40～480	60	手工电弧焊电源，可用于 $\phi 3\sim 6$ mm 焊条
ZXG7-300-1	22	380	25～30	20～300	60	主要用在钨极氩弧焊源，有电流衰减装置
ZXG1-250	17.8	380	30	60～300	60	手工电弧焊电源，适用于农机修理，较小工件
ZPG6-1000	70	380	30	15～300(6 头)	60	多站式手工电弧焊电源，可同时 6 个头 300 A 施焊
ZXG7-1000	100	380	30～60	100～1 000	60	埋弧焊、CO_2 粗丝焊电源

② 晶闸管整流式直流焊机。该焊机是一种利用晶闸管作为整流元件，将交流电整流为直流电的焊接电源，所以又称为晶闸管式弧焊整流器，或晶闸管

式整流器。是一种应用于焊条电弧焊最为广泛的焊机。

　　用晶闸管代替二极管整流，可以获得可调节的外特性，并且电流和电压的控制范围也大。该焊机主要由降压变压器、晶闸管整流器和控制、输出电抗器等组成，如图 2-9 所示。由于它的电磁惯性小，容易控制，因此，可以用很小的触发功率来控制整流器的输出；又因为它完全可以用不同的反馈方式获得各种形状的外特性，所以电流、电压可以在很宽的范围内均匀、精确、快速地调节，不仅达到焊接电流无级调节，还容易实现电网电压补偿，是应用很广泛的直流焊接电源。

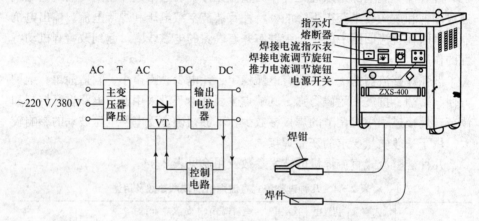

图 2-9　晶闸管整流式直流焊机的组成

　　几种晶体管整流式直流焊机的主要技术参数及用途见表 2-5。

表 2-5　几种晶体管整流式直流焊机的主要技术参数及用途

型号	输入容量（kVA）	初级电压（V）	次级电压（V）	电流调节范围（A）	负载持续率（%）	主要用途
ZX5-400-1	24	380	73	20～400	60	用于各种材料手工电弧焊
ZX5-400	24	380	60	50～400	60	用于手工电弧焊
LHE-400	24	380	75	50～400	60	手工电弧焊
ZDK-500	36.4	380	77	50～600	80	手工电弧焊及等离子切割电源
ZX5-250	14	380	55	50～250	60	用于手工电弧焊小件焊接

　　③ 逆变式直流焊机。该焊机又称为逆变弧焊机、或逆变弧焊电源、或逆

变整流器、或弧焊逆变器。是一种新型高效节能直流焊接电源，是直流弧焊电源更新换代产品。它采用变频原理和电子技术，具有很高的综合指标和优良的焊接工艺性能。

逆变式直流焊机的工作原理：逆变的含义是指从直流电变为交流电（特别是中频或高频交流电）的过程。逆变电源的基本原理如图 2-10 所示。

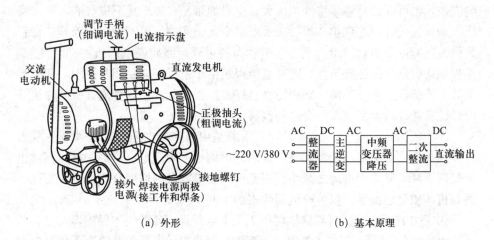

（a）外形 （b）基本原理

图 2-10 逆变式直流焊机

逆变式直流焊机将单相或三相工频交流电整流成直流电，由电抗器滤波后，经大功率开关、元件组成的逆变器变成几千至几万赫的中频交流电，再经中频变压器降压。在次级线圈中输出几十伏低压中频交流电，然后经整流、滤波为平稳的直流电输出，供给焊接。通过频率的调节来改变焊接电流的大小，改变电压、电流反馈量，可获得不同的外特性，以满足不同焊接方法的需要。

逆变直流焊机与普通直流焊机相比较，其优点列于表 2-6。

表 2-6 逆变直流焊机与普通直流焊机的比较

焊机种类	逆变焊机	普通焊机
动特性	优	差
焊接适应性	优	一般
焊机体积	小	大
焊机质量	轻	重
功率	高	低
功率因素	高	低

逆变直流焊机还具有如下特点：

① 逆变直流焊机高效节能。逆变直流焊机的效率可达 85％～90％；功率因数一般在 0.95～0.99。空载时损耗极小。一台额定电流为 400 A 的逆变直流焊机，空载时的损耗只有 100 W 左右，节能效果显著。

② 动特性好、适应性强。从电气控制角度讲，动特性好就是焊机的动态响应快，也可以说是频率特性范围大。电弧焊接是在强干扰下进行的，例如网压波动、弧长弧短的变化、焊接接头形状变化、保护气流不稳定，等等；特别是引弧过程以及熔滴过渡，更是一个动态的过程。因此说电焊机的动特性好，是焊机适应性强的必要条件。逆变直流焊机由于采用了逆变调制技术，其频率为数十千赫甚至几百千赫，频率特性良好。正因如此，逆变直流焊机的焊接适应性比普通焊机有了显著的提高和改善。

③ 体积小、质量轻。逆变焊机采用的是中频降压变压器，其铁芯的截面比普通焊机小几十倍，相应铜材（线圈）比例也下降。电抗器的铁材、铜材也大幅度下降，其体积也随之减小。因此相同容量等级的逆变直流焊机，要比普通焊机的质量轻得多，仅为整流器焊机的 1/6～1/17。

④ 适用广泛。逆变直流焊机可用于手工电弧焊、各种气体保护焊（包括脉冲弧焊、半自动焊）；等离子弧焊、埋弧焊、管状焊丝电弧焊及等离子切割电源等多种焊接方法。由于焊接过程电弧稳定、金属飞溅少（特别是熔化极电弧焊）、焊缝成形美观等因素，还适用于机器人焊接，以及采用微机控制，实现焊接自动化，提高焊接生产率。因此具有更新换代的重要意义，应用将越来越广泛。

二、电焊条

涂有药皮的供焊条电弧焊用的熔化电极称为电焊条，简称焊条。

1. 焊条的功用　在焊条电弧焊中，焊条与基本金属间产生持续稳定的电弧，以提供熔化所必需的热量；同时，焊条又作为填充金属加到焊缝中去。因此，焊条对于焊接过程的稳定和焊缝力学性能等的好坏，都有较大的影响。

2. 对焊条的要求　为了保证焊后焊缝金属具有所需的力学、化学和特殊性能，对焊条有以下要求。

① 电弧容易引燃，在焊接过程中，电弧燃烧稳定，并容易进行再引弧。

② 药皮能均匀熔化，无成块脱落现象；药皮的熔化速度应稍快于焊条芯的熔化速度，使焊条熔化端部能形成喇叭口形套筒，有利于金属熔滴过渡和造成保护气氛。

③ 在焊接过程中，不应有过多烟雾或过大过多的飞溅。

④ 保证熔敷金属具有一定的抗裂性、所需的力学性能和化学成分。

⑤ 焊缝成形正常，熔渣容易清除。

⑥ 焊缝经射线探伤，应不低于 GB/T 3323—2005《钢熔化焊对接接头射线照相及质量分级》所规定的二级标准。

3. 焊条的组成 焊条由焊芯和药皮两部分组成，如图 2-11 所示。

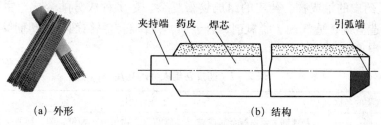

(a) 外形　　　　　　　　　　　　　　(b) 结构

图 2-11 焊条的组成

为了便于焊钳夹持和导电，焊条的尾部有一段 15～25 mm 裸露焊芯（夹持端）。在焊条的前端，有 45°的倒角，药皮被除去一部分，露出焊芯端头，其目的是便于引弧。有的焊条引弧端涂有黑色引弧剂，使引弧更容易。在靠近夹持端的药皮上印有焊条型号。

（1）焊芯 焊条中被药皮包覆的金属芯称为焊芯。

① 焊芯的功用。焊接时焊芯有两个主要作用：一是传导焊接电流，产生电弧，把电能转换为热能；二是焊芯本身熔化，作为填充金属与液态母材金属熔合形成焊缝，同时又起到调整焊缝中合金元素的补偿作用。

② 焊芯的分类。为保证焊缝质量，对焊芯的质量要求很高。焊芯金属对各合金元素的含量都有一定限制。按国家标准，制造焊芯的钢丝可分为碳素结构钢、合金结构钢和不锈钢钢丝及铸铁、有色金属丝等。

（2）药皮 焊芯表面的涂层称为药皮。

① 药皮的功用。

a. 稳弧作用。焊条药皮中含有稳弧物质，可保证电弧容易引燃和燃烧稳定。

b. 保护作用。焊条药皮熔化后产生大量的气体笼罩着电弧区和熔池，基本上能把熔化金属与空气隔绝开，保护熔融金属，熔渣冷却后，在高温焊缝表面上形成渣壳，可防止焊缝表面金属被氧化并减缓焊缝的冷却速度，改善焊缝金属的危害，使焊缝金属获得符合要求的力学性能。

c. 渗合金。由于电弧的高温作用，焊缝金属中所含的某些合金元素被烧损（氧化或氮化），这样会使焊缝的力学性能降低，通过在焊条药皮中加入铁合金或纯合金元素，使之随着药皮的熔化而过渡到焊缝金属中去，以弥补合金元素烧损和提高焊缝金属的力学性能。

d. 改善焊接的工艺性能。通过调整药皮成分，可改变药皮的熔点和凝固温度，使焊条末端形成套筒，产生定向气流，有利于熔滴过渡，可适应各种焊接位置的需要。

② 药皮的组成物。药皮的组成物很复杂，是多种成分的合成，主要有稳弧剂、造渣剂、造气剂、脱氧剂、合金剂、稀释剂、黏结剂、增塑剂等，各组成物功用见表 2-7。

表 2-7　药皮各组成物的功用

药皮组成物的名称	组分与功用
稳弧剂	稳弧剂主要由碱金属或碱土金属的化合物组成，如钾、钠、钙的化合物等，主要作用是改善焊条引弧性能和提高焊接电弧的稳定性
造渣剂	这类药皮组成物能形成具有一定密度的熔渣浮于液态金属表面，使之不受空气侵入，并具有一定的黏度和透气性，与熔池金属进行必需的冶金反映能力，保证焊缝金属的质量和成形美观，如钛铁矿、赤铁矿、金红石、长石、大理石、萤石、钛白粉等
造气剂	造气剂的主要作用是产生保护气体，同时也有利于熔滴过渡，这类组成物有碳酸盐类矿物和有机物，如大理石、白云石和木粉、纤维素等
脱氧剂	脱氧剂的主要作用是对熔渣和焊缝金属脱氧，常用的脱氧剂有锰铁、硅铁、钛铁、铝铁、石墨等
合金剂	合金剂的主要作用是向焊缝金属中渗入必要的合金成分，补偿已经烧损或蒸发所谓合金元素和补加特殊性能要求的合金元素，常用的合金剂有铬、钼、锰、硅、钛、钒的铁合金等
稀释剂	稀释剂的主要作用是降低焊接熔渣的黏度，增加熔渣的流动性，常用稀释剂有萤石、长石、钛铁矿、金红石、锰矿等
黏结剂	黏结剂的主要作用是将药皮牢固地黏结在焊芯上。常用的黏结剂是水玻璃
增塑剂	增塑剂的主要作用是改善涂料的塑性和滑性，使之易于用机器涂在焊芯上。如云母、白泥、钛白粉等

4. 焊条的分类　焊条种类繁多，国产焊条品种已达 300 多种。根据国家标准和使用情况，常用焊条可按其化学成分、用途、熔渣酸碱性、性能等分类。

原国家机械工程部将焊条按用途划分为十大类，国家标准局按化学成分不同将焊条划分为七大类，并制订了国家标准。目前，这两种分类方法均在使用，所以焊工应了解这两种焊条的分类方法。

国家标准焊条大类与原机械工程部焊条分类的对应关系见表2-8。

表2-8　国家标准焊条大类与原机械工程部焊条分类的对应关系

国家标准（型号）			"样本"（牌号）			
焊条大类（按化学成分分类）			焊条大类（按用途分类）			
国家标准编号	名称	代号	类别	名称	代号	
					汉语拼音字母	汉字
GB/T 5117—1995	碳钢焊条	E	一	结构钢焊条	J	结
GB/T 5118—1995	低合金钢焊条	E	一	结构钢焊条	J	结
			二	钼和铬钼耐热钢焊条	R	热
			三	低温钢焊条	W	温
GB/T 983—1995	不锈钢焊条	E	四	不锈钢焊条		
				铬不锈钢焊条	G	铬
				铬镍不锈钢焊条	A	奥
GB/T 984—2001	堆焊焊条	ED	五	堆焊焊条	D	堆
GB/T 10044—2006	铸铁焊条	EZ	六	铸铁焊条	Z	铸
—	—	—	七	镍及镍合金焊条	Ni	镍
GB/T 3670—1995	铜及铜合金焊条	TCu	八	铜及铜合金焊条	T	铜
GB/T 3669—2001	铝及铝合金焊条	TA1	九	铝及铝合金焊条	L	铝
			十	特殊用途焊条	TS	特

5. 焊条的型号　焊条的型号是以国家标准为依据，反映焊条主要特性的表示方法。它包括以下含义：焊条、焊条类别、焊条特点（熔敷金属的抗拉强度、使用温度、焊芯金属类型、熔敷金属的化学组成类型等）、药皮类型和焊接电源等。

（1）碳钢焊条的型号　碳钢焊条的型号是根据熔敷金属的力学性能、药皮类型、焊接位置和焊接电流种类来划分的。

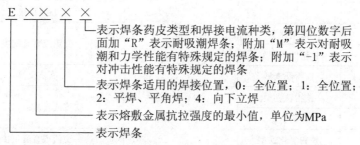

碳钢焊条型号按熔敷金属的抗拉强度，分为E43、E50两个系列。表2-9为碳钢焊条主要型号及应用。

表 2-9　碳钢焊条的主要型号及应用

焊条型号	药皮类型	焊接位置	电流种类
E43 系列，熔敷金属抗拉强度≥420 MPa			
E4300	特殊型	平、立、仰、横	交流或直流正、反接
E4301	钛铁矿型		
E4303	钛钙型		
E4310	高纤维钠型	平、立、仰、横	直流反接
E4311	高纤维钾型		交流或直流反接
E4312	高钛钠型		交流或直流正接
E4313	高钛钾型		交流或直流正、反接
E4315	低氢钠型		直流反接
E4316	低氢钾型		交流或直流反接
E4320	氧化铁型	平	交流或直流正、反接
E4322		平、平角	交流或直流正接
E4323	铁粉钛钙型	平、平角	交流或直流正、反接
E4324	铁粉钛型		
E4327	铁粉氧化铁型	平	交流或直流正、反接
		平角	交流或直流正接
E4328	铁粉低氢型	平、平角	交流或直流反接
E50 系列，熔敷金属抗拉强度≥490 MPa			
E5001	铸铁矿型	平、立、仰、横	交流或直流正、反接
E5003	钛钙型		
E5010	高纤维钠型		直流反接
E5011	高纤维钾型		交流或直流反接
E5014	铁粉钛型		交流或直流正、反接
E5015	低氢钠型		直流反接
E5016	低氢钾型		交流或直流反接
E5018	铁粉低氢钾型		
E5018M	铁粉低氢型		直流反接
E5023	铁粉钛钙型	平、平角	交流或直流正、反接
E5024	铁粉钛型		
E5027	铁粉氧化铁型		交流或直流正接
E5028	铁粉低氢型	平、仰、横、立向下	交流或直流反接
E5048			

碳钢焊条型号举例：

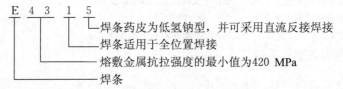

（2）低合金钢焊条的型号　低合金钢焊条型号的编制方法为：后缀字母为熔敷金属的化学成分分类代号，并以短画"-"与前面数字连接。

低合金钢焊条型号按熔敷金属的抗拉强度，分为 E50、E55、E60、E70、E75、E80、E85、E90、E100 等系列。

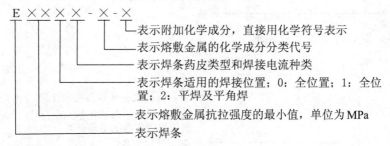

低合金钢焊条型号举例：

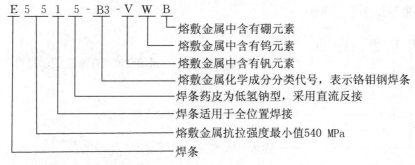

（3）不锈钢焊条型号表示

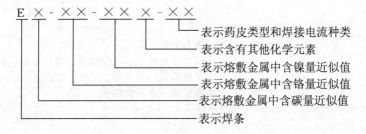

注："15"表示碱性药皮，直流反接焊接；

"16"表示碱性或其他类型药皮，适用于交流或直流反接焊接；

"00"表示含碳量不大于 0.04%，"0"表示含碳量不大于 0.10%，"1"表示含碳量不大于 0.15%，"2"表示含碳量不大于 0.20%，"3"表示含碳量不大于 0.45%。

不锈钢焊条型号举例：

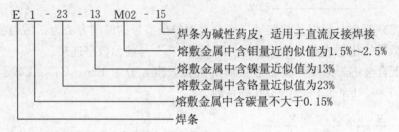

（4）堆焊焊条的型号表示

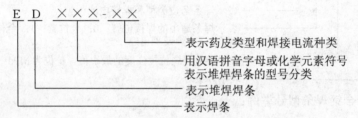

堆焊焊条型号举例：

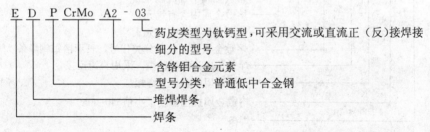

（5）铸铁焊条型号表示

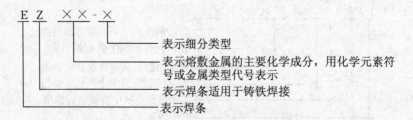

注：C为灰铸铁，CQ为球墨铸铁，Ni为纯镍，NiFe为镍铁铸铁，NiCu为镍铜铸铁，NiFeCu为镍铁铜铸铁，Fe表示纯铁，V表示高钒

铸铁焊条型号举例：

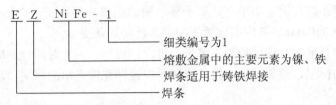

6. 焊条的选用　焊条的种类繁多，每种焊条均有一定的特性和用途。选用焊条是焊接准备工作中很重要的一个环节。在实际工作中，除了要认真了解各种焊条的成分、性能及用途外，还应根据被焊焊件的状况、施工条件及焊接工艺等综合考虑。

（1）考虑焊件的力学性能和化学成分

① 对于普通结构钢，通常对焊缝金属与母材有强度要求，应选用抗拉强度等于或稍高于母材的焊条。

② 对于合金结构钢，通常要求焊缝金属的主要合金成分与母材金属相同或相近。

③ 在被焊结构刚度大、接头应力高和焊缝容易产生裂纹的情况下，可以考虑选用比母材强度低一级的焊条。

④ 母材中碳、硫及磷等元素含量偏高时，焊缝容易产生裂纹，应选用抗裂性能好的低氢型焊条。

（2）考虑焊件的使用性能和工作条件

① 对承受动载和冲击载荷的焊件，除满足强度要求外，还要保证焊缝具有较高的韧性和塑性，应选用韧性和塑性指标较高的低氢型焊条。

② 接触腐蚀介质的焊条，应根据介质的性能及腐蚀特征，选用相应的不锈钢焊条或其他耐腐蚀焊条。

③ 在高温或低温条件下工作的焊件，应选用相应的耐热钢或低温钢焊条。

（3）考虑简化工艺、提高生产率和降低成本

① 薄板焊接或定位焊时宜采用 E4313 焊条，焊件不易烧穿且易引弧。

② 在满足焊件使用性能和焊条操作性能的前提下，应选用规格大、效率高的焊条。

③ 在使用性能基本相同时，应尽量选择价格低的焊条，降低焊接生产成本。

7. 焊条的保管

(1) 焊条必须存放在干燥、通风良好的室内仓库里。焊条储存库内，不允许放置有害气体和腐蚀性介质，室内应保持整洁。

(2) 焊条应存放在架子上，架子离地面的距离应不小于 300 mm，离墙壁距离不小于 300 mm，室内应放置去湿剂，严防焊条受潮。

(3) 焊条堆放时应按种类、牌号、批次、规格、入库时间分类堆放，每垛应有明确的标记，避免混乱。发放焊条时应遵循先进先出的原则，避免焊条存放期过长。

(4) 焊条在供给使用单位以后，至少在 6 个月之内能保证继续使用。

(5) 特种焊条的储存与保管制度，应比一般焊条严格，并将它们堆放在专用库房或指定区域内，仓库应保持 10～25 ℃ 的温度和小于 50% 的相对湿度，受潮或包装损坏的焊条未经处理不准入库。

(6) 对于已受潮、药皮变色和焊芯有锈迹的焊条，须经烘干后进行质量评定。若各项性能指标都满足要求时，方可入库，否则不准入库。

(7) 一般焊条一次出库量不能超过两天的用量。已经出库的焊条，焊工必须保管好。

(8) 焊条储存库内，应设置温度计和湿度计。低氢型焊条库内温度不低于 5 ℃，空气相对湿度应低于 60%。

(9) 存放期超过一年的焊条，发放前应重新做各种性能试验，符合要求时方可发放，否则不准发放。

8. 焊条的烘干

焊条药皮容易受潮，受潮后焊条的焊接工艺性变差，飞溅增多，而且水分中的氢易使焊缝产生气孔、裂纹等缺陷，因此焊条使用前需经烘干处理。焊条烘干要求如下：

(1) 酸性焊条视受潮情况和性能要求，在 75～150 ℃ 条件下烘干 1～2 h；碱性低氢型结构钢焊条应在 350～400 ℃ 条件下烘干 1～2 h。烘干的焊条应放在 100～150 ℃ 保温箱（筒）内，随取随用，并注意保持干燥。

(2) 低氢型焊条在常温下超过 4 h，应重新烘干使用，但重复烘干的次数最多不宜超过 3 次。

(3) 烘干焊条时，禁止将焊条从室温状态直接放进高温炉内或从高温炉中直接取出冷却，以防因骤冷骤热焊条药皮产生开裂、脱皮现象。

(4) 焊条烘干时不得成捆或成垛堆放，应铺成层状，每层不能过厚，以免受热不均和潮气不易排除。

(5) 焊条烘干时应做记录，记录内容包括焊条牌号、批号、数量及加热温度、时间等。

（6）烘干焊条时，除遵循上述通用规范外，还应根据焊条药皮的类型和产品说明书的要求进行烘干。例如，高纤维素型焊条，药皮上有大量的有机纤维素，因此，烘干必须在碳化温度 121.1 ℃以下进行，烘干温度过高会使大量有机物烧损而造成报废。对于盐基型药皮（铝、铜、镍等）焊条，因焊芯线膨胀系数大，且在药皮中加入了氯化钠、氟化钠等，因此烘干温度不宜过高，速度也不宜过快，应根据说明书的要求进行烘干。

（7）每班焊接结束后，必须将剩余的焊条回收，不得留散在生产现场，回收的焊条应按牌号、规格存放。

三、焊条电弧焊的辅助设备

手工焊条电弧焊必须使用的辅助设备主要有电焊钳、电焊面罩、焊接电缆、焊条保温筒、敲渣锤、钢丝刷等。

1. 电焊钳

（1）电焊钳的作用　电焊钳又称焊把，起夹持焊条和传导电流的作用。焊钳上夹持焊条的导电部分用紫铜制作，绝缘外壳用胶木粉压制而成。焊接时间长时，焊钳会发烫。用防烫手焊钳焊接时，手柄温度低于 11 ℃，是一种新型、高效的焊钳。

（2）电焊钳的组成　电焊钳的外形如图 2-12 所示。

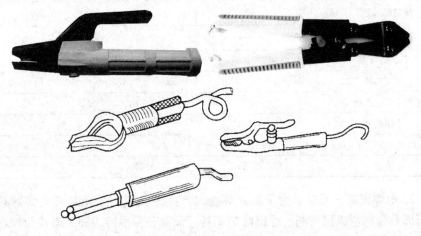

图 2-12　电焊钳的外形

电焊钳主要由手柄、钳口、弯臂、弹簧等组成，如图 2-13 所示。

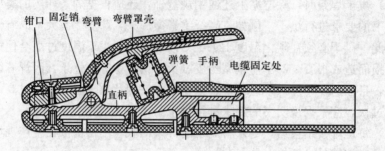

图 2-13　电焊钳的组成

（3）对电焊钳的要求

① 在任何角度上都能牢固地夹持直径不同的焊条。

② 夹持焊条处应导电良好。

③ 手柄要有良好的绝缘和隔热作用。

④ 结构简单，轻便、安全、耐用。

（4）电焊条的技术参数　电焊条的技术参数主要有额定电流、适用焊条直径、负载持续率、手柄温度等。

常用的电焊钳有 160 A、300 A 和 500 A 3 种，其技术参数见表 2-10。

表 2-10　常用电焊钳的型号及技术参数

型号	160 A		300 A		500 A	
额定焊接电流（A）	160		300		500	
适用焊条直径（mm）	1.6～4		2～5		3.2～8	
负载持续率（%）	60	35	60	35	60	30
焊接电流（A）	160	220	300	400	500	560
连接电缆截面积（mm²）	25～35		35～50		70～95	
手柄温度（℃）	≤40		≤40		≤40	
外形尺寸（长×宽×厚，mm）	220×70×30		235×80×36		258×86×38	
质量（kg）	0.24		0.34		0.40	

2. 电焊面罩　面罩是为了防止焊接时产生的飞溅、弧光及其他辐射对焊工面部及颈部造成损伤的一种遮蔽的工具。面罩分为手持式和头盔式两种，如图 2-14 所示。

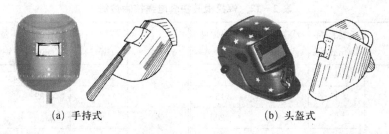

(a) 手持式　　　　　　　　　　　(b) 头盔式

图 2-14　电焊面罩

　　手持式面罩应用最早。由于早期焊接均以手工为主，焊工一手持电焊面罩、一手持焊枪进行焊接。头戴式面罩是在手持式面罩的基础上发展而来的，在视窗部分进行了改进，使用转动机构让防护镜片可上下启闭，彻底解放了焊工原需持面罩的一只手，在焊接中，两只手可很好地配合、协调工作，从而提高了工效。

　　在面罩正前方观察熔池的长方形槽内镶装有护目玻璃镜片，用来降低弧光强度，过滤红外线和紫外线，保护焊工眼睛。护目玻璃镜片亮度色号可根据焊接电流的大小来选用，见表 2-11。

表 2-11　护目玻璃镜片的选用

色号	颜色	适用电流范围（A）	尺寸（长×宽×厚，mm）
9	较浅	<100	
10	中等	100~350	107×50×2
11	较深	>350	

3. 焊接电缆

　　(1) 焊接电缆的作用　用于传导焊接电流。

　　(2) 对焊接电缆的要求　对焊接电缆要求有足够的截面，耐热、抗老化性能好，外表有良好的绝缘性，以避免发生短路和触电事故。同时要求有足够的强度，柔软易弯曲，便于使用中的收放、移动和扭曲。

　　(3) 焊接电缆截面积与长度的选定　焊接电缆一般是多股细铜线（$\phi 0.2 \sim 0.4$ mm）电缆，常用的有 YHH 型橡胶护套电缆和 YHHR 型橡胶护套特软电缆两种。焊接电缆长度不宜过长，以 20~30 m 为宜。一般应使用整根电缆，中间不应有接头。若电缆较长时，为避免压降损失，应适当增大线芯截面。焊接电缆线芯截面大小可根据焊接电流选择，见表 2-12。

表 2 - 12　焊接橡胶护套电缆技术数据

型号	标称截面 （mm²）	线芯直径 （mm）	额定焊接 电流（A）	型号	标称截面 （mm²）	线芯直径 （mm）	额定焊接 电流（A）
YHH 型	16	6.23	120	YHHR 型	6	3.96	35
	25	7.50	150		10	4.89	60
	35	9.23	200		16	6.15	100
	50	10.50	300		25	8.00	150
	70	12.95	450		35	9.00	200
	95	14.70	600		50	10.60	300
	120	17.15			70	12.95	450
	150	18.90			95	14.70	600

（4）焊接电缆的固定方式 连接焊件的电缆线可固定在一块方钢上，如图 2-15 所示，便于焊接时移动。

4. 焊条保温筒 焊条保温筒（图 2-16）是利用焊机二次电压加热，将已烘干的焊条放置筒内保存，并能加热保温的工具。它具有工作可靠、携带方便等优点，特别适用于流动或露天作业时保存和烘干焊条。对于低氢焊条，更需要配备保温筒进行焊接作业。

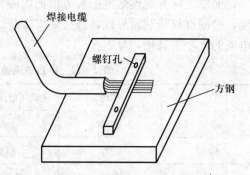

图 2-15　焊接电缆的固定方式

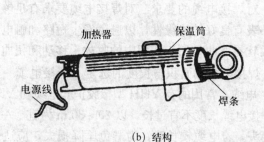

（a）外形　　　　　　（b）结构

图 2-16　焊条保温筒

四、装配夹具

为保证焊件尺寸，提高装配效率，防止焊接变形所采用的夹具叫做焊接装配夹具。

1. 对焊接装配夹具的要求

① 应保证装配的尺寸、形状的正确性。

② 使用与调整简便，且安全可靠。

③ 机构简单，制造方便，成本低。

2. 焊接装配夹具的类型 根据装配夹具的作用不同，一般有夹紧工具、压紧工具、拉紧工具和撑具等。

（1）夹紧工具 用于紧固装配零件，如图 2-17 所示。

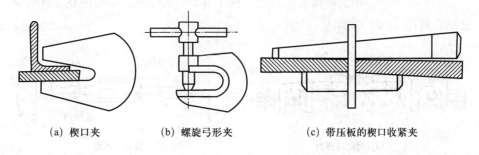

（a）楔口夹　　　　（b）螺旋弓形夹　　　　（c）带压板的楔口收紧夹

图 2-17 夹紧工具

（2）压紧工具 用于在装配时压紧焊件。使用时夹具的一部分往往要点固在被装配的焊件上，焊接后再除去，如图 2-18 所示。

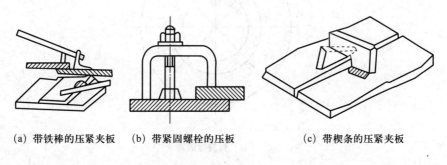

（a）带铁棒的压紧夹板　（b）带紧固螺栓的压板　　（c）带楔条的压紧夹板

图 2-18 压紧工具

（3）拉紧工具　是将所装配零件的边缘拉到规定的尺寸。有螺旋式、卡钳式、重力式等几种，如图 2-19 所示。

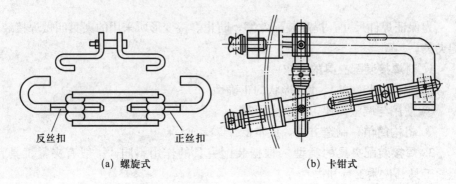

（a）螺旋式　　　　　　　　　（b）卡钳式

图 2-19　拉紧工具

（4）撑具　是扩大或撑紧配件的一种工具，一般是利用螺钉或正反螺钉来达到，如图 2-20 所示。

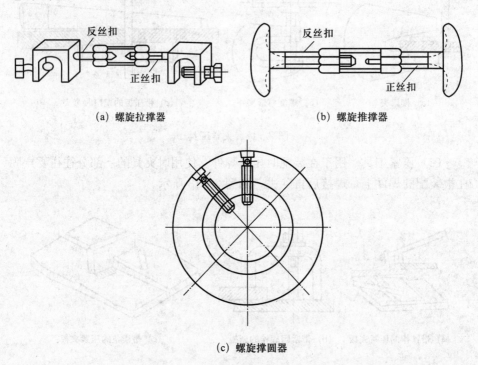

（a）螺旋拉撑器　　　　　　　　（b）螺旋推撑器

（c）螺旋撑圆器

图 2-20　撑 具

第三节　焊条电弧焊的基本操作技能

焊条电弧焊的基本操作技能包括：引弧、运条、焊道接头的连接、收弧。

一、引弧

1. 引弧的含义　在进行焊条电弧焊时，引燃焊接电弧的过程，称为引弧。

2. 引弧的操作姿势　在进行焊接操作之前，应先穿戴好焊接防护工作服、裤和手套，准备好面罩。

将焊机输出端电缆的地线夹夹在钢板上，然后打开焊机开关，调节焊接电流至所需要的值。将焊条按 90°夹于焊钳上。

平焊一般采用蹲式操作姿势，蹲姿要自然，两脚之间的夹角 70°～85°，两脚距离约 240～260 mm，如图 2-21 所示。持焊钳的胳膊半伸开，要悬空无依托操作。

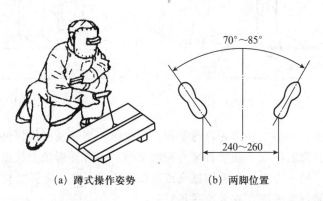

(a) 蹲式操作姿势　　　　(b) 两脚位置

图 2-21　平焊操作姿势

3. 引弧的操作步骤

(1) 手持面罩，看准引弧位置。

(2) 用面罩挡住面部，将焊条对准引弧位置。

(3) 用划擦法或直击法引弧。

(4) 使电弧燃烧 3～5 s，再熄灭电弧，反复做引弧和熄弧动作。

4. 引弧的方法　引弧的操作方法一般有划擦法和直击法两种。

（1）划擦引弧法　划擦法又称划弧法，类似于划火柴的动作。即将焊条末端对准焊接位置，然后手腕扭转一下，使焊条端部在焊件表面上轻轻划擦（长约 20 mm），随即将焊条提起 2～4 mm，如图 2-22 所示。电弧引燃后，将弧长保持在与该焊条直径相适应的范围内，使电弧稳定燃烧。这种引弧方法操作简单，引弧效率高，比较容易掌握，但操作不当易损坏焊件表面。为避免焊件表面被电弧划伤，应在焊缝前端坡口内划擦引弧。

（2）直击引弧法　直击引弧法又称为敲击法。将焊条的末端垂直对准焊件，手腕下降，轻轻碰一下焊件，随后迅速提起焊条 2～4 mm，如图 2-23 所示。电弧引燃后，迅速放下手腕，并将弧长保持在与该焊条直径相适应的范围内，使电弧稳定燃烧。这种引弧方法不受焊件表面大小及焊件形状的限制，常用于较困难焊接的位置，操作时必须掌握好手腕上下动作的速度和距离。若用力过猛，焊条药皮易脱落，甚至焊条还易粘在焊件表面。

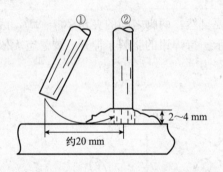

图 2-22　划擦引弧法

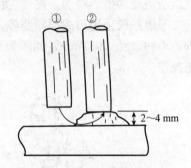

图 2-23　直击引弧法

一般来说，划擦法初学者容易掌握，但操作不当容易损伤焊件表面，不如直击法好。但直击法对于初学者来说较难掌握，一方面焊条上拉过慢容易粘在焊件表面上；另一方面焊条上拉过高或过快，不容易产生电弧；再一方面用力过猛可能会使焊条表面药皮大块脱落。

但引弧的学习主要在于手腕的灵活性，经过一定时间的练习后，两种方法都不难掌握。

5. 引弧的操作要点

（1）无论是划擦法还是直击法引弧，都应注意手腕的运动，切不可靠手臂的运动来完成引弧动作。如采用一种引弧方法连续数次都无法引燃电弧，则应改用另一种引弧方法，两种引弧方法必定有一种能够使电弧引燃。

（2）引弧处应清洁，不应有油污、锈斑等杂污，以免影响导电和使熔池产生氧化物，导致焊缝中产生气孔和夹杂。

（3）为便于引弧，焊条端部应裸露出焊芯，以利于导通电流。引弧时如遇焊条粘在焊件上不能够脱离的情况，应立即将焊钳从焊条上取下，待焊条冷却后，用手将焊条取下；或者握焊钳的手左右摇动，也可解决。重新引弧时应注意将焊条牢固地夹持在焊钳上。

（4）焊条与焊件接触后，焊条提起的时间要适当。过快，不容易产生电弧；过慢，焊条与焊件容易粘在一起造成短路。

（5）引弧应在焊缝内进行，避免引弧时烧伤焊件表面。

（6）初学直击法引弧的焊工，在引弧时容易发生焊条药皮大块脱落、引燃的电弧易熄灭、焊条粘在焊件表面等现象。这是初学者引弧时手腕转动不熟练、不协调，没有掌握好焊条提离焊件的时间和距离所致。若焊条在直击焊件后提离焊件的速度过快或提得过高，就不能引燃电弧或电弧只燃烧一瞬间就熄灭。若引燃动作过慢或焊条提离的距离过低，就会使焊条和焊件粘在一起，造成焊接回路的短路。短路时间过长，不仅不能引燃电弧，还会因短路电流过大、时间过长而烧毁焊机，同时使焊条因电阻增加由发红直至白炽化而成段熔化。

（7）若焊条粘连在焊件表面，应将焊条左右摇动几次，即可使焊条脱落焊件表面。若经左右摇动几次焊条仍不能脱离焊件表面，则应立即将焊钳钳口松开，使焊条与焊钳脱离，焊接回路的短路即行断开，待焊条冷却降温后再拆下。

（8）酸性焊条引弧时，可使用直击法或划擦法；碱性焊条引弧时，大多采用划擦法，因直击法引弧容易在焊缝中产生密集气孔。

（9）焊道起头处引弧，为了减少气孔，可将前几滴熔滴甩掉。操作中的直接方法是采用跳弧焊，即电弧有规律地瞬间离开熔池，把熔滴甩掉，但焊接电弧并未熄灭。另一种间接方法是采用引弧板，即在焊前装焊一块钢板，从这块板上开始引弧，焊后割掉（图 2 - 24）。采用引弧板，不但保证了起头处的焊缝质量，也能使焊接接头的始端获得合适尺寸的焊缝。

（10）划擦法接头时的引弧应在弧坑前 15 mm 的任何一个坡口面上进行；直击法接头时的引弧应在熔池端部一侧坡口上进行，如图 2 - 25 所示。

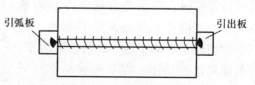

引弧板　　引出板

图 2 - 24　用引弧板进行起头处引弧

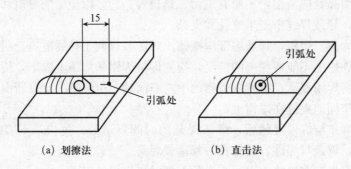

（a）划擦法　　　　　　　（b）直击法

图 2-25　焊缝接头处的引弧

引弧质量主要是用引弧的熟练程度来衡量。在一定时间内，引燃电弧的成功次数越多，引弧位置越准确，说明越熟练。

6. 引弧操作的禁忌

① 防止电弧不稳定。焊接过程中要保持电弧稳定，否则将产生飞溅、气孔、咬边等缺陷，同时影响焊缝的表面成形。

电弧的稳定性取决于合适的弧长，稳定电弧的方法是：焊接过程中运条要平稳，手不能抖动，焊条要随其不断熔化而均匀地送进，并保证焊条的送进速度与熔化速度基本一致，防止出现电弧突然拉长或缩短而造成电弧不稳定，甚至使电弧熄灭。

② 引弧操作动作幅度不宜过大。引弧动作过快或焊条提得过高，不易建立稳定的电弧，或起弧后易于熄灭；如果动作过慢，又会使焊条和焊件粘在一起，产生长时短路，会使焊条过热发红，造成药皮脱落，也不能建立起电弧。

二、运条

1. 运条的含义　运条是指在焊接过程中，为了保持焊缝质量和美观，操控焊条所作的必要的运动。

2. 运条的三个基本动作　当引燃电弧进行焊接时，焊条要有三个方向的基本动作，才能得到良好成形的焊缝。这三个方向的基本动作是：焊条送进动作、焊条横向摆动动作、焊条前移动作（图 2-26）。

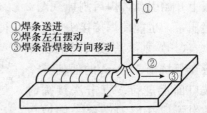

①焊条送进
②焊条左右摆动
③焊条沿焊接方向移动

图 2-26　焊接时，运条的三个基本动作

（1）焊条送进动作 焊条在电弧热的作用下，会逐步熔化缩短，为了保持电弧长度，必须将焊条朝着熔池方向逐渐送进。要求焊条送进的速度与焊条熔化的速度相等，如果焊条送进速度过快，则电弧长度迅速缩短，使焊条与焊件接触，造成短路，电弧熄灭；如果焊条送进速度过慢，则电弧的长度增加，直至断弧。

电弧长度对焊缝质量有极大的影响，一般而言，长电弧不稳定，空气容易侵入，导致产生气孔，热量不集中，散失大，焊缝熔深浅，电弧吹力小，容易产生夹渣。因此，一般焊接时，采用短弧，均匀的送进速度，保持电弧长度恒定，是获得质量优良焊缝的重要条件。

（2）焊条横向摆动动作 焊条横向摆动的目的是得到一定宽度的焊缝。焊条摆动的幅度与焊缝要求的宽度、焊条的直径有关。摆动越大，则焊缝越宽，但要保证焊缝两侧的良好熔合。一般焊缝宽度在焊条直径的2～5倍。

（3）焊条前移动作 焊条沿着焊接方向向前移动，对焊缝的成形质量影响很大。焊条前移的快慢，表示着焊接速度的快慢，过快则电弧来不及熔化足够的焊条与母材金属，造成焊缝断面太小及形成未焊透等焊接缺陷；过慢则熔化金属堆积过多，产生溢流及成形不良，同时由于热量集中，薄件容易烧穿，厚件则产生过热，降低焊缝金属的综合力学性能。因此焊条前移速度应适当，前移速度应根据电流大小、焊条直径、焊件厚度、装配间隙、焊缝位置、焊件材质等因素综合考虑。另外焊条前移速度应均匀，不能时快时慢，才能保证焊缝均匀一致。

焊条移动时，应与前进方向成 70°～80°夹角，把已熔化的金属和熔渣推向后方，否则，熔渣流向电弧的前方，会造成夹渣缺陷，如图 2-27 所示。

3. 横向运条的方法 焊接时，为了获得一定的焊缝宽度，需要进行焊条横向摆动，摆动范围越大，所得的焊缝越宽，常见的横向运条方法主要有直线形运条法、直线往复形运条法、锯齿形运条法、月牙形运条法、正三角形运条法、斜三角形运条法、正圆环形运条法、斜圆环形运条法、8字形运条法，如图 2-28 所示。

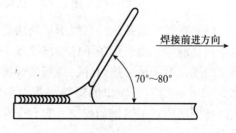

焊接前进方向

70°～80°

图 2-27 焊条移动与前进方向的夹角

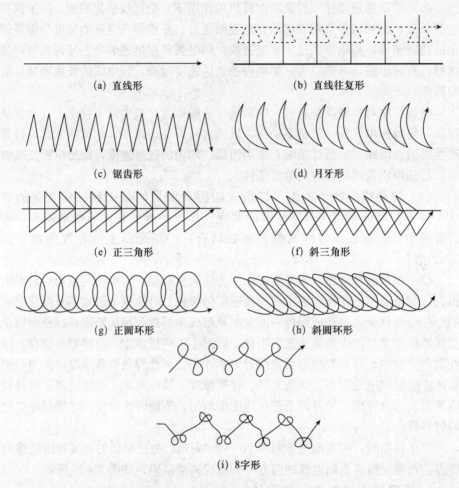

(a) 直线形　　　　　　　　　(b) 直线往复形

(c) 锯齿形　　　　　　　　　(d) 月牙形

(e) 正三角形　　　　　　　　(f) 斜三角形

(g) 正圆环形　　　　　　　　(h) 斜圆环形

(i) 8字形

图 2-28　横向运条的方法

（1）直线形运条法　直线形运条法是在焊接时保持一定弧长，沿着焊接方向不摆动前移。由于焊条不作横向摆动，电弧比较稳定，焊接速度也较快，熔深比较浅，对于易过热焊件、薄板的焊接有利，但焊缝成形较窄。适用于板厚在 3~5 mm 的不开坡口的对接平焊、多层焊的第一层封底焊和多层多道焊。该法特别适用于不锈钢的焊接，有利于在焊接过程中控制熔池温度，保证焊缝成形。

（2）直线往复形运条法　直线往复形运条法是焊条末端沿焊缝方向作来回直线形摆动。在实际操作中，电弧长度是变化的，焊接时保持较短的电弧。焊接一小段后，电弧拉长，向前跳动，待熔池稍凝，焊条又回到溶池继续焊接。该法焊接速度快、焊缝窄、散热快，适用于薄板和对接间隙较大的底层焊接。

（3）锯齿形运条法 锯齿形运条法是将焊条末端向前移动的同时作锯齿形的连续摆动。摆动运条时两侧稍加停顿，停顿时间视工件厚度、电流大小、焊缝宽度及焊接位置而定，这主要是为了保证两侧熔化良好，不产生咬边。锯齿形摆动的目的是为了控制焊缝熔化金属的流动和得到必要的焊缝宽度，并获得较好的焊缝成形。应用于平焊、立焊、仰焊的对接接头和立焊的角接接头。斜锯齿形运条法适用于平、仰焊位置和 T 形接头焊缝和对接接头的横焊缝。运条时两侧的停留时间应是上长下短，以利于控制熔化金属的下流，有助于焊缝成形。

（4）月牙形运条法 月牙形运条法在实际生产中应用较广泛，操作方法与锯齿形相似。采用月牙形运条法时，为了使焊缝两侧熔合良好、避免咬边，应注意在月牙两尖端的停留时间；对熔池的加热时间相对较长，金属的熔化良好，利于熔池中的气体析出和熔渣的浮出，能消除气孔和夹渣，焊缝质量较高。但由于熔化金属向中间集中，增加了焊缝表面的余高，所以不适用于宽度小的立焊缝。当对接接头平焊时，为避免焊缝金属过高和使两侧熔透，有时采用反月牙形运条法运条。

（5）正三角形运条法 焊接过程中，焊条末端作连续的三角形运条，并不断地向前移动。该方法适用于开坡口的对接接头和 T 形接头的立焊。该方法的优点是一次焊接就能焊出较厚的焊缝断面，焊缝不容易产生气孔和夹渣等缺陷，有利于提高劳动生产率。

（6）斜三角形运条法 焊接过程中焊条末端作连续的斜三角形运条，并不断地向前移动，适用于平焊、仰焊位置的 T 形接头焊缝和有坡口的横焊缝。该方法的优点是能借助焊条末端的运动来控制液态金属的流动，促使焊缝成形良好，减少焊缝内部的气孔与夹渣，对提高焊缝内在质量有好处。

（7）正圆环形运条法 焊接过程中，焊条末端连续作正圆环形运条，并不断地向前移动。只适用于焊接较厚焊件的平对接焊缝。该方法的优点是焊缝金属有足够的高温停留时间，有利于熔池金属中的气体向外逸出和熔池内的熔渣上浮，对提高焊缝内在质量有利。

（8）斜圆环形运条法 焊接过程中，焊条末端在向前移动的过程中，连续不断地作斜圆环形运条。它适用于平、仰位置的 T 形焊缝和对接接头的横焊缝。该方法的优点是在斜圆环形运条时，有利于控制熔化金属因受重力影响产生下淌现象，有助于焊缝成形，同时它又能减慢焊缝冷却速度，使焊缝的扩散氢或其他气体有充分时间向外逸出，熔渣有时间上浮，提高焊缝内在质量。

（9）8 字形运条法　焊接过程中，焊条末端作 8 字形运条，并不断地向前移动。该方法的优点是能保证焊缝两焊趾得到充分加热，使之熔化均匀、保证熔合、减少咬边，焊缝适度增宽，焊波美观。它特别适合于厚板平焊的盖面层或表面堆焊。

以上几种焊条的运条方法是最基本的运条方法，在实际应用过程中，同一焊接接头焊缝，可根据自己的习惯进行选择。运条方法在不同焊接位置、材料性质及装配间隙中的不同应用见表 2 - 13。

表 2 - 13　运条方法在实际中的应用

运条方法	空间位置	装配间隙（mm）	焊条类型
直线往复	平位	≤2	低合金钢、不锈钢
月牙形	平、立、仰位	3.5～5	碳素钢、低合金钢
圆环形	横位、45°横位	2～5	碳素钢、低合金钢
三角形	仰、横位	2.59～3.2	碳素钢、低合金钢
锯齿形	平、立、仰位	2.5～4.0	碳素钢、低合金钢

4. 运条操作的注意要点

（1）运条速度要均匀，且沿焊接方向运动的速度不可过快，一般来说一根焊条焊完后其焊缝的总长度以不超过焊条长度的 4/5 为宜。

（2）锯齿形运条时要注意摆动幅度不可过大，且"齿距"要小。

（3）焊接过程中应保持焊缝的直线度。

（4）运条过程中应注意观察熔池，熔渣应始终处于铁液的后方。

三、焊道接头的连接

1. 何谓焊道接头　在长焊道焊接时，因受焊条长度的限制，一根焊条不能焊完整条焊道，为保证焊道的连续性，要求每根焊条所焊的焊道相连接，这个连接处称焊道接头（俗称焊条接头）。操作水平高的焊工焊出的焊道接头无明显接头痕迹，就像一根焊条焊出的焊道一样平整、均匀。在保证焊缝连续性的同时，还要使长焊道焊接变形最小。

2. 焊道接头的连接方法　焊道接头的连接方法主要有头尾相接法、头头相接法、尾尾相接法、尾头相接法等几种。

（1）头尾相接法　头尾相接法指后焊焊缝的起头与先焊焊缝的结尾相接

（图2-29）。它是使用得最多的一种方法。其操作要点是：在弧坑前约10 mm处引弧，电弧长度可比正常焊接时略微长些（低氢焊条电弧不可拉长，否则易产生气孔），然后将电弧移到原弧坑的2/3处，填满弧坑后即向焊接方向移动进行正常焊接。此法操作必须注意电弧后移量，后移量过多或过少都会造成接头过高或脱节，并使弧坑填不满。这种接头法适用于单层焊及多层焊盖面层焊的连接。

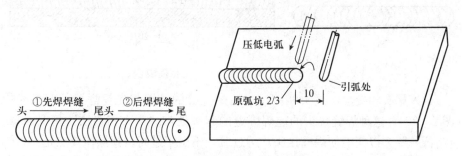

图2-29　焊道接头的头尾相接法

（2）头头相接法　头头相接法指后焊焊缝的起头与先焊焊缝的起头相接（图2-30）。其操作要点是：先焊焊缝的起头处电弧应略低一些，这样接头时，在先焊焊缝的起头稍前处引弧，再稍微拉长电弧，将电弧引向接头处，并覆盖前焊缝的端头处，等起头处焊缝焊平后，再沿焊接方向移动进行正常焊接。

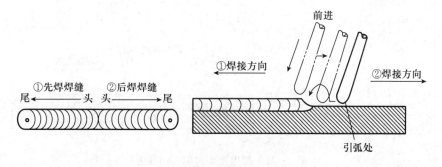

图2-30　焊道接头的头头相接法

（3）尾尾相接法　尾尾相接法指后焊焊缝的结尾与先焊焊缝的结尾相接（图2-31）。其操作要点是：当后焊焊缝焊到先焊焊缝的结尾处时，焊接速度应略慢一些，以便填满前焊缝的弧坑，然后以较快的焊接速度再略向前焊10～20 mm后熄弧。

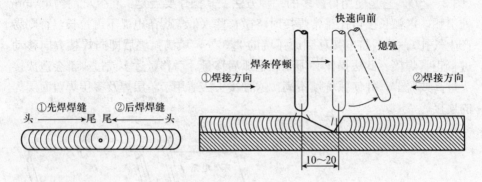

图 2-31 焊道接头的尾尾相接法

（4）尾头相接法 尾头相接法指后焊焊缝的结尾与先焊焊缝的起头相接（图 2-32）。这种焊缝接头的前焊焊缝的起头处与"头头相接法"情况一样，应略低一些，以便能使焊缝接头均匀过渡，不至于过高。其操作要点是：后焊焊缝焊到靠近先焊焊缝的起头处时，改变焊条角度，使焊条指向先焊焊缝的起头处，稍微拉长电弧，待形成熔池后再压低电弧往回移动，最后再返回原来熔池处收弧。

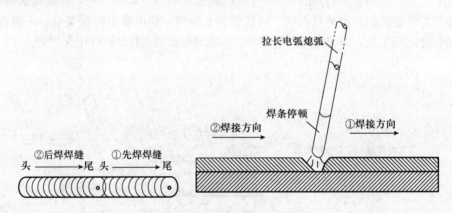

图 2-32 焊道接头的尾头相接法

四、收弧

1. 收弧的含义 收弧是指一条焊缝结束时的熄弧操作过程。若焊缝采用立即拉断电弧收弧，则会形成低于焊件表面的弧坑，甚至易产生弧坑裂纹和应力集中（图 2-33）。碱性焊条熄弧方法不当，弧坑表面会有气孔存在，降低焊缝强度。

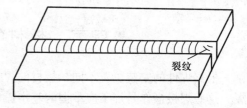

图 2-33　收弧不当引起弧坑裂纹

2. 收弧的方法

（1）反复收弧法　焊条移动到焊缝终端时，在弧坑处反复熄弧、引弧数次，直到填满弧坑为止（图 2-34）。此法适用于薄板和大电流焊接，但碱性焊条不宜采用，否则易出现气孔。

（2）划圈收弧法　焊条移动到焊缝终端时，利用手腕动作时焊条作圆圈运动，直到填满弧坑后再熄弧（图 2-35）。此法适用于厚板焊接，而薄板焊接则易烧穿。

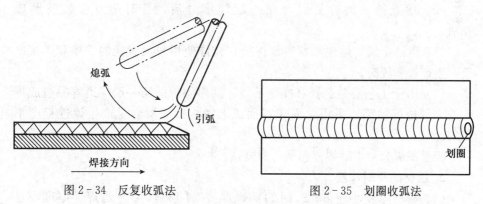

图 2-34　反复收弧法　　　　　　　　图 2-35　划圈收弧法

（3）回焊收弧法　焊条移动到焊缝终端时，作短暂停留，然后改变焊条角度回焊一小段后拉断电弧（图 2-36）。此法适用于碱性焊条。

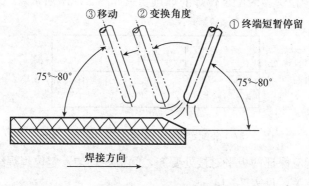

图 2-36　回焊收弧法

第四节　板材的焊接技术

根据焊件的安装位置不同，板材的焊接方式主要有平焊、立焊、横焊和仰焊。这些焊接操作是焊工应掌握的基本操作技能。

一、板材的平焊

1. 板材平焊的特点　平焊是在水平面上任何方向的焊接。

（1）平焊时，熔滴金属由于重力作用向熔池自然过渡，操作技术简单，比较容易掌握。

（2）熔渣和铁液容易混合在一起较难分清，有时熔渣会超前形成夹渣。

（3）熔池金属和熔池形状容易保持，允许使用较大直径的焊条和焊接电流，生产效率较高。

（4）由于工艺参数选择和操作不当，在多层焊的第一层焊道容易造成焊瘤或未焊透等缺陷。采用单面焊双面成形时，打底层容易产生焊透程度不均匀。

板材平焊分为平对焊接和平角焊接。

2. 板材的平对焊接

（1）板材厚度小于 6 mm 时的平焊焊接（I 形坡口）　当焊件厚度小于 6 mm时，一般采用不开口坡口对接焊。

① 焊缝的起头、接头和收尾。操作方法与上节相同。

② 装配定位焊。装配定位焊的焊点要求如图 2 - 37 所示。

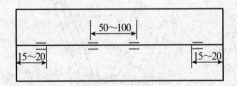

图 2 - 37　装配定位焊的焊点要求（单位：mm）

焊件装配应保证两板平对接处要齐，间隙要均匀。定位焊焊缝长度和间距与板的厚度有关，见表 2 - 14。

表 2-14　定位焊焊缝长度和间距与焊件厚度的关系（mm）

焊件厚度	定位焊焊缝尺寸	
	长度	间距
<4	5~10	50~100
4~12	10~20	100~200
>12	15~30	100~300

为保证定位焊缝的质量，应做到以下几点。

a. 定位焊焊缝一般都作为以后正式焊缝的一部分，所用焊条要与正式焊接时相同。

b. 为防止未焊透等缺陷，定位焊时电流应比正式焊接时大 10%~15%。

c. 如遇有焊缝交叉时，定位焊焊缝应离交叉处 50 mm 以上。

d. 定位焊焊缝的余高不应过高，定位焊焊缝的两端应与母材平缓过渡，以防止正式焊接时产生焊不透缺陷。

e. 如定位焊焊缝开裂，必须将裂纹处的焊肉铲除后重新定位焊。定位焊后，如果出现接口不平齐，应进行矫正，然后才能进行焊接。

③ 进行正面焊缝的焊接。进行正面的焊接时，采用直径 3.2 mm 焊条，电流 90~120 A，直线形运条，短弧焊接，焊条角度如图 2-38 所示。为了获得较大的熔深和宽度，运条速度可慢些。使熔深达到板厚的 2/3，焊缝宽度应为 5~8 mm，余高小于 1.5 mm，如图 2-39 所示。

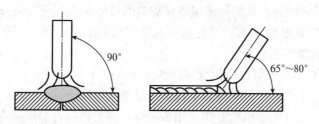

图 2-38　平焊焊接时的焊条角度

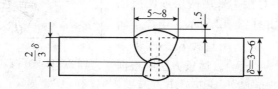

图 2-39　不开坡口对接焊（厚度小于 6 mm）

操作中如发现熔渣与铁水混合不清，即可将电弧稍拉长一些，同时将焊条向焊接方向倾斜，并向熔池后面推送熔渣。这样，熔渣被推到熔池后面，减少了焊接缺陷，维持焊接正常进行，如图 2-40 所示。

④ 进行反面焊缝的焊接。正面焊缝焊完后，将焊件翻转，清理熔渣，选择稍大的焊接电流进行焊接，以避免产生未焊透现象。如果在焊接时焊件温度较高，可采用稍大的焊接速度进行焊接。

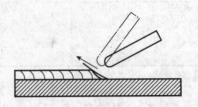

图 2-40　推进熔渣的方法示意

要领：运条过程中，如有熔渣与铁水混合时，可将电弧稍微拉长，同时将焊条角度向前倾斜，利用电弧吹力吹动熔渣，并作向后推送熔渣的动作，动作要快捷，以免熔渣超前产生夹渣缺陷。

厚度在 3 mm 以下的薄焊件，焊接时易出现烧穿，装配可不留间隙，定位焊焊缝可采用多点密集形式。操作中采用短弧和快速直线往复运条法，也可以用分段焊接。必要时可将一头垫起，使其倾斜 5°～10°进行下坡焊，可提高焊接速度，减小熔深，防止烧穿并减少变形。

⑤ 清理与检测焊缝。将完成的焊件焊缝表面及飞溅清理干净，直到露出金属光泽。检测焊缝正反面质量。焊缝表面不得有焊瘤、气孔、夹渣、咬边等缺陷。

（2）板材厚度大于 6 mm 时的平焊焊接（V 形坡口）　当焊件厚度等于或大于 6 mm 时，因为电弧的热量很难使焊缝的根部焊透，所以应开坡口。常用的坡口类型有 V 形和 X 形。对这两种对接接头的焊接，可采用单层焊、多层焊及多层多道焊等工艺。

① 开坡口的单层焊法。钢板厚度为 6 mm 的 V 形对接，可以采用单层焊接，如图 2-41 所示。但焊接时不仅要注意钢板边缘的熔合情况，还应防止根部焊穿。这种厚度的钢板最好也采用多层焊，因为比较容易控制焊缝质量。

② 开坡口的多层焊法。钢板厚度在 6 mm 以上的 V 形对接，采用两层或两层以上的多层焊接，如图 2-42 所示。当焊正面焊缝的第 1 层时，应选用直径较小的焊条（一般直径为 3.2～4 mm）。运条方法则根据间隙大小而定，当间隙小时可采用直线形；

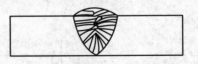

图 2-41　开坡口的单层焊法

间隙较大时可采用往复直线形，这样可避免焊穿。当间隙很大又无法一次焊成时，就采用三点焊法（图 2 - 43）。先将坡口两侧各焊上一道焊缝，使间隙变小，然后再焊第三道焊缝，这样焊缝 1、2、3 共同构成封底焊缝，但是一般情况下不应采用三点焊法。

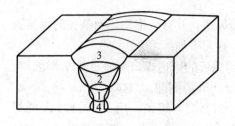

图 2 - 42　开坡口的多层焊法
（数字表示焊接顺序）

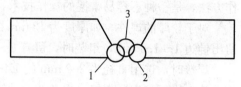

图 2 - 43　三点焊法的施焊顺序

在焊第二层时，先将第一层熔渣清除干净，随后用直径较大的焊条（一般为 4 mm）采用短弧，并增加焊条的摆动，摆动方法如图 2 - 44 所示。

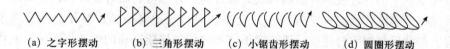

（a）之字形摆动　　（b）三角形摆动　　（c）小锯齿形摆动　　（d）圆圈形摆动

图 2 - 44　焊条的摆动方法示意

由于第二层焊道并不宽，采用直线形或小锯齿形运条法较为合适。以后各层也可用锯齿形运条，但摆动的范围应逐渐加宽。摆动到坡口时，应稍加停留，否则，容易产生熔合不良、夹渣等缺陷。应注意每层焊道不要过厚，防止熔渣流到前面，造成焊接困难。为了保证各焊层的质量和减小变形，各层之间的焊接方向应相反；其接头最少要错开 20 mm。每焊完一层焊道，都要同样把表面的熔渣和飞溅等清理干净，才能焊接下一层。

③ 开坡口的多层多道焊法。多层多道焊是指对一条焊缝进行 3 条或多条窄焊道依次施焊，并列组成一条完整的焊缝（图 2 - 45）。其焊接方法与多层焊相似，每条焊道施焊时宜采用直线运条，短弧焊接，操作技术不难掌握。每焊一条

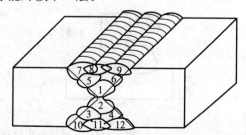

图 2 - 45　开坡口的多层多道焊法
（数字表示焊接顺序）

焊道必须清渣一次。

④ 熔透焊道的焊接法。在有些焊接结构中，不能进行双面焊，只能从接头的一面焊接，而又要求接头全焊透，这种焊道称为全熔透焊道。也就是单面焊双面成形焊道。

这种在单面焊接，要求双面都能达到焊透，并且成形均匀而整齐的焊接操作方法，是一种不容易掌握的操作技术，必须多加练习。

对于较厚的焊件，如厚度为 12 mm 的钢板的熔透焊，一般要开 V 形坡口，留出钝边 1～1.5 mm，组装时，留有 3～4 mm 的间隙。

焊接时，选用直径为 3.2 mm 的 E4303（J422）焊条，用 100～120 A 的焊接电流，进行打底层焊接。焊条的运动较为特殊，常采用间断灭弧焊法，它是通过掌握燃弧和熄弧时间以及运条动作，来控制熔池温度、熔池存在时间、熔池形状和焊层厚度，以获得良好的反面成形和内部厚度。

操作时，要达到焊件熔透的目的，是依靠电弧的穿透能力来熔透坡口钝边和焊件每侧熔化 1～2 mm，并在熔池前沿形成一个大于装配间隙的熔孔，熔池金属中有一部分过渡到焊缝根部及焊缝背面，并与母材熔合良好。在熄弧瞬间形成一个焊波，当前一个焊波未完全凝固时，马上又引弧，重复上述熔透过程，如此反复焊完打底层。要注意不能单纯依靠熔化金属的渗透作用来形成背面焊缝。因为，这样就会形成边缘未熔合，坡口根部未焊透。更换焊条的动作要快，使焊道在炽热状态下连接，以保证接头质量。其余各层均按多层焊方法的要求施焊。

3. 板材的平角焊接　板材的平角焊接包括 T 形接头平焊、角接接头平焊和搭接接头平焊 3 种，其中 T 形接头平焊比较常见。

（1）T 形接头平焊的焊条角度　T 形接头平焊在操作时易产生咬边、未焊透、焊脚下偏（下垂）、夹渣等缺陷，如图 2-46 所示。

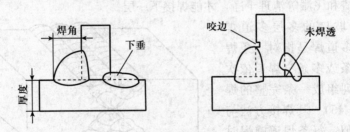

图 2-46　T 形接头焊缝容易产生的缺陷

为了防止上述缺陷，操作时除了正确选择焊接规范外，还应根据两板的厚薄适当调节焊条的角度。在焊接两板厚度不同的焊缝时，电弧就要偏向厚板一边，以使两板的温度均匀。常用的焊条角度如图 2-47 所示。

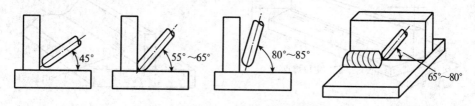

图 2-47　T 形接头平焊时的焊条角度

（2）T 形接头平焊的焊角尺寸　角焊缝的各部位名称如图 2-48 所示。焊角尺寸随焊件的板厚变化，见表 2-15。

表 2-15　焊角尺寸与钢板厚度的关系（mm）

钢板厚度	≥2~3	<3~6	<6~9	<9~12	<12~16	<16~24
最小焊角尺寸	2	3	4	5	6	8

（3）T 形接头平焊时的定位与引弧点　T 形接头的装配方法，如图 2-49 所示，在立板与横板之间预留 1~2 mm 的间隙，以增加熔透深度。装配时手持 90°角尺，以检查立板的垂直度，然后用直径为 3.2 mm 的焊条进行定位焊。

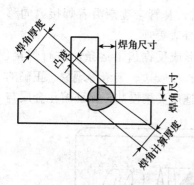

图 2-48　角焊缝的各部分名称

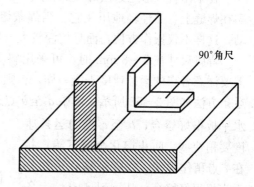

图 2-49　T 形接头的装配

角焊缝的装配定位如图 2-50 所示。

焊接时，引弧点的位置按图 2-51 所示。这样可以对起头处有预热作用，减少焊接缺陷，也可清除引弧痕迹。

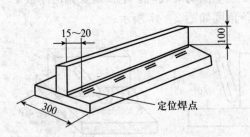

图 2-50　平角焊的定位要求（单位：mm）

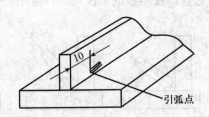

图 2-51　平角焊的起头引弧点示意
（单位：mm）

（4）T 形接头的平焊原则　焊角尺寸决定焊接层次和焊道数。一般当焊角尺寸在 8 mm 以下时，多采用单层焊，焊角尺寸在 8～10 mm 时，采用多层焊；焊角尺寸大于 10 mm 时，则采用多层多道焊。

（5）焊脚尺寸小于 8 mm 的 T 形接头平焊（单层焊）　焊脚尺寸小于 8 mm 的焊缝，通常用单层焊来完成，焊条直径根据钢板厚度不同，在 3～5 mm 范围内选择。

焊脚小于 5 mm 的焊缝，可采用直线形运条法和短弧进行焊接，焊接速度要均匀，焊条与水平板成 45°夹角，与焊接方向成 65°～80°的夹角。若焊条角度过小会造成根部熔深不足，角度过大，熔渣容易跑到前面而造成夹渣。

在采用直线形运条法焊接焊脚尺寸不大的焊缝时，将焊条端头的套管边缘靠在焊缝上，并轻轻地压住它。当焊条熔化时，套管会逐渐沿着焊接方向移动，这样不仅操作方便，而且熔深较大，焊缝外表美观。

焊脚尺寸在 5～8 mm 时，可采用斜圆圈形或反锯齿形运条法进行焊接，但要注意各点的运条速度不能一样，否则容易产生咬边、夹渣等现象。正确的运条方法如图 2-52 所示。图中 a 至 b 点运条速度要稍慢些，保证熔化金属与水平板很好熔合；b 至 c 点的运条速度要稍快些，防止熔化金属下淌，并在 c 点稍作停留，以保证熔化金属与垂直板很好熔合；从 c 到 d 点的运条速度又要稍慢些，才能避免产生夹渣现象及保证焊透；b 至 d 点的运条速度与 a 至 b 点一样，要稍慢些；d 至 e 点与 b 至 c 点一样，e 点和 c 点一样要

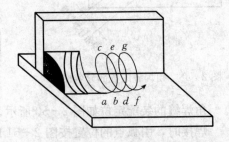

图 2-52　T 形接头平焊的斜圆圈形运条法

稍作停留。整个运条过程就是不断重复上述过程，同时在整个运条过程中都应采用短弧焊接。

在 T 形接头平焊的焊接中，往往由于收尾弧坑未填满而产生裂纹，所以在收尾时，一定要保证弧坑填满。

（6）焊脚尺寸在 8～10 mm 的 T 形接头平焊（两层两道焊）　焊脚尺寸在 8～10 mm 时，可采用两层两道的焊法。

焊第一层时，可用直径 3～4 mm 焊条，焊接电流稍大些，以获得较大的熔深。采用直线形运条法，收尾时应把弧坑填满或略高些，这样在第二层焊接收尾时，不会因焊缝温度增高而产生弧坑过低的现象。

焊第二层之前，必须将第一层的熔渣清除干净，发现有夹渣时，应用小直径焊条修补后方可焊第二层，这样才能保证层与层之间紧密熔合。在焊第二层时，可采用 4 mm 直径的焊条，焊接电流不宜过大，电流过大会产生咬边现象。用斜圆圈形和反锯齿形运条法施焊时，运条速度同单层焊。但第一层焊缝咬边处，应适当多停留一些时间，以弥补该处咬边的缺陷。

（7）焊脚尺寸大于 10 mm 的 T 形接头平焊（多层多道焊）　当焊接焊脚尺寸大于 10 mm 时，生产中都采用多层多道焊。

① 焊脚尺寸在 10～12 mm 时，一般用二层三道来完成。

焊第一层（第一道）时，可采用较小直径的焊条及较大焊接电流，用直线形运条法，收尾与多层焊的第一层相同。焊完后将熔渣清除干净。

焊第二条焊道时，对第一条焊道覆盖不小于 2/3，焊条与水平焊件的角度要稍大些（45°～55°），如图 2-53 中 2 的位置。以使熔化金属与水平焊件很好地熔合。焊条与焊接方向的夹角为 65°～80°，运条速度基本与多层焊时相同。

焊第三条焊道时，对第二条焊道的覆盖应有 1/3～1/2，焊条与水平焊件的角度为 40°～45°，如图 2-53 中 3 的位置。角度过大，会产生焊脚下偏现象。运条仍用直线形，速度保持均匀，但不宜过慢，因为过慢容易产生焊瘤，影响焊缝成形美观。

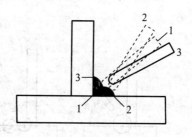

图 2-53　多层多道焊的焊条位置示意

焊接中如发现第二条焊道覆盖第一条焊道大于 2/3 时，在焊第三条焊道时，可采用直线往复运条法，以免焊道过高。如果第二条焊道覆盖第一条焊道太少时，第三条焊道可采用斜圆圈运条方法，运条时，在垂直焊道上要稍作停留，以防止咬边。并以弥补由于第二条焊道覆盖过少而产生焊道下偏现象。

当角焊缝要求全焊透时，根据焊件厚度，应开成单边 V 形或双边 K 形坡口，如图 2-54 所示。

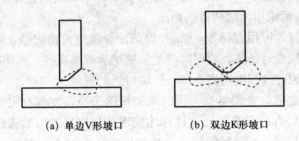

(a) 单边V形坡口　　　　　(b) 双边K形坡口

图 2-54　全焊透角焊缝的坡口示意

② 焊脚尺寸大于12 mm时，可采用三层六道、四层十道来完成。焊脚尺寸越大，焊接层数、道数就越多，如图 2-55 所示。

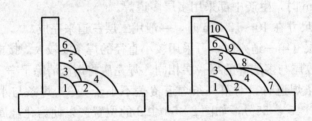

图 2-55　多层多道焊的焊道排列

T 形接头多层多道焊时，不同顺序的焊道应采用不同的角度，如图 2-56 所示。

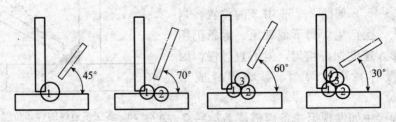

图 2-56　T 形接头多道焊时的焊条角度

不同顺序的焊道可采用不同的焊接速度，第1道慢些，第2、3、4道的速度以第 3 道最慢，第 4 道最快，其快慢以焊成较光滑且略带凹形的焊缝外形为原则（图 2 - 57）。

（8）T 形接头的船形焊

① 船形焊的含义。为了克服平角焊缝容易产生咬边和焊角不均匀的缺陷，在实际生产中，如果能将焊件转动，如图 2 - 58 所示的焊接位置，就称为船形焊。

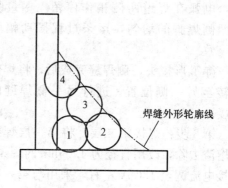

图 2 - 57　T 形接头多道焊焊缝
的外形轮廓线

② 船形焊的特点。船形焊的焊法是采用平焊操作方法，有利于选用大直径焊条和较大的焊接电流。运条时可采用锯齿形方法，焊第一层时仍用小直径焊条及稍大的电流，其他各层与开坡口的平焊操作方法相似。所以，船形焊不但能获得较大的熔深，而且一次焊成的焊脚高度可达到 10 mm 以上，比平角焊的生产效率高。也比较容易获得美观的焊缝。因此，有条件时应尽量采用船形焊。

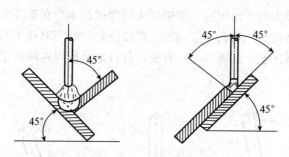

图 2 - 58　T 形接头的船形焊

③ 船形焊的焊接步骤。

第 1 步：对焊件进行定位焊。将焊件装配成 90°夹角的 T 形接头（可用样板定位），不留间隙，采用正式焊接用焊条进行定位焊，定位焊的位置应在焊件两端的前后对称处，如图 2 - 59 所示。四条定位焊缝的长度均为 10～15 mm。装配完毕需校正焊件，保持立板的垂直度。

第 2 步：焊接第一层。采用直径为 3.2 mm 的焊条进行焊接，焊接电流为 130～140 A。将 T 形接头焊件翻转 45°放置，焊接时焊条与两侧钢板

之间的夹角为 45°，与焊接方向的夹角为
70°~80°，焊接时采用锯齿形或月牙形运
条，电弧在焊道两侧稍作停留。尽量控
制两侧焊脚的均匀，运条过程摆动幅度
要一致。

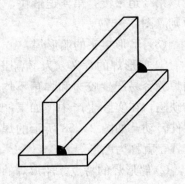

待 T 形接头一侧焊缝完成后，将焊件
翻转至另一侧位置，进行另一侧焊缝的
焊接。

第 3 步：焊接第二层。将第一层焊缝
的熔渣去除，改用直径为 4.0 mm 的焊条，

图 2-59　T 形接头定位焊

焊接电流调至 180 A 左右，采用与第一层
同样的方法焊接第二层焊缝。

焊缝表面成形应呈下凹形为好，若呈凸起状则说明焊条摆动时两侧停顿不
足或焊接速度过慢。如 T 形接头中两板厚度不同，焊接时应将电弧偏向厚板
一侧。

第 4 步：清理焊件。将完成的焊件焊缝表面及飞溅清理干净，使其露出金
属光泽。焊缝表面不得有焊瘤、气孔、夹渣、咬边等缺陷。

（9）角接接头的平角焊接　角接接头的焊接技术与对接接头的焊接技术相
似。但由于角接接头一块板是立向的，焊接热量分配与对接不同，故焊条角度
与对接焊时有所区别，如图 2-60 所示，其目的是使焊件两边得到相同的熔化
程度。

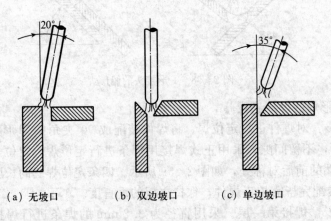

（a）无坡口　　　　（b）双边坡口　　　　（c）单边坡口

图 2-60　角接接头的平角焊接

（10）搭接接头的平角焊接　搭接接头平角焊接的操作与 T 形接头平焊基本相似，主要是掌握焊条角度，基本原则是电弧应更多地偏向于厚板一侧，其偏角的大小应按板厚来确定，如图 2-61 所示。

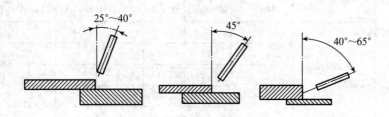

图 2-61　搭接接头平角焊接时的焊条角度

4. 薄板对接平焊　厚度在 2.0 mm 以下的钢板称为薄板。薄板焊接较困难，易烧穿，产生较大变形及焊缝成形不良等缺陷。生产中常见的薄板焊接方法为对接平焊。

（1）焊件装配　将焊件坡口边缘的剪切毛刺、飞边或切割熔渣等清除干净。装配间隙越小越好，最大不超过 0.5 mm。两块板对接装配时，对口处上、下错边量不应超过板厚的 1/3，对某些要求高的重要焊件，错边量应不大于 0.2~0.3 mm。

（2）定位焊　定位焊焊缝要小，且呈点状，焊点间距要适当小一些，特别是在对接间隙较大的位置，间距应更小些，但焊件两端的定位焊焊缝可稍长。如 1.5 mm 薄板定位焊时，可采用直径为 2.0 mm 的焊条，焊缝呈点状，焊点间距为 70~90 mm，板两端头的焊缝长为 8~10 mm。

（3）焊接工艺　焊接采用较小直径（2.0~2.5 mm）的焊条和较小的焊接电流，焊速应稍高。采用短弧焊，快速直线运条，焊条不作摆动，以得到小尺寸的熔池和整齐的焊缝。

焊接过程中发现定位焊焊缝开裂或焊件变形而错边量增大时，应停止焊接，用锤子将其修复，再定位焊牢固后继续进行焊接。

对可移动的焊件，为了提高焊速和减小熔深，防止烧穿及减小焊接变形，可将焊件一头垫起，使其倾斜 15°~20°进行下坡焊。对不能移动的焊件，可采用断弧方法焊接，当发现熔池将要漏穿时，立即熄弧，使熔池温度降低后再焊接。

5. 板材平焊的工艺参数　焊条电弧焊板材平焊的工艺参数见表 2-16。

表 2 - 16　焊条电弧焊板材平焊的工艺参数

焊接空间位置	坡口及焊缝形式	焊件厚度或焊角尺寸（mm）	第一层焊缝		填充层焊缝		盖面层焊缝	
			焊条直径（mm）	焊接电流（A）	焊条直径（mm）	焊接电流（A）	焊条直径（mm）	焊接电流（A）
平对接焊缝	I形双面焊对接焊缝	2	2	50～60	—	—	2	55～60
		2.5～3.5	32	80～100	—	—	3.2	850～120
		3.2	3.2	90～130	—	—	3.2	100～130
		4～5	4	160～200	—	—	4	160～210
		5	5	200～260	—	—	5	220～260
	V形双面焊对接焊缝	5～6	4	160～200	—	—	3.2	100～130
							4	180～210
		≥6	4	160～200	4	160～210	5	180～210
					5	220～280	5	220～260
	X形（带钝边）对接焊缝	≥12	4	160～210	4	160～210	—	—
					5	220～280	—	—
平角接焊缝	单边V形对接焊缝	2	2	55～65	—	—	—	—
		3	3.2	100～120	—	—	—	—
		4	3.2	100～120	—	—	—	—
	单边V形对接焊缝	5～6	4	160～200	—	—	—	—
			5	220～280	—	—	—	—
		≥7	4	160～200	5	220～280	—	—
			5	220～280			—	—
	I形角焊缝	—	4	160～200	4	160～200	4	160～200
					5	220～280		

二、板材的立焊

1. 立焊的特点　立焊是指在焊件的垂直位置进行焊接。立焊的主要特点有：

（1）立焊时，熔池金属和熔渣因自重下坠，容易分离。当熔池温度过高时，熔池金属易出现下淌的现象而形成焊瘤，影响焊缝的正常成形。

（2）易产生咬边，焊缝不易平整，不如平焊的美观。

（3）焊接生产效率比平焊低。

（4）对于 T 形接头立焊，焊缝根部不易焊透。

2. 立焊的操作方式 立焊有两种方式，一种是由下而上施焊，另一种是由上而下施焊。由上向下施焊的立焊，要求有专用的向下立焊焊条才能保证成形。目前生产中应用最广的仍是由下向上施焊的立焊法。

3. 立焊的操作要点

（1）立焊位置按焊件厚度的不同有薄板对接立焊和厚板对接立焊；按接头的形式可分为 I 形坡口对接立焊和 T 形接头立角焊；按焊接操作技术分为向上立焊和向下立焊。立焊位置焊条角度如图 2-62 所示。

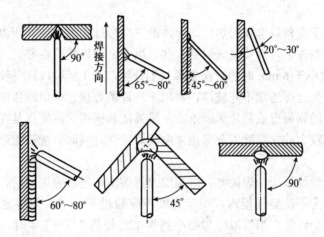

图 2-62 立焊位置焊条角度

（2）立焊时，焊钳夹持焊条后，焊钳与焊条应成一直线，如图 2-63 所示。焊工的身体不要正对着焊缝，要略偏向左或右侧以便于握焊钳的右手或左手操作。

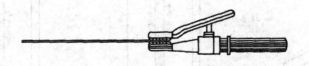

图 2-63 焊钳夹持焊条形式

（3）焊接过程中，保持焊条角度，减少熔化铁液的下淌。

（4）选用较小的焊条直径（小于 4 mm）和较小的焊接电流（80%～85% 平焊位置的焊接电流），用短弧焊接。

（5）Ⅰ形坡口对接向上立焊时，可选用直线形、锯齿形、月牙形运条法或挑弧法焊接。

（6）开其他形式坡口对接立焊时，第一层焊缝常选用挑弧法或摆幅不大的月牙形、三角形运条焊接，其后可采用月牙形或锯齿形运条方法。

（7）T形接头立焊时，运条操作与开其他形式坡口对接立焊相似，为防止焊缝两侧产生咬边、根部未焊透，电弧应在焊缝两侧及顶角有适当的停留时间。

（8）焊接盖面层时，应根据对焊缝表面的要求选用运条方法，焊缝表面要求稍高的可采用月牙形运条；如果只要求焊缝表面平整的可采用锯齿形运条方法。

（9）由于立角焊电弧的热量向焊件的三向传递，散热快，所以，在与对接立焊相同的条件下，焊接电流可稍大些，以保证两板熔合良好。

4. 板材小于 6 mm 时的对接立焊（不开坡口及Ⅰ形坡口）　板厚小于 6 mm 时的对接接头立焊通常不开坡口，常用于薄件的焊接。采取跳弧法、灭弧法以及幅度较小的锯齿形或月牙形运条法。跳弧法和灭弧法的特点是在焊接薄钢板和接头间隙较大的立焊缝以及采用大电流焊接立焊缝时，能避免产生烧穿、焊瘤等缺陷。

（1）立焊跳弧法　焊接时，熔滴脱离焊条末端过渡到熔池后，立即将电弧向上提起（为不使空气侵入，提起高度不应超过 6 mm），使熔池迅速冷却凝固，形成一个台阶。当熔池冷却缩小到焊条直径的 $1/2 \sim 1/4$ 时，再将电弧拉回到熔池台阶，在台阶上形成一个新熔池。跳弧法即是如此不断地重复进行熔化—冷却—凝固—再熔化的过程。跳弧法有直线形、月牙形、锯齿形 3 种，如图 2-64 所示。

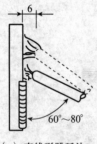 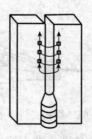 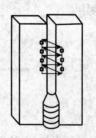

（a）直线形跳弧法　　　　（b）月牙形跳弧法　　　　（c）锯齿形跳弧法

图 2-64　立焊跳弧法

（2）立焊灭弧法　焊接时，熔滴脱离焊条末端过渡到熔池后，立即熄灭电弧，熔池冷却缩小后，再在熔池上引弧焊接。灭弧法即是如此重复引弧熔化—断弧冷却—凝固—再引弧熔化的过程。

灭弧的时间在开始焊时可以短些，随着焊接时间的延长，灭弧时间也要稍有增加，以避免产生烧穿及焊瘤。一般灭弧法在立焊缝的收尾时用得比较多，这样可以避免收尾时熔池宽度增加和产生烧穿及焊瘤等缺陷。

上述两种方法在起焊时，当电弧引燃后，应稍拉长电弧，对焊缝端头预热，然后压低电弧正常焊接。焊接过程中运条要稳，注意观察熔池形状。对于 I 形坡口对接立焊，当发现椭圆形熔池下部由较平直的轮廓逐渐变圆形或变凸起时（图 2-65），表示温度稍高或过高，应使灭弧或跳弧时间长一些，让熔池温度降低，防止产生焊穿或焊瘤等缺陷。

（a）正常　　　　　　（b）温度稍高　　　　　　（c）温度过高

图 2-65　I 形坡口对接立焊时熔池形状与温度的关系

5. 板厚大于 6 mm 时的对接立焊（开坡口、多层焊）　钢板厚度大于 6 mm 时，为了保证熔透，一般都开坡口。施焊时采用多层焊，其层数多少，可根据焊件厚度来决定。

下面以四层焊接为例介绍厚板对接立焊的操作要点。

厚板对接立焊的四层焊接的焊道分布如图 2-66 所示。第 1 层为打底层，第 2、3 层为填充层，第 4 层为盖面层。

（1）打底层　打底焊是一个关键，要求熔深均匀，没有缺陷。一般选用直径为 3.2 mm 或 4.0 mm 的焊条。施焊时，在熔池上端要熔穿一小孔，以保证

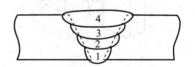

图 2-66　厚板对接立焊的四层焊接的焊道分布

熔透。运条法有：对厚板焊件可用小三角形（运条时在每个转角处须作停留），中等厚度或稍薄的焊件可用小月牙形、锯齿形或跳弧法（图 2-67）。无论采用哪一种运条法，焊接第一层时除了避免产生各种缺陷外，焊缝表面还要平整，避免呈凸形（图 2-68）；否则在焊第二层时，易产生未焊透和夹渣等缺陷。

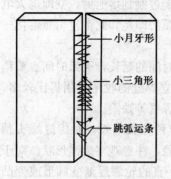

小月牙形

小三角形

跳弧运条

图 2-67　打底层的运条方法

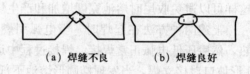

（a）焊缝不良　　　（b）焊缝良好

图 2-68　打底层焊缝质量

打底焊的操作要点如下：

① 焊条倾斜角度的控制。打底层焊接时焊条倾斜的角度为 70°～75°，如图 2-69 所示。

② 对熔孔的控制。控制熔孔主要是控制熔孔的形状和大小，立焊时的熔孔一般比平焊略大些，合适的熔孔大小如图 2-70 所示。

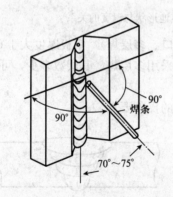

90°

焊条

90°

70°～75°

图 2-69　打底层焊接时焊条的倾斜角度

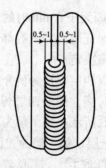

0.5～1　0.5～1

图 2-70　立焊时的熔孔（单位：mm）

③ 对电弧和熔池的控制。首先在焊件下端定位焊缝上面 10～15 mm 处引燃电弧，然后快速将电弧带到定位焊缝处预热并开始向上运动，当电弧移到定位焊缝的上端时，压低电弧并击穿坡口间隙，形成熔孔后，焊条作锯齿形横向摆动由下向上焊接。在坡口的两侧稍加停留，保证熔合良好。为了保证焊缝成形良好，焊接电弧尽量控制得短些，使电弧更好地保护熔池和避免铁液下淌，并使焊接电弧的大部分盖在熔池上，另一小部分对准坡口间隙，有利于熔孔的形成。

④ 对接头质量的控制。打底焊道的接头质量直接影响背面焊道的成形，对整个焊缝的强度影响很大。收弧时，应将电弧向斜下方拉回 10～15 mm，并将电弧拉长后熄弧，这样能避免在弧坑处出现缩孔，并在收弧处形成缓坡形，有利于接头操作。采用热接法时，要求接头速度要快，位置要准。先是在熔池上方 10～15 mm 处的一侧坡口上引弧，然后立即将电弧拉到收弧处预热，预热后稍作横向摆动向上焊接并逐渐压低电弧，填满弧坑后再将焊条向焊件背面压送，等形成新的熔孔后再继续焊接。接头时焊条角度比正常焊接时要大一些。采用冷接法时，主要是保证接头处的焊缝成缓坡状。

(2) 填充层　填充焊的关键是保证各层之间、各层与坡口两侧熔合良好，焊道表面平整。填充焊前，要清理好打底焊层的焊渣和飞溅，焊条的倾角要比打底焊时小一些，运条方式采用锯齿形横向摆动，摆动幅度逐层加大，电弧尽量短些。最后一层填充焊的焊缝应比坡口边缘低 0.5～1.5 mm，略成凹形。接头时，在收弧位置的上方约 10～15 mm 处引弧，然后把焊条拉至弧坑处，将弧坑填满，即可转入正常焊接。

(3) 盖面层　盖面焊是焊缝外观成形的关键，直接影响焊缝表面的尺寸和熔合情况。盖面焊之前要把前一层的焊渣和飞溅清除干净，焊条倾角、运条方法与填充焊基本相同。焊条的横向摆动幅度更要加大，保证摆动幅度大小一致，使焊缝宽度均匀一致。在坡口两侧压低电弧并稍作停留，保证坡口边缘熔合良好，避免咬边。盖面焊的接头方法与填充焊基本相同，对接头的位置要求更严格一些。

为了获得平整美观的表面焊缝，除了要保持较薄的焊缝厚度外，并应适当减小电流（防止焊瘤或咬边）；运条速度应均匀，横向摆动时，在 a、b 两点应将电弧进一步缩短并稍作停留，以防止咬边。从 a 摆动至 b 时应稍快些，以防止产生焊瘤（图 2 - 71）。有时候表层焊缝也采用较大电流的快速摆动法，在运条时采用短弧，使焊条末端紧靠熔池快速摆动，并在坡口边缘稍作停留（应防止咬边）。这样表层焊缝不仅较薄，而且焊波较细，表层焊缝平整美观。

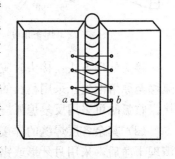

图 2 - 71　盖面层的运条方法

6. T 形接头立角焊

(1) 第一层焊缝的焊接　第一层焊接可选择直径为 3.2 mm 的焊条，100～115 A 的焊接电流。

焊条角度：为使焊接过程中利用电弧的吹力对熔池产生向上的推力，使熔滴顺利过渡并托住熔池金属（避免下淌）。焊条与两板间左右夹角为 45°，焊条下倾角为 75°~90°（图 2-72）。

焊接时焊钳的握法分正握法和反握法两种。一般在操作方便的情况下采用正握法；当焊接部位距离地面较近时可采用反握法。

第一层焊接一般采用灭弧法月牙形运条。当使用酸性焊条焊接时也可采用挑弧法直线运条（短弧跳弧法）（图 2-73），跳弧法的动作要领为：焊接时当熔池温度升高时，立即将电弧沿焊接方向（上方）挑起（不熄弧），让熔池中的熔化金属冷却；当熔池的颜色由亮变暗时，再将电弧有节奏地移动到熔池上，形成新的熔池。如此往复循环，直至焊完整根焊条。

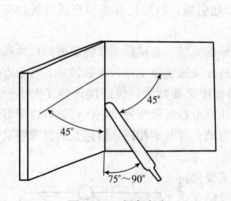

图 2-72　焊条角度

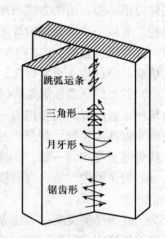

图 2-73　T 形接头立角焊的运条方法

接头处理方法：接头时应在原熔池上方 10 mm 左右引燃电弧，然后将电弧移至原熔池处，采用稍长的电弧稍加预热后进行接头，接上接头后再正常焊接。收弧时可采用反复熄弧—燃弧的方法填满弧坑。

（2）其余各层焊缝的焊接　第一层焊接完成后，将焊缝表面的熔渣和飞溅清理干净后，采用月牙形或锯齿形运条方法连弧焊其余各层焊缝。为避免咬边等焊接缺陷，运条要稍快，在两侧应稍作停顿，保持每个熔池外形的边缘平直，两侧饱满。

立角焊焊接过程控制熔池形状是控制焊缝成形的关键。当熔池温度过高时，熔池下边缘轮廓逐渐凸起变圆，此时可加快运条节奏，同时让焊条在焊缝两侧多停留一些时间。

（3）立角焊缝的质量要求　焊后将焊件表面上的熔渣和飞溅清理干净，用钢丝刷刷净。对焊缝质量要求如下。

① 两侧的焊脚尺寸要达到要求，而且两侧焊脚均匀。焊缝应无明显的咬边、夹渣、焊瘤等缺陷。

② 焊缝表面应波纹均匀，宽窄一致，接头处无脱节现象。

7. 板材立焊的工艺参数　焊条电弧焊板材立焊的工艺参数见表2-17。

表 2 - 17　焊条电弧焊板材立焊的工艺参数

焊接空间位置	坡口及焊缝形式	焊件厚度或焊角尺寸 (mm)	第一层焊缝		填充层焊缝		盖面层焊缝	
			焊条直径 (mm)	焊接电流 (A)	焊条直径 (mm)	焊接电流 (A)	焊条直径 (mm)	焊接电流 (A)
立对接焊缝	I形双面焊对接焊缝	2	2	45～55	—	—	2	50～55
		2.5～4	3.2	75～110	—	—	3.2	80～110
	V形（带钝边）有根部焊道对接焊缝	5～6	3.2	80～120	—	—	3.2	90～120
		7～10	3.2	90～120	4	120～160	3.2	90～120
			4	120～160				
		≥11	3.2	90～120	4	120～160	3.2	90～120
			4	120～160	5	160～200		
	X形（带钝边）对接焊缝	12～18	3.2	90～120	4	120～160	—	—
			4	120～160				
		≥19	3.2	90～120	4	120～160		
			4	120～160	5	160～200		
立角接焊缝	单边V形对接焊缝	2	2	50～60	—	—	—	—
		3～4	3.2	90～120	—	—	—	—
		5～8	3.2	90～120				
			4	120～160				
	I形角焊缝	—	3.2	90～120	4	120～160	3.2	90～120
			4	120～160				

三、板材的横焊

1. 板材横焊的特点　横焊是焊接在垂直平面上水平方向的焊缝。其焊接特点主要有：

（1）铁液与熔渣容易分清，与立焊类似。

（2）铁液因重力作用下坠至坡口上，容易形成未熔合和层间夹渣，同时在坡口上侧容易咬边，坡口下侧易形成焊瘤及未焊透等缺陷。

（3）对于开坡口的对接横焊，采用多层多道焊能有效防止金属下流，但焊缝成形不美观。

2. 板厚 3～5 mm 时的对接横焊（不开坡口，即 I 形坡口）　板厚 3～5 mm时的对接横焊一般不开坡口，采取双面焊接。打底焊的焊条直径一般为 3.2 mm，焊接电流可稍大些，采用直线形运条法。焊接正面焊缝时，宜采用直径为 3.2 mm 或 4 mm 的焊条。不开坡口对接横焊的焊条角度如图 2－74 所示。

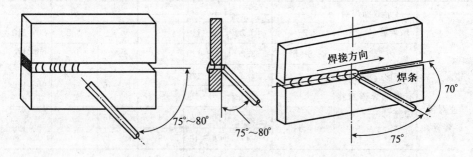

图 2－74　不开坡口对接横焊的焊条角度

较薄焊件采用直线往复形运条法焊接，可以利用焊条向前移动的机会，使熔池得到冷却，以防止熔滴下淌及产生烧穿等；较厚焊件可采用直线形（电弧尽量短）或斜圆环形运条法，以得到适当的熔深（图 2－75）。焊接速度应稍快并均匀，避免熔滴过多地熔化在某一点上，以防形成焊瘤和造成焊缝上部咬边而影响焊缝成形。

3. 板厚 5～8 mm 时的对接横焊（开坡口，多层焊）　板厚 5 mm 以上的对接横焊一般要开坡口，其坡口一般为 V 形或 K 形，坡口的特点是下板不开坡口或坡口角度小于上板（图 2－76），这样有利于焊缝成形。

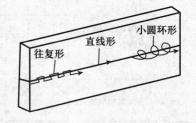

图 2－75　不开坡口对接横焊的运条方法

焊接开坡口的对接横焊缝时，可采用多层焊（图 2－77a）。焊第一层时，焊条直径一般为 3.2 mm。运条法可根据接头间隙大小来选择。若间

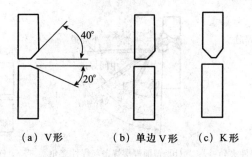

（a）V形　　　（b）单边V形　　（c）K形

图2-76　对接横焊接头的坡口形式

隙较小时，可用直线形短弧焊接；间隙较大时，宜用直线往复形运条法焊接。第二层焊缝用 $\phi 3.2\,mm$ 或 $\phi 4.0\,mm$ 的焊条，可采用斜圆环形运条法焊接（图2-77b）。

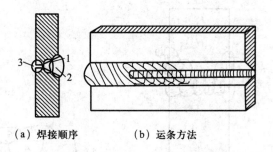

（a）焊接顺序　　　　　（b）运条方法

图2-77　板厚5～8mm时的对接横焊（V形坡口，多层焊）

在焊接过程中，应保持较短的电弧长度和均匀的焊接速度。为了更有效地防止焊缝上部边缘产生咬边和下部熔化金属产生下淌现象，每个斜圆环形与焊缝中心的斜度不大于45°。当焊条末端运条到斜圆环形上面时，电弧应更短些，并稍作停留，然后缓慢地将电弧引到熔池下边，即原先电弧停留点的旁边。这样往复循环的运条，才能有效地避免各种缺陷产生，获得成形良好的焊缝。

4. 板厚大于8 mm时的对接横焊（开坡口，多层多道焊）　当焊接板厚超过8 mm的横焊缝时，应采用多层多道焊，这样能更好地防止由于熔化金属下淌而造成的焊瘤，保证焊缝成形良好。同时，选用 $\phi 3.2\,mm$ 或 $\phi 4.0\,mm$ 的焊条，采用直线形或小圆环形运条法，并根据各道的具体情况始终保持短弧和适当的焊接速度。焊条角度也应根据各层、道的位置不同作相应地调整（图2-78）。开坡口对接横焊焊缝各层、道排列顺序，如图2-79所示。

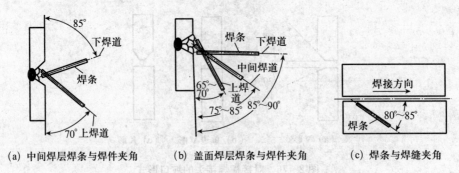

(a) 中间焊层焊条与焊件夹角　　(b) 盖面焊层焊条与焊件夹角　　(c) 焊条与焊缝夹角

图 2-78　V 形坡口对接横焊各焊层焊接时的焊条角度

　　下面以 4 层 7 道为例,介绍厚板横焊采用多层多道焊的操作要点。对焊件采用 4 层 7 道焊接的顺序如图 2-80 所示。

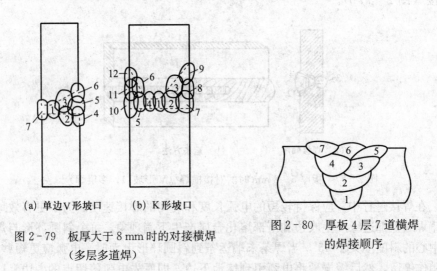

(a) 单边 V 形坡口　　(b) K 形坡口

图 2-79　板厚大于 8 mm 时的对接横焊

(多层多道焊)

图 2-80　厚板 4 层 7 道横焊
的焊接顺序

　　(1) 首先进行打底焊

　　① 对电弧及熔池的控制。焊接时,首先在焊端的定位焊缝处引燃电弧,对焊件稍加预热后,电弧上下摆动向右焊接,当焊到定位焊缝的前沿处。将电弧压低,等坡口根部熔化并击穿形成熔孔时,焊条开始作上下锯齿形摆动。焊接时,电弧应尽量控制得短些。

　　为了保证良好的焊缝成形,打底焊时,电弧在坡口两侧要加以停留,上坡口的停留时间要比下坡口的长一些。同时要控制熔池的形成过程,保证电弧的 1/3 在熔池前,电弧的 2/3 覆盖在熔池上,保持熔池的大小和形状一致。打底焊时，坡口根部的熔合情况非常重要，为了保证其熔合良好，一般在上坡口面熔化 1～1.5 mm，下坡口面熔化 0.5 mm 为好。打底焊时焊条的角度如图 2-81 所示。

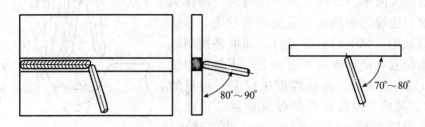

图 2-81　横焊打底焊时的焊条角度

② 对接头的控制。为了利于接头，在收弧时应将焊条向焊接的反方向拉回 10～15 mm，逐渐抬起焊条，使电弧拉长直至熄灭，这样可以消除收弧缩孔。采用热接法接头时，要求接头速度要快，位置要准确。当收弧处的熔池还没有完全凝固时，迅速在熔池前方的坡口面上引燃电弧，然后将电弧带到原熔池处，等新熔池和原熔池的后沿重合时，焊条开始摆动并向右移动，电弧到达原熔池前沿时，压低电弧并停留。当听到击穿声并有新的熔孔形成后，再继续焊接。采用冷接法接头时，主要保证收弧处的焊道要形成缓坡形，操作与热接法相似。

（2）然后进行填充焊　填充焊接时，主要保证各层焊道之间及焊道与母材之间熔合良好。焊接前，将打底层的焊渣和飞溅清理干净。第一层填充焊为单层单道。焊条角度与打底焊一致即可，要保证与打底层焊道表面及上下坡口面熔合良好。第二层有两条焊道。焊下面的焊道时，电弧对准第一层填充焊道的下沿，稍加摆动，使熔池能压住第二层焊道

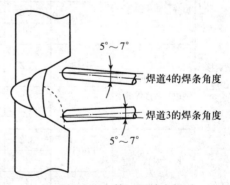

图 2-82　第二层填充焊时焊条的角度

的一半以上。焊第二层上面的填充焊时，电弧对准第一层焊道的上沿并稍加摆动，保证熔池填满剩余的空间。填充层焊缝完毕后要保证焊缝表面距离上坡口 0.5 mm，距离下坡口 1～1.5 mm，同时保证坡口两棱边完整，以利于盖面焊的焊接。焊第二层焊道的填充焊时焊条角度如图 2-82 所示。

（3）最后进行盖面焊　盖面焊有 3 层焊道，焊接时由下往上一次焊接，即先焊焊道 5，后焊焊道 6、7。盖面焊时的焊条角度如图 2-83 所示。焊接下面的焊道时，要保证下坡口边缘均匀熔化，避免产生咬边、未熔合等缺陷。焊中间的焊道时，要准确控制电弧的位置，使熔池的下沿在上一道盖面焊道的 1/2～2/3 处。保证焊道压住上一焊道的 2/3。最后一道盖面焊的焊道要避免铁液下淌，应适当减小焊接电流，加大焊接速度，要保证焊道压住中间焊道的 2/3。

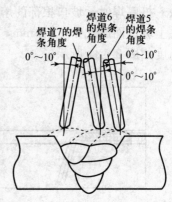

图 2-83　盖面焊道的焊条角度

5. 板材横焊的工艺参数　焊条电弧焊板材横焊的工艺参数见表 2-18。

表 2-18　焊条电弧焊板材横焊的工艺参数

焊接空间位置	坡口及焊缝形式	焊件厚度或焊角尺寸 (mm)	第一层焊缝		填充层焊缝		盖面层焊缝	
			焊条直径 (mm)	焊接电流 (A)	焊条直径 (mm)	焊接电流 (A)	焊条直径 (mm)	焊接电流 (A)
横对接焊缝	I 形双面焊对接焊缝	2	2	45～55	—	—	2	50～55
		2.5	3.2	75～110	—	—	3.2	80～110
		3～4	3.2	80～120	—	—	3.2	90～120
			4	120～160	—	—	4	120～160
	单边 V 形（带钝边）对接焊缝	5～8	3.2	80～120	3.2	90～120	3.2	90～120
					4	120～160	4	120～160
		≥19	3.2	90～120	4	140～160	3.2	90～120
							4	120～160
	K 形对接焊缝	14～18	3.2	90～160	4	140～160	—	—
			4	140～160				
		≥19	4	140～160	4	140～160	—	—

四、板材的仰焊

1. 仰焊的特点　仰焊是指在焊件的仰面位置上进行的焊接。仰焊时焊缝位于电弧的上方，因此是焊接中最难的一种。板材仰焊的主要特点如下：

（1）熔化金属因自重作用易下坠，熔池形状和大小不易控制。

（2）易出现夹渣、未焊透、凹陷、焊瘤及焊缝成形不好等缺陷。

（3）流淌金属会飞溅散落，需采取措施防护，以防灼伤。

（4）运条困难，焊件表面不易焊得平整。

（5）焊接效率比其他位置的低。

2. 板厚小于 5 mm 时的对接仰焊（不开坡口，即 I 形坡口）　当焊件厚度小于 5 mm 时的对接仰焊，一般采用不开坡口对接焊，选用 $\phi 3.2$ mm 的焊条。焊条与焊接方向的角度为 $70°\sim80°$，左右方向为 $90°$，如图 2-84 所示。在施焊时，焊条要保持上述位置且均匀地运条，电弧长度应尽量短。间隙小的接缝可采用直线形运条法，间隙较大的接缝用直线往复形运条法。焊接电流要合适，电流过小，会使电弧不稳定难以掌握，影响熔深和焊缝成形；电流过大，会导致熔化金属淌落和烧穿。

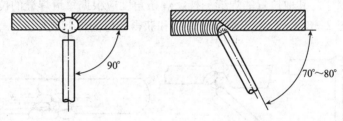

图 2-84　对接仰焊时的焊条角度

3. 板厚 5～8 mm 时的对接仰焊（开坡口，多层焊）　为了使焊缝容易焊透，焊件厚度大于 5 mm 的对接仰焊，一般都要开坡口。坡口及接头的形状尺寸对于仰焊缝的质量有很大的影响。为了便于运条，使焊条可以在坡口内自由摆动和变换位置，仰焊缝的坡口角度应比平焊缝和立焊缝稍大些。为了便于焊透，解决仰焊时熔深不足的矛盾，应使钝边的厚度小些，接头间隙稍大一些，这样不仅能很好地运条，也可得到熔深良好的焊缝。

开坡口的对接仰焊，如果采用多层焊，在焊第一层焊缝时，采用 $\phi 3.2$ mm 的焊条，用直线形或直线往复形运条法。开始时，应用长弧预热起焊处（预热时间根据焊件厚度、钝边与间隙大小而定），烤热后迅速压短电弧于坡口根部，稍停 $2\sim3$ s，以便焊透根部，然后将电弧向前移动进行施焊。在施焊时，焊条沿焊接方向移动的速度，应该避免焊缝呈凸形，因凸形的焊缝不仅给焊接下一层焊缝的操作增加困难，而且容易造成焊缝边缘未焊透或夹渣、焊瘤等缺陷。

在焊第二层时，应将第一层的熔渣及飞溅金属清除干净，并将焊瘤铲平才能施焊。第二层以后的运条法均可采用月牙形或锯齿形，如图 2-85 所示。运条时两侧应稍停一下，中间快一些，以形成较薄的焊道。

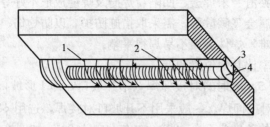

图 2-85　开坡口对接仰焊时多层焊的运条方法

4. 板厚大于 8 mm 时的对接仰焊（开坡口，多层多道焊）　当焊件厚度大于 8 mm 时的对接仰焊，应采用多层多道焊，且要开坡口。

多层多道焊的操作比多层单道焊容易掌握，宜采用直线形运条法。各层焊缝的排列顺序与其他位置的焊缝一样，焊条角度应根据每道焊缝的位置作相应地调整（图 2-86），以利于熔滴的过渡和获得较好的焊缝成形。

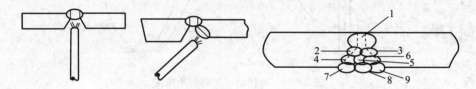

图 2-86　开坡口对接仰焊时多层多道焊的焊道顺序

下面以开 V 形坡口、采用 4 层 4 道焊的对接仰焊为例，介绍其操作要点。

（1）打底焊　打底焊的关键是保证背面焊缝，下凹小，正面平。

首先在焊件的左侧定位焊缝上引弧、预热，然后将电弧拉至坡口间隙处，同时压低电弧，等坡口根部形成熔孔时，开始焊接。焊接时，保持最短的电弧，将熔滴快速过渡到熔池，采用小幅度锯齿形摆动，保证根部焊透。尽量采用较小熔池进行焊接，坡口两侧的停留时间也要相应短些。收弧时，将焊条向焊件的一侧拉回 10～15 mm，迅速提高焊条熄弧，使熔池逐渐减小且在收弧处形成缓坡，有利于接头。由于仰焊时熔池较小，凝固速度较快，因此，采用热接头时要保证接头速度比其他位置快，位置要准。冷接头要保证收弧处呈缓坡形。

（2）填充焊　填充焊要保证坡口两面熔合良好，焊道表面平整。在施焊前，和其他位置一样，应将前一层的焊渣、飞溅清理干净。焊条角度和运条方式与打底焊基本一致。最后一层的填充焊焊缝要低于坡口上棱边 1 mm 左右。

（3）盖面焊　盖面焊要严格控制熔池的大小和形状，保证盖面焊道的外形尺寸，成形美观。运条方法与填充焊相同，摆动幅度加大。摆动时两侧稍加停留，从一侧到另一侧的速度要快些，避免金属下坠。

5. T形接头的仰角焊　T形接头的仰焊比对接仰焊容易掌握。焊脚尺寸如小于 6 mm，宜采用单层焊；大于 6 mm，可采用多层焊或多层多道焊。

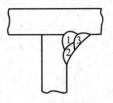

图 2-87　仰角焊焊道
分布

仰角焊的焊道分布如图 2-87 所示。打底焊和盖面焊时的焊条角度如图 2-88 和图 2-89 所示。

打底焊时要保证电弧对准顶角，压低电弧，电流稍大些。盖面焊时，先焊下面的焊道，后焊上面的焊道。焊下面的焊道时，电弧对准打底焊道的下沿，焊上面的焊道时，电弧对准打底焊道的上沿，保证盖面焊道表面平整，无咬边等缺陷。

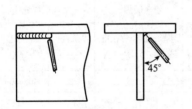

图 2-88　仰角焊打底焊焊条角度

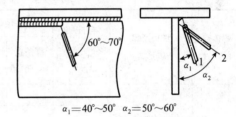

图 2-89　仰角焊盖面焊焊条角度

6. 板材仰焊的工艺参数　焊条电弧焊对接接头、T形接头仰焊工艺参数见表 2-19、表 2-20。

表 2-19　焊条电弧焊对接接头仰焊工艺参数

坡口形式	焊件厚度或焊脚尺寸（mm）	第一层焊缝		其他各层焊缝		封底焊缝	
		焊条直径（mm）	焊接电流（A）	焊条直径（mm）	焊接电流（A）	焊条直径（mm）	焊接电流（A）
I形坡口	2	—	—	—	—	2	50～55
	2.5	—	—	—	—	3.2	80～100
	3～4	—	—	—	—	3.2 3.2	90～120 120～160
V形坡口	5～8	3.2	90～120	3.2 4	90～120 140～160	—	—
	≥9	3.2 4	90～120 140～160	4	140～160		

表 2-20　焊条电弧焊 T 接接头仰焊工艺参数

焊脚尺寸(mm)	第一层焊缝		其他各层焊缝	
	焊条直径(mm)	焊接电流(A)	焊条直径(mm)	焊接电流(A)
2	2	50~60	—	—
3~4	3.2	90~120	—	—
5~6	4	120~160	—	—
≥7	4	140~160	4	140~160

焊条电弧焊板材仰焊的工艺参数见表 2-21。

表 2-21　焊条电弧焊板材仰焊的工艺参数

焊接空间位置	坡口及焊缝形式	焊件厚度或焊角尺寸(mm)	第一层焊缝		填充层焊缝		盖面层焊缝	
			焊条直径(mm)	焊接电流(A)	焊条直径(mm)	焊接电流(A)	焊条直径(mm)	焊接电流(A)
仰对接焊缝	I形双面焊对接焊缝	2	—	—	—	—	2	40~60
		2.5	—	—	—	—	3.2	80~110
		3~5	—	—	—	—	3.2	85~110
			—	—	—	—	4	120~160
	V形(带钝边)有根部焊道对接焊缝	5~8	3.2	90~120	3.2	90~120	—	
					4	140~160		
		≥9	3.2	90~120	4	140~160	—	
			4	140~160				
	X形(带钝边)形式对接焊缝	12~18	3.2	90~120	4	140~160	—	
			4	140~160				
		≥19	4	140~160	4	140~160	—	
仰角接焊缝	单边V形对接焊缝	2	2	50~60	—	—	—	
		3~4	3.2	90~120	—	—	—	
		5~6	4	120~160	—	—	—	
		≥7	4	140~160	4	140~160	—	
	I形角焊缝	—	3.2	90~120	4	140~160	3.2	90~120
			4	140~160			4	140~160

第五节 管材的焊接技术

管材焊接最常用的是对接，管材对接按接头位置分水平固定对接和垂直固定对接，按管径尺寸又分为小径管对接和大径管对接。

一、管材的水平固定焊

水平固定焊是指对悬吊在水平位置或接近水平位置管材的焊接，包括仰、立、平所有空间位置的焊接。它是焊条电弧焊中进行全位置焊接的基本形式，也是难度最大的焊接技术之一。

1. 坡口的准备 对管材采用焊条电弧焊时，由于只能从单面进行焊接，容易出现根部缺陷，故组对时需开坡口。重要管道中常见的坡口形式有 V 形、U 形和双 V 形 3 种基本类型，如图 2 - 90 所示。

(1) V 形坡口 将管子端部加工成 30°～35°斜边，如图 2 - 90a 所示。它是用得最多，加工最简单的一种坡口形式。这种坡口加工方便，坡口形式上大下小，运条方便，视野清楚，容易焊透，易于掌握。由于其填充金属较多。焊接残余应力较大，在实际生产中，壁厚大于 16 mm 时，一般不用 V 形坡口。

(2) U 形坡口 如图 2 - 90b 所示，适用于壁厚大于 16 mm，要求严格的焊口，在各种位置上均具有操作方便，掌握容易，填充金属少等优点，所以在管道焊接中占有重要的地位。

(3) 双 V 形坡口 如图 2 - 90c 所示，把管壁分成两层，靠内壁部分为 10 mm 壁厚的 V 形坡口，外壁部分为 10°～15°小坡口，内外层用圆弧过渡。该种坡口具有 V 形和 U 形坡口的优点，是一种比较理想的坡口形式，填充金属最少，焊接速度快，热应力小。

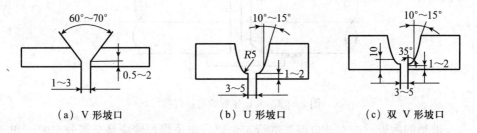

(a) V 形坡口　　　　　(b) U 形坡口　　　　　(c) 双 V 形坡口

图 2 - 90　重要管道中常见的坡口形式（单位：mm）

各种坡口周围都要清理干净，内壁要齐平，组对接头离弯头或三通的距离必须符合有关技术规定。

2. 管材定位焊　对管材进行水平固定焊时的定位原则是：管径 $\phi\leqslant$ 50 mm的小管一般以 1 点为宜，点固在平或斜平位置上；管径 50 mm$<\phi\leqslant$ 130 mm 的管道以两点为宜，点固在平和斜平位置上；管径 $\phi>$130 mm 的管道要点固 2～4 点，通常点固 3 点即可（图 2-91）。如用焊钢筋或角钢来代替点固进行定位焊时，则钢筋或角钢要分布在管道的两侧，当焊接至该处时，将钢筋或角钢割掉。

点固长度一般为 15～30 mm，高度为 3～5 mm。高度过小，容易开裂；高度过大，会给第一层焊接带来困难。

点固时的焊接电流不能过小，起焊处要有足够的温度，防止黏合，收尾时弧坑一定要填满。

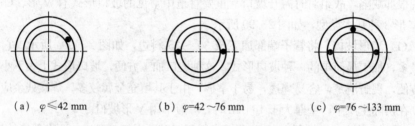

(a) $\varphi\leqslant 42$ mm　　　(b) $\varphi=42\sim 76$ mm　　　(c) $\varphi=76\sim 133$ mm

图 2-91　管材水平固定焊的定位焊数目与位置

大直径管对接件（如直径 133 mm 以上），可用连接板进行装配定位，如图 2-92 所示。连接板是在坡口外进行定位焊点固，只起临时固定作用。

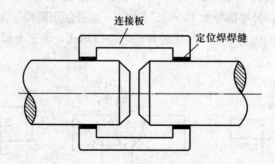

图 2-92　大直径管的定位焊接

带垫圈的管材应在坡口根部进行定位焊，定位焊焊缝应是交错分布的，如图 2-93 所示。

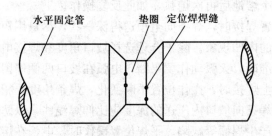

图 2-93 带垫圈圆管的定位焊接

3. 打底焊

（1）打底焊要保证两管的坡口根部熔合良好，要求背面成形。打底焊的焊条角度如图 2-94 所示。

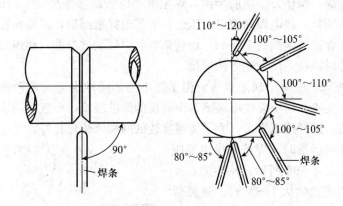

图 2-94 水平固定管对接焊打底焊的焊条角度

（2）焊接时沿管子的垂直中心线分成前、后两半圈焊接，两半圈的焊接顺序按仰—立—平的顺序进行。

先焊前半圈，引弧和收弧部位都要超过中心线 5～10 mm，如图 2-95 所示。小直径管可采用一点击穿法焊接。引弧后将电弧拉至仰焊位置，压低电弧并向坡口根部送进，听到电弧击穿声并形成第一个熔池后，立即将焊条抬起熄弧。待熔池变为暗红色时再次引燃电弧，并压低电弧在第一个熔池中部向上

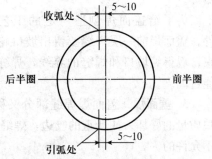

图 2-95 水平固定管对接焊两半圈焊接

焊接，形成第二个熔池后再次熄弧，如此反复操作。

（3）仰焊位置焊接时，焊条向上顶送得深一些，尽量用短弧焊接，以消除或减少仰焊部位的内凹现象。除了合理选择坡口角度和焊接电流外，还要掌握引弧动作稳定和准确，灭弧动作要果断，电弧在坡口两侧停留时间不宜过长。

（4）从下向上焊接时，操作位置不断变化，焊条角度要相应变化。在立焊和平焊位置时，焊条向坡口内压送的深度应比仰焊浅些，以防因温度过高造成背面焊缝超高或产生焊瘤等缺陷。平焊位置操作时，电弧在熔池的前半部不能多停留，焊条可作弧度不大的摆动，以利于背面成形。

（5）焊接后半圈时，为防止两个半圈焊缝接头处产生缺陷，通常把前半圈焊缝的起头和收尾修成一斜坡，在底部斜坡后焊缝 5～10 mm 处引燃电弧，左右摆动焊条，焊至斜坡末端时将焊条向上顶送，压低电弧，击穿钝边，形成熔孔后正常施焊。操作方法同前半圈。焊至水平位置距接头处 3～5 mm 即将封闭时，不可断弧，将电弧向坡口内压送，电弧击穿根部后，焊条在接头处来回摆动，连弧焊过前半圈约 10 mm，填满弧坑后引弧到坡口的一侧熄弧。与定位焊焊缝相接时，也采用上述方法焊接。

4. 填充焊　中间层缺陷较少，但工艺不当，同样也会出现密集气孔、层间未焊透、夹渣和熔坑裂纹等缺陷。中间层的焊波较宽，一般采用锯齿形和月牙形运条法，进行连弧焊接。为了使温度较低的两侧熔化良好，又不咬边，锯齿形或月牙形运条时，焊条角度也要跟着变化，如图 2-96 所示。从左向右运条，焊条角度变化从 1→2→3。连弧焊对中间层来说，既快又好。在电流可以顺手调节的情况下，要尽量采用连弧焊。

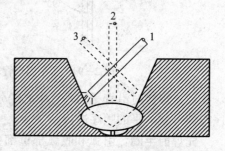

图 2-96　焊条角度随运条位置而变化

为了给盖面焊创造一定的工艺条件，盖面焊前一层焊缝要留出坡口轮廓来，看得见坡口和焊缝的界线，焊缝不能过高。

5. 盖面焊　盖面焊焊缝部分又称为加强面，其不单为了工艺美观，也反映质量的好坏。如严重的咬边，焊缝过高或不足，焊缝和管子过渡陡急等都是不允许的。

（1）焊前应将打底焊时的熔渣、飞溅清理干净，并将接头高出部分打磨平滑。

（2）盖面焊也分前、后两半圈焊接，先焊前半圈，后焊后半圈。施焊时焊条角度与打底焊基本相同。要根据管子从下至上的弧度，及时将焊条角度调整到位。

（3）焊接时，采用锯齿形或月牙形运条法连续焊接，运条至坡口两侧边缘时，要有一定的停留时间，以避免边角填不满或出现咬边现象。

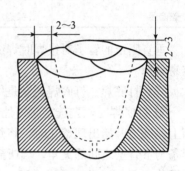

（4）大直径管坡口过宽，盖面焊可以分为 3 道焊成，如图 2－97 所示。第一道压焊缝宽度的 2/3，第二道在另一边，压焊缝宽度的 1/2，第三道焊缝压在第一、二道焊缝之上，既起到盖面焊的作用，又达到使主焊缝缓慢冷却的目的，通常称为退火焊道。

图 2－97 大直径圆管的盖面焊
（单位：mm）

（5）操作中焊条摆动要平稳，以保证盖面焊焊缝熔合良好，成形美观。

二、管材的垂直固定焊

1. 管材垂直固定焊的特点 管材的垂直固定焊是指对处于垂直或接近垂直位置管材的焊接，其焊缝处于环向水平位置，一般多为管道的安装焊口。由于焊缝处于水平位置，下坡口能托住熔池，不至于铁水流失，但铁水因自重下淌，呈泪珠状，要控制焊波成形，操作上比立焊还困难。当采用多层焊时，焊道不断重叠，最易引起层间未焊透和夹渣。该种形式的接头较少，不点固时，管材的垂直固定焊只有一个接头。由于焊道间的"退火"作用，显著降低了焊缝和热影响区的硬度，塑性和韧性得到改善。

2. 管材垂直固定焊的焊接工艺

（1）焊件装配（定位焊） 装配前应清理焊件，将坡口处及坡口边缘15～20 mm 处污物清理干净，直至露出金属光泽。使管子端面与管子轴线相垂直，保证接口对正，装配间隙控制在 2.0～2.5 mm。

一般小直径管点固 1 处，而中、大直径管点固 2～3 处。小管常选的点固位置约离始焊处反向 1/3 周长处，点固高度和长度与管材的水平固定焊相同。

（2）焊道 焊道数目与焊件的外径有关。一般焊件外径小于 60 mm，焊道采用 2 层 3 道（表 2－22），焊件外径大于 6 mm 时，焊道可采用 3 层 4 道。

表 2－22 小直径管垂直固定焊单面焊双面成形焊接工艺参数

焊道层	焊道顺序	运条方法	焊条直径（mm）	焊接电流（A）
打底层	1	断弧焊	2.5	70～80
盖面层	2、3	连弧焊	2.5	85～95

垂直固定的管子对接焊时焊缝处于横焊位置，坡口拖住熔敷金属，运条较容易掌握。

（3）打底焊 打底焊关键是保证焊透，背面成形，又不能有烧穿现象。

① 打底焊时，先选定起焊处，用直击法在坡口内引弧，并拉长电弧预热。当上侧钝边开始出现熔化时，将焊条向坡口间隙顶送，压低电弧，可适当增大焊条与下管壁之间的夹角。当听到电弧击穿坡口根部的"噗"声，坡口钝边每侧熔化 0.5～1 mm，形成了第一个熔孔时，将电弧向焊接反方向带回并灭弧，待熔池未完全凝固时，重新引燃电弧。

② 焊接时采用一点击穿法，直线形运条。焊条端部应处在坡口下方钝边口，焊条前倾 60°～70°，熔孔为向后倾斜的椭圆形，如图 2-98 所示。

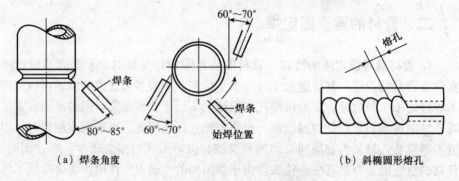

（a）焊条角度　　　　　　　　　　　　（b）斜椭圆形熔孔

图 2-98 小直径垂直固定管打底焊

③ 焊接时要注意观察熔池形状和熔孔大小，每次引弧的位置要准确，以保证前、后熔池连接良好。

④ 打底焊接头尽量采用热接法，更换焊条时动作要快。当焊一圈回到始焊处时，压低电弧往根部送进，听到击穿声后，焊条略加摆动，填满弧坑后收弧。

（4）填充焊 对于薄壁圆管，一般无填充焊，只有打底焊和盖面焊。但对厚壁圆管，则要有填充焊。

填充焊焊缝有两种焊接方法，一种是多层焊，另一种是多层多道焊，如图

2-99 所示。

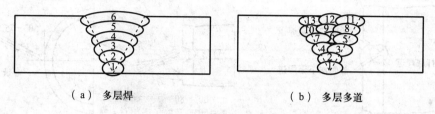

（a）多层焊　　　　　　　　　（b）多层多道

图 2-99　填充焊焊缝的焊接方法

多层焊时，一道焊缝为一层。采用斜锯齿形或环形运条法进行焊接，焊道较少，出现缺陷的机会也少，效率高，焊波美观，但此法较难掌握，用得较少。

多层多道焊的整个焊缝分成若干层，每层又有若干焊道，此法易掌握，但质量不稳定，全靠操作手法来控制。其操作要求为：焊接时电流选得略大一点，直线运条，焊道间要充分熔化。焊接速度不得过快，运条到凸起处稍快，而凹处稍慢，焊道自下向上，紧密排列。焊条的垂直倾角随焊道部位而不同，下部倾角要大，上部则倾角要小。焊接过程中要保持熔池清晰，当熔渣与铁水混合不清时，可采用长弧往后带一下的办法，将熔渣和铁水分离。

由于垂直固定管多采用直线运条法和斜锯齿形运条法进行连弧焊，工艺上对酸性焊条和碱性焊条没有要求，但需注意的是：采用碱性焊条时，应用直流反接，电弧要短，电流应比用酸性焊条大 10%～15%，坡口表面清洁程度要求更高。

在焊接填充焊的最后一层时，坡口两边要留出少许，中间部位稍微凸出，为得到凸的盖面焊做好工艺准备。

（5）盖面焊

① 盖面焊采用上、下两道焊道，先焊下面焊道，后焊上面焊道。焊前要清理好打底焊时的熔渣，使接头处平整。

② 盖面焊时，两焊道分别采用连弧斜圆环形和直线形运条法，焊条角度随焊道位置而变，下面焊道倾角大，上面焊道倾角小，如图 2-100 所示。

③ 焊下面焊道时，电弧应对准打底焊道的下沿，并稍作横向摆动。使熔池下沿略超出坡口下棱边 0.5～1.5 mm，将熔化金属覆盖在打底焊道的一半以上。焊上面焊道时，电弧要对准打底焊道的上沿，熔池上沿略超出上坡口 0.5～1.5 mm，并保证焊缝覆盖下面焊道的一半左右。焊上面焊道时采用连弧直线形运条法，应焊薄一些，焊条角度也要小些，以消除咬边现象。

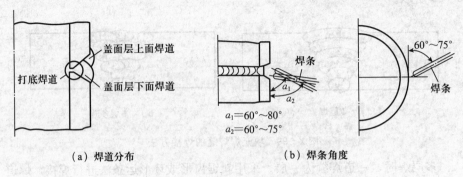

（a）焊道分布　　　　　　　（b）焊条角度

图 2-100　小直径垂直固定管对接焊盖面层焊接

三、管材的斜焊

1. 管材斜焊的特点　管材的斜焊是指焊口有一部分处于倾斜位置的焊接（图 2-101）。通常，管材与水平夹角呈 60°以上的，按垂直固定管工艺进行焊接；管材与水平夹角小于 15°的，按管材的水平固定焊工艺进行焊接；介于15°～60°的焊口，按其独特的操作方法进行焊接。这种情况下的操作，由于焊缝的空间位置随倾角而变化，再加上周围密集工件的影响，焊工操作需随机应变，不能千篇一律。而且，焊缝的几何尺寸不易控制，内壁上上凸下凹，外表粗糙不平等现象，较难克服，上侧焊缝容易产生咬边。

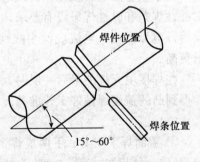

图 2-101　管材斜焊

管子斜焊绝大部分是小直径管，其坡口、间隙和点固均可参照同类型管材的水平固定焊工艺，但焊接电流要比管材的水平固定焊时稍微大一些，一般不超过垂直固定管时所用的焊接电流。

2. 管材斜焊的操作要点

（1）打底焊　选用直径为 3.2 mm 的焊条，电流为 100～120 A。

焊接顺序和管材的水平固定焊相同，即分前半部和后半部。前半部引弧后用长弧对准坡口两侧预热，待管壁温度明显上升时，压低电弧，击穿钝边，溶化铁水并向前进行焊接。当温度过高，铁水要下淌时，如果用的是酸性焊条，则采用灭弧法控制温度；如果用的是碱性焊条，则调小电流或适当摆动焊条，以达到控制温度的目的。当焊接后半部时，接头方法与管材的水平固定焊时相同，但应特别注意相背接头处，要焊得薄一些，使坡口两侧界线分明，便于盖面焊焊接。

（2）填充焊　斜焊的焊接有其独特的地方，图 2-102 为管材斜焊焊缝。

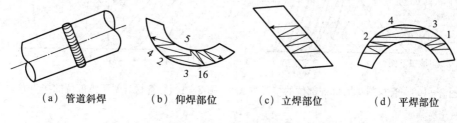

（a）管道斜焊　　（b）仰焊部位　　（c）立焊部位　　（d）平焊部位

图 2-102　管材斜焊焊缝

仰焊部位（图 2-102b）焊接时，由于打底焊焊完后的焊缝较宽，引弧后首先要在最低处按 1、2、3、4 的顺序堆焊起来，然后才能在水平线上摆动，堆层要薄，并能平滑过渡，使后半部的起头从 5、6 一带而过，形成良好的"入"字形接头。其接头的起焊点均超过管子半圆的 10～20 mm，横向摆动幅度自仰焊至立焊部位越来越小，在接近平焊处摆幅再次增大，为防止熔化金属偏坠，运条方向也要随之改变，接头时，从 I 点起焊，电弧略长，摆幅从 I 点至 II 点逐渐增大，如图 2-103 所示。

立焊部位焊接操作，如图 2-102c 所示。管子倾斜角度不管大小，工艺上一律要求焊波呈水平或接近水平方向，否则成形不好。因此，焊条总保持在垂直位置，并在水平线上左右摆动，以获得较平整的加强面，摆动到两侧要停留足够的时间，使铁水的覆盖量增加，以保证不出现咬边现象。

平焊部位的相向接头在斜焊焊缝的最高处，水平焊波形成"宝塔"状尾部，如图 2-102d 所示，1、2、3、4 部分依靠后半部焊缝来完成，在该处出现内部缺陷的机会较少，但对成形美观影响较大。平焊部位接头时，为防止咬边，应选用较小的焊接电流，焊条在坡口上侧停留时间要长一些，如图 2-104 所示。

（3）盖面焊　在焊接盖面层时，有一些独特的运条方法。首先是起头，因为焊完中间层后，焊道较宽。引弧后，焊条可从底部最低处一带而过，焊层要薄，形成一个"入"字形接头。其次是运条，管子的倾斜度不论多大，工艺上一律要求焊波成水平或接近水平方向，否则成形不好。因此，焊条总是保持在垂直位置，并在水平线上左右摆动，以获得较平整的盖面层。摆动到两侧时，要停留足够的时间，使熔化金属覆盖量增加，防止出现咬边。收尾在管子的上部，要求焊波的中间略高些。这样，可防止产生缺陷，使表面成形美观。

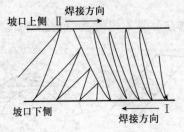

图 2-103　管材斜焊时仰焊部位的接头方式　　图 2-104　管材焊时平焊部位的接头方式

四、固定三通管的焊接

在管道中，三通管形式的管道是常见的，而且大都是在固定位置焊接。

1. 平位三通管的焊接　这种管的焊缝实际上是立焊与斜横焊位置的综合。其焊接操作也与立焊、横焊相似。一圈焊缝要分 4 段进行，如图 2-105 所示。

打底层起头，要在中心线前 5~10 mm 处开始，运条采用直线往复法，以保证根部焊透，同时要注意防止咬边。

2. 立位三通管的焊接　立位三通管要分两部分焊接。从仰位中心开始，逐渐过渡到上坡角焊→立焊→下坡立角焊，到平焊结束。起头、运条和收尾，与平位三通管的焊接相同。

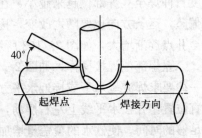

图 2-105　平位三通管固定焊

3. 横位三通管的焊接　横位三通管也要分两部分焊接。从仰位中心开始，逐渐过渡到上平位中心结束。起焊处的焊透较难，其操作方法与平位三通管的焊接相似。引弧时应拉高电弧，预热 3~5 s，然后压低电弧用击穿法熔透焊缝根部，并要注意掌握焊缝宽度一致。

4. 仰位三通管的焊接　仰位三通管的焊缝是仰角焊、坡仰焊和立焊、横焊的组合，要分为 4 段焊完。从仰角处开始，操作方法与立位焊一样，底层采用直线运条法；中间层和盖面层采用锯齿形运条法。在主管的中心部位难以焊透，要特别注意内壁的熔合。

第六节 管板的焊接技术

一、管板焊接接头的类型与特点

管板焊接是指对圆管与平板之间的接头进行焊接。根据圆管与平板之间的相对位置不同，可分为插入式管板焊接和骑座式管板焊接两类，如图 2-106 所示。

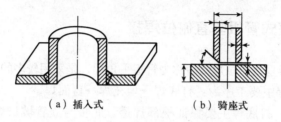

（a）插入式　　　　　　　（b）骑座式

图 2-106　管板的类型

插入式管板焊接仅要求焊后焊件有良好的外表成形及一定的熔深。骑座式管板焊接则要求焊件全部焊透。

对于骑座式管板焊接，由于焊接位置不同，又分为管板垂直俯位焊接、管板垂直仰位焊接、管板水平固定焊接和管板 45°固定焊接 4 种，如图 2-107 所示。

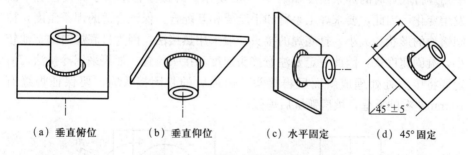

（a）垂直俯位　　　（b）垂直仰位　　　（c）水平固定　　　（d）45°固定

图 2-107　骑座式管板焊接类型

管板焊件的焊缝是角焊缝，垂直俯位虽属平角焊，但其操作比 T 形接头的平角焊困难。初学焊工应在掌握 T 形接头平角焊的基础上再进行管板接头的焊接。

插入式管板焊接，一律要焊两层，禁止用大直径焊条只焊一层。因为这类焊件接头往往要承受内压，若只焊一层，虽然焊脚尺寸已达到，但由于焊缝内部存在未焊透、未熔合或气孔等缺陷，使焊件在受拉或运行时会产生渗水、泄漏等现象。

　　管板焊件的焊缝轨迹是圆弧形，操作运条须符合圆弧轨迹焊条倾角，焊接速度须符合焊缝的圆滑过渡，所以其难度比焊直缝大。

　　骑座式管板焊接的操作难度比插入式管板焊接大得多，因其打底层焊缝要达到双面成形要求，并且操作方法与平板对接单面焊双面成形也不一样，初学焊工应在培训实习中注意摸索掌握。

二、骑座式管板垂直俯位焊接

　　骑座式管板垂直俯位焊接简称为管板平角焊，是采用较多的一种焊接方式。

　　管板平角焊主要工序为：打底焊→填充焊→盖面焊。

　　1. 打底焊　打底焊主要保证根部焊透，底板与立管坡口熔合良好，背面成形无缺陷。焊接时，首先在左侧的定位焊缝上引弧，稍加预热后开始由左向右移动焊条，当电弧移到定位焊缝的前端时，开始压低电弧，向坡口根部的间隙处送焊条，等形成熔孔后，保持短弧并作小幅度的锯齿形摆动，电弧在坡口两侧稍加停留。打底焊时，焊接电弧的大部分覆盖在熔池上，另一部分保持在熔孔处，保证熔孔大小一致，如果控制不好电弧，容易产生烧穿或熔合不好。平角焊打底焊时的焊条角度如图 2-108 所示。焊接过程中由于焊接位置不断发生变化，因此，要求焊工手臂和手腕要相互配合，保证合适的焊条角度，控制熔池的形状和大小。打底焊的接头一般采用热接法，因为打底焊时的熔池较小，凝固速度快，因此一定要注意接头速度和接头位置。如果采用冷接法，一定要将接头处处理成斜面后再接头。焊最后的封闭接头时，要保证焊缝有 10 mm左右的重叠，填满弧坑后熄弧。

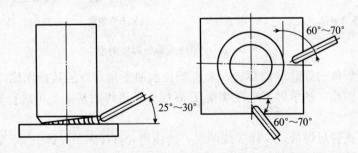

图 2-108　管板平角焊进行打底焊时的焊条角度

2. 填充焊 填充焊前，要将打底层焊道的熔渣清理干净，处理好焊接有缺陷的地方。焊接时要保证底板与管的坡口处熔合良好。填充层的焊缝不能过宽、过高，焊缝表面要保持平整。填充焊时的焊条角度如图2-109所示。

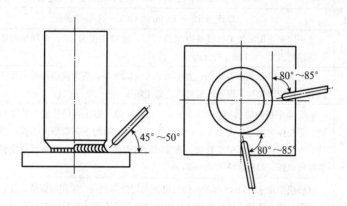

图2-109 管板平角焊进行填充焊时的焊条角度

3. 盖面焊 盖面焊有两道焊缝，焊接前同样要将填充层焊道的熔渣清理干净，处理好局部缺陷。焊接下面的盖面焊道时，电弧要对准填充层焊道的下沿，保证底板熔合良好；焊接上面的盖面焊道时，电弧要对准填充焊道的上沿，该焊道应覆盖下面焊道的一半以上，保证与立管熔合良好。盖面焊时的焊条角度如图2-110所示。

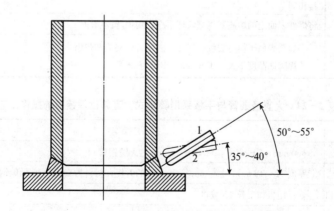

图2-110 管板平角焊进行盖面焊时的焊条角度

小直径圆管与平板采用骑座式垂直俯位焊接时的操作工艺见表2-23。
大直径圆管与平板采用骑座式垂直俯位焊接时的操作工艺见表2-24。

表 2-23 小直径圆管与平板采用骑座式垂直俯位焊接时的操作工艺

工艺流程		工艺操作
焊件	管子	$\phi32\,mm\times3\,mm$ 或 $\phi50\,mm\times5\,mm$ 的 20 号无缝钢管
	板材	厚度为 12~16 mm 的 Q235-A 低碳钢板。
管子加工坡口		管子应预先用机加工开成单边 V 形坡口,坡口角度为 50°,并用角向磨光机在管子端部磨出 1~1.5 mm 的钝边
焊条		采用 E5015 低氢碱性焊条,直径为 2.5~3.2 mm,焊前应经 350~400 ℃、1~2 h 烘干,使用时存放于焊条保温筒内,随用随取
装配与定位焊		管子和平板间要预留 3~3.2 mm 的装配间隙。定位焊的位置与数量和插入式相同。定位焊时用直径为 2.5 mm 的焊条,先在间隙的下部管板上引弧,然后迅速向斜上方拉起,将电弧引至管端,使管端的钝边局部熔化并形成熔滴成定位焊缝,然后即行熄弧,焊接电流为 80~95 A
焊接	打底焊	打底层采用 $\phi2.5\,mm$ 焊条,焊接电流与定位焊相同。采用短弧法,先在定位焊点上引弧,将电弧伸至坡口钝边外,听到"噗噗"声即表示已击穿并形成熔孔,并因金属的熔化,在坡口根部形成一明亮的熔池,即熔池座焊点,每个焊点的焊缝不要太厚,便于第二个焊点在其上引弧焊接,依次循环逐步进行打底层的焊接。当一根焊条结束收弧时,应将弧坑引至外侧,否则在弧坑处会产生缩孔。收弧处可用锯条片在弧坑处来回锯动或用角向磨光机磨削成斜坡,然后换上新焊条,在弧坑斜坡处引弧焊接而完成打底焊
	盖面焊	打底层焊完后,用角向磨光机清渣并磨去接头的过高部分,然后进行盖面层的焊接,盖面层采用 $\phi3.2\,mm$ 焊条,焊接电流为 110~125 A,运条方法与插入式管板焊接相同
焊后清理		将焊件表面上的熔渣和飞溅清理干净,用钢丝刷刷净
检测焊缝质量		①焊缝表面不得有裂纹、气孔、未熔合、夹渣和焊瘤 ②焊脚凹凸度不大于 1.5 mm,焊脚为 5~7 mm

表 2-24 大直径圆管与平板采用骑座式垂直俯位焊接时的操作工艺

工艺流程		工艺操作
焊件	管子	$\phi60\,mm\times5\,mm$ 或 $\phi100\,mm\times5\,mm$ 的无缝钢管
	底板	厚度 12~16 mm,150 mm×150 mm 的方板,材料为 Q235-A 低碳钢板
管子加工坡口		管子用机加工开 45°坡口
焊道分布		采用 3 层 4 道,盖面层采用双道盖面。
焊接参数		打底层:焊道直径为 2.5 mm,焊接电流 65~80 A 填充层:焊道直径为 3.2 mm,焊接电流 100~130 A 盖面层:焊道直径为 3.2 mm,焊接电流 100~120 A

（续）

工艺流程		工艺操作
定位焊		定位焊缝采用三点均匀分布，装配间隙为 2.5～3 mm，不留钝边
焊接	打底焊	打底焊时的焊条角度为 25°～35°
	填充焊	填充焊时的焊条角度为 45°～50°
	盖面焊	盖面焊时的焊条角度为 50°～55°
焊后清理		将焊件表面上的熔渣和飞溅清理干净，用钢丝刷刷净
检测焊缝质量		① 焊缝表面不得有裂纹、气孔、未熔合、夹渣和焊瘤
		② 焊脚凹凸度不大于 1.5 mm，焊脚为 5～7 mm

三、骑座式管板垂直仰位焊接

管板垂直固定仰焊的操作难度要比平板对接仰焊的操作难度小，与平板对接的横焊类似。

一般小薄壁厚的圆管采用两层两焊道，大壁厚的圆管采用 3 层 4 焊道。

打底焊是要保证坡口根部与底板熔合良好。焊接时，引燃电弧后对始焊端先预热，然后将电弧压低，待形成熔孔后，开始作小幅度锯齿形横向摆动，进入正常焊接。操作时，电弧尽量控制得短些，保证底板与立管坡口熔合良好。打底层焊道的焊条角度如图 2-111 所示。

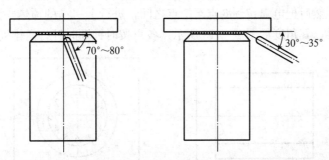

图 2-111　骑座式管板垂直仰位焊接进行打底焊时的焊条角度

填充焊的操作要领与打底焊基本相同，填充焊道的表面不能有局部突出的现象，保证焊道两侧熔合良好。盖面焊有两道焊道，先焊上面的焊道，后焊下面的焊道。焊上面的焊道时，摆幅略加大，焊道的下沿要覆盖填充焊道的一半以上。焊下面的焊道时，焊道上沿与上面的焊道熔合良好，保证两条盖面焊道圆滑过渡，使焊缝外形成形良好。盖面焊道的焊条角度如图 2-112 所示。

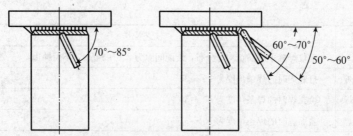

图 2-112　骑座式管板垂直仰位焊接进行盖面焊时的焊条角度

四、骑座式管板水平固定焊接

管板水平固定全位置焊要求对平焊、立焊和仰焊的操作技能都要熟练。焊接过程中焊条的角度随着焊接位置的不同而不断发生变化。

由于管板是水平固定的，焊接位置在不断变化，可以根据时钟指针的指向位置变化来变化焊条角度。焊接时，对焊件采用左右两半圈进行焊接，先焊右半圈，后焊左半圈。

1. 打底焊　采用直径为 3.2 mm 的焊条，电流为 90～105 A。操作时，分为左侧和右侧两部分。在一般情况下，先焊右侧。因为右侧手握焊钳时，便于观察仰位的焊接。

（1）右半圈的焊接　引弧时，在管子的 4 点，与管板夹角处向 6 点处以划擦法引弧。然后把电弧拉到 6 点至 7 点之间，进行 1～2 s 的预热，再将电弧向右下方倾斜，其角度如图 2-113 所示（各点按时钟顺时针方向排列）。

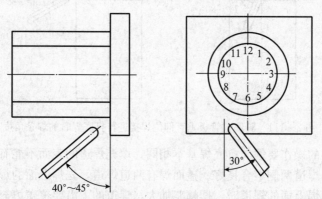

图 2-113　骑座式管板水平固定焊接进行右半圈打底焊时的焊条倾斜角度

然后，压低电弧，将焊条端部轻轻顶在管子与底板的夹角上，进行快速施焊。焊接时，须使管子与管板充分熔合。同时，焊层要尽量薄些，以利于与左侧焊道接头平齐。

在6～5点处，采用斜锯齿形运条法，以避免焊瘤产生。焊条端部摆动的倾斜角度是逐渐变化的，在6点位置时，焊条摆动的轨迹与水平线呈30°夹角；当焊至5点位置时，夹角为0°，如图2-114所示。运条时，向斜下方动作要快，到底板面（即熔池斜下方）时要稍作停留；向斜上方摆动相对要慢，到管壁处再稍作停留，使电弧在

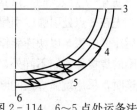

图2-114　6～5点处运条法
示意

管壁一侧的停留时间比在底板侧要长些，其目的是增加管壁侧的焊脚高度。运条过程中，始终保持短弧，以便在电弧吹力作用下，能托住下坠的熔池金属。

在5～2点位置，为控制熔池温度和形状，使焊缝成形良好，应用间断熄弧法施焊。间断熄弧法的操作要领是：当熔敷金属将熔池填充得很满，使熔池形状变长时，握焊钳的手腕迅速向上摆动，抬起焊条端部熄弧，待熔池中的液态金属要凝固时，焊条端部迅速靠近弧坑，引燃电弧再将熔池填满。引弧、熄弧……不断如此进行。每熄弧一次的前进距离均为1.5～2 mm。

在进行间断熄弧焊时，如熔池产生下坠，可转为横向摆动以增加电弧在两侧的停留时间。使熔池横向面积加大，把熔敷金属均匀分散在熔池上。

在2～12点位置，为防止因熔池金属在管壁一侧的聚集，而造成低焊脚或咬边，应将焊条端部偏向底板一侧，如图2-115所示，作短弧斜锯齿形运条，并使电弧在斜底板侧停留时间长些。如果采用间断熄弧法时，在2～4次运条摆动之后，熄弧一次。当施焊至12点位置时，以间断灭弧法，填满弧坑后收弧。右侧焊缝的形状及左侧接头如图2-116所示。

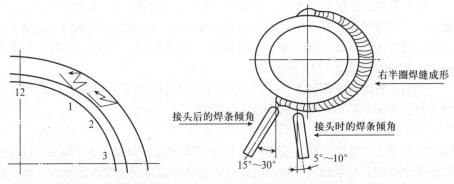

图2-115　在2～12点处运条示意

图2-116　管板水平固定全位置焊焊接
右半圈的焊缝形状

（2）左半圈的焊接 焊接前，将右半圈焊缝的开始和末尾处的焊渣清理干净。如果在6～7点处焊缝过高或有焊瘤、飞溅物时，必须进行清除或返修。焊接开始时，先在8点处引弧，引燃电弧后，快速将电弧移到始焊端（6点处）进行预热，然后压低电弧，以快速斜锯齿形运条，由6点向7点处进行焊接（图2-117），左半圈的焊接除方向不同外，其余与右半圈基本相同。当焊至12点处与右半圈焊道相连时，采用跳弧焊或间断灭弧焊。待弧坑填满后，熄弧停止焊接。

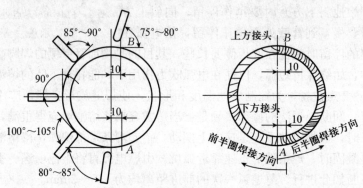

图2-117 打底焊左半圈的各点处焊条角度（单位：mm）

2. 填充焊 填充焊的焊条角度和焊接步骤与打底焊相同，焊条的摆动幅度比打底焊时略大些，摆动间隙稍大。填充层的焊道要尽量薄些，管子一侧的坡口填满，底板一侧要比管子坡口一侧宽出1.5～2mm，使焊道形成一斜面，以利于盖面焊的焊接。

3. 盖面焊 采用直径为3.2mm的焊条，电流为100～115A。操作时也分左右焊两个过程。一般先焊右侧，后焊左侧。

（1）焊接盖面层的右半圈 施焊前，把打底层的焊渣、飞溅清理干净。引弧由4点处焊道表面以划擦法进行。引燃电弧后，迅速将电弧移到6点至7点之间，进行1～2s的预热，电弧长度保持在5～10mm。然后将电弧向左下方倾斜，其角度如图2-118所示。

然后，将焊条端部顶在6至7点之间的打底层焊道上，以直线运条法施焊。焊道要薄，以利于与左侧焊道连接平齐。

在9～5点位置焊接，用斜锯齿形运条法，其操作方法和打底层相同。运条时由斜下方管壁侧的摆动要慢，以利于焊脚增高；向斜上方移动相对快些，防止产生焊瘤。在摆动过程中，电弧在管壁侧停留时间比管板侧要长一些。这样，才能有较多的填充金属聚集于管壁侧，从而使焊脚得以增高。为保证焊脚高度达到8mm，焊条摆动到管壁一侧时，焊条端部距底板表面应为8～

10 mm，如图 2-119 所示。

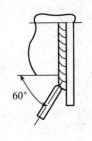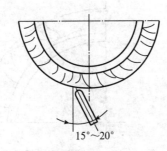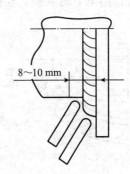

图 2-118　右侧盖面焊的焊条角度　　　图 2-119　右侧盖面层焊条摆动的距离

当焊条摆动到熔池中间时，应使其端部尽可能离熔池近一些，以利于电弧吹力托住因重力作用而下坠的液体金属，且可防止焊瘤产生，使焊道边缘熔合良好，成形美观。在施焊过程中，如发现熔池金属下坠或管子边缘未熔合现象时，可增加电弧在焊道边缘的停留时间（特别是要增加电弧在管壁侧的停留时间），增加焊条的摆动速度。当采取上述方法仍不能控制熔池的温度和形状时，须采用间断熄弧法。

5～2 点处焊接时，由于此处温度局部升高，电弧吹力不但起不到上托熔敷金属的作用，而且还容易促使熔敷金属下坠。因此，只能采用间断熄弧法，即当熔敷金属将熔池填充得十分满并欲下坠时，跳起电弧熄灭。待熔池将要凝固时，迅速在其前方 15 mm 的焊道边缘上引弧（切不可直接在弧坑上引弧，以免因电弧的不稳定产生密集气孔）。再将电弧引到底板侧的焊道边缘上停留片刻；当熔池金属覆盖在被电弧吹成的陷坑时，将电弧下偏 5°的倾角，并通过熔池向管壁侧移动，使其在管壁侧停留。当熔池金属将前弧坑覆盖 2/3 以上时，迅速将电弧移到熔池中间熄弧，间断熄弧法如图 2-120 所示。

在一般情况下，熄弧时间为 1～2 s；燃弧时间为 2～4 s，相邻熔池重叠间距（即每熄弧一次，熔池前距离）为 1～1.5 mm。

2～12 点的位置，类似平角焊接的位置。由于熔敷金属在重力作用下，容易向熔池低处聚集，而处于焊道上方的底板侧，又容易被电弧吹出陷坑，难以达到所要求的焊脚高度（8 mm）。为此，宜用由左向右运条的间断熄弧法。即焊条的端部在距原熔池 10 mm 处的管壁侧引弧。然后，将其缓慢移至熔池下侧停留片刻，待形成新熔池后，再通过熔池将电弧移到熔池的斜上方，以短弧填满熔池。施焊过程中，可摆动 2～3 次再熄弧一次，但焊条摆动时，向斜上方要慢，向下方时要快，在此位置的焊条摆动路线如图 2-121 所示。

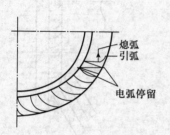 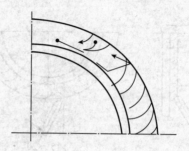

图 2-120　右侧表面层间断熄弧法　　图 2-121　右侧表面层间断熄弧法焊条摆动

在施焊过程中，更换焊条的动作要快，再引弧后，焊条倾角要比正常焊接时多向下倾 10°～15°，并比第一次燃弧时间长一些。

（2）焊接盖面层的左半圈

左半圈焊接前，先将右半圈的起焊位置和末端的焊渣清理干净，如果接头处存在过高的焊瘤或焊缝时，应将其处理平整。一般在

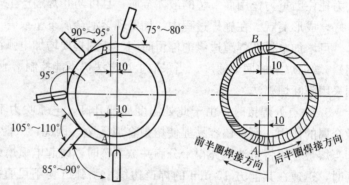

图 2-122　盖面层左半圈的各点处焊条角度（单位：mm）

8 点处左右的填充焊缝上引弧，然后将电弧拉至 6 点处的焊缝起始端预热并压低电弧开始焊接。6～7 点一般采用直线形运条法，同时保证连接处光滑平整。当焊至 12 点位置时，一般作几次挑弧动作，将熔池填满后收弧（图 2-122）。

左半圈其他部位的操作可参照右半圈的焊接方法。

五、插入式管板焊接

插入式管板焊接不要求背面成形，操作较为简单。一般采用 2 层 2 道焊，或 2 层 3 道焊，焊层只有打底层和盖面层，其中，盖面层可采用单道完成，也可以采用双道完成。

下面以实例方式，介绍插入式管板焊接的操作要点，见表 2-25。

表 2-25　插入式管板焊接的操作要点

操作工艺		工艺要求
焊前准备	焊件	管件为 20 号无缝钢管，ϕ57 mm×3.5 mm；板件为 20 号钢或 Q235 钢，规格尺寸为 100 mm×100 mm×10 mm，中心 ϕ60 mm 的通孔，并加工成 45°的坡口。要求焊前在焊接处周围 20~30 mm 内除锈、去污，至露出金属光泽
	焊条	E4303(J422) 型或 E5015(J507) 型，直径为 3.2 mm。E5015 焊条焊前进行 350~400 ℃烘干，保温 2 h
	焊机	直流电弧焊机
装配与定位焊		使用正式焊接用的焊条进行定位焊，定位焊缝的位置按圆围均布 0°、120°、240°三处。也可以仅仅采用焊点 0°和焊点 120°作为定位焊缝
焊接	打底焊	使用 E4303 焊条焊接时，焊接电流为 120~130 A。使用 E5015 焊条焊接时，焊接电流为 115~125 A。采用直线运条法，连弧焊。焊条与板件之间的夹角为 45°~50°，与焊接方向的夹角为 80°~85°，焊接过程中要不断地转动手臂和手腕，以保持焊条角度的一致
	盖面焊	清理打底层焊缝熔渣，进行盖面层焊缝的焊接。盖面层焊缝可用单道完成，也可用双道完成 ① 单道焊：焊接电流比第一层减少 5~10 A，连弧焊，采用斜圆环运条法，运条方式与平角焊单元相同 ② 多道焊：采用稍小的焊接电流，分两道完成焊缝 要领：环形角焊缝的焊接在焊接时手臂和手腕的转动是保证焊接质量的关键，可通过不开焊机练习达到熟练
清理与检测		将完成的焊件焊缝表面及飞溅清理干净，至露出金属光泽。检测焊缝正反面质量。焊缝表面不得有焊瘤、气孔、夹渣、咬边等缺陷。焊缝两侧的焊脚尺寸应保持一致
注意事项		①管件插入式管板的焊接如采用两道焊接的盖面层，应注意第一道和第二道焊缝的接头不要重叠 ② 管件插入式管板的焊接过程中，要不断地转动手臂和手腕，以保持焊条角度的一致

第七节　单面焊双面成形的焊接技术

一、单面焊双面成形焊接技术的特点与操作方法

1. 何谓单面焊双面成形焊接　单面焊双面成形焊接的操作技术是采用普通焊条，以特殊的操作方式，在坡口背面无任何辅助衬垫的条件下，在坡口正面进行焊接，焊后保证坡口的正、反两面都能得到均匀整齐、成形良好、符合

质量要求的焊缝。它是焊条电弧焊中难度较高的一种操作技能，适用于无法从背面清根并重新进行焊接的重要焊件。

2. 单面焊双面成形焊接的接头形式　单面焊双面成形接头形式主要有板状对接接头、管状对接接头和骑座式管板接头 3 种。按焊缝位置不同，可分为平焊、立焊、横焊和仰焊等。

3. 单面焊双面成形焊接的操作方法

按操作方法不同，单面焊双面成形焊接可分为连弧焊法（连续施焊法）和断弧焊法（间断灭弧施焊法）两种。

无论连弧焊法还是断弧焊法，在打底焊时必须掌握好熔孔效应。熔孔指在电弧高温和吹力作用下，坡口根部部分金属熔化成金属熔池，在熔池的前沿产生一个略大于坡口装配间隙的孔洞（图 2 - 123）。孔洞大小用熔孔直径表示。

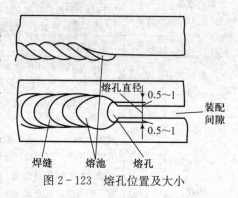

图 2 - 123　熔孔位置及大小

单面焊双面成形的连弧焊和断弧焊的基本操作方法见表 2 - 26。

表 2 - 26　单面焊双面成形焊接的操作方法

操作方法	操作要点	特　点
连弧焊	① 引弧。焊条在始焊处对准坡口中心划擦引弧后，焊条与焊件成 60°～70°角并处于坡口间隙中心。焊至定位焊尾部时，以稍长的电弧（约 3.5 mm）在该处以小齿距的锯齿形运条法作横向摆动进行预热。稍过片刻，当看到定位焊缝与坡口根部金属有"出汗"现象时，立即压低电弧（约 2 mm），待 1 s 后听到"噗"声。焊缝及坡口根部两侧金属开始熔化并形成熔孔，说明引弧工作结束，可进行连弧焊接 ② 运条。当电弧将两坡口根部两侧各熔化 1.5 mm 左右时，将焊条提起 1～2 mm，以小齿距的锯齿形运条法作横向摆动，使电弧以一定的长度边熔化熔孔前沿边向前移动焊接。运条时，要保证焊条中心对准熔池的前沿与母材的交界处，使熔池间相互重叠。在焊接过程中，应严格控制熔孔大小，熔孔过大背面焊道过高，易产生焊瘤，熔孔过小会产生未焊透或未熔合等缺陷 ③ 收弧。在需要更换焊条而熄弧前，应将焊条下压，使熔孔稍微扩大后再往回焊接 15～20 mm，形成斜坡形再熄弧，为下一根焊条引弧打下良好的接头基础	连弧焊是指在焊接过程中，电弧稳定燃烧，用较小的坡口钝边间隙，采用较小的焊接电流，短弧连续施焊。连弧焊的焊道始终处于缓慢加热和缓慢冷却状态，焊缝成形较好，但对焊件装配和焊接工艺参数要求较严格，同时要求焊工具有较熟练的操作技术，以免产生烧穿或未焊透等缺陷

（续）

操作方法		操作要点	特　点
断弧焊	两点击穿法	两点击穿法就是将电弧分别在坡口两侧交替引燃，左侧钝边给一滴熔化金属，右侧钝边也给一滴熔化金属，依次循环进行。其操作过程如下： 　　先是在始焊端前方约 10～15 mm 处的坡口面上引燃电弧，然后将电弧拉回至开始焊接处，稍加摆动，对焊件进行预热 1～1.5 s 后，将电弧压低，当听到电弧穿透坡口发出"噗"声时，可看到定位焊缝以及相接的坡口两侧开始熔化，当形成第一个熔池时快速灭弧，第一个熔池常称为熔池座。当第一个熔池尚未完全凝固，熔池中心还处于半熔化状态时，重新引燃电弧，并在该熔池左前方的坡口面上以一定的焊条角度击穿焊件部。击穿时，压短电弧对焊件根部加热 1～1.5 s，然后再迅速将焊条沿焊接反方向挑划，当听到焊件被击穿的"噗"声时，说明第一个熔孔已经形成，应快速地使一定长的弧柱（平焊时为 1/3 弧柱，立焊时为 1/3～1/2 弧柱，横焊和仰焊时为 1/2 弧柱）带着熔滴透过熔孔，使其与背、正面的熔化金属分别形成背面和正面焊道熔池，此时应快速灭弧，否则会造成烧穿。灭弧大约 1 s 左右，即当上述熔池尚未完全凝固，还有与焊条直径般大小的黄亮光点时，立即引燃电弧并在第一个熔池右前方进行击穿。然后依照上述方法完成以后的焊缝	断弧焊指在焊接过程中，通过电弧反复交替地燃烧和熄灭，并控制熄弧时间，从而控制熔池的温度、形状和位置，以获得良好的焊缝背面成形和内部质量的一种单面焊双面成形的焊接方法。它较容易控制熔池状态，对焊件的装配质量及焊接工艺参数要求较低。断弧焊采用的坡口钝边间隙比连弧焊的稍大，焊接电流范围较宽，适应性更强。但操作方法变化大，有一定的难度，对焊工的操作技能要求较高。如果操作不当，会产生气孔、咬边、夹渣、焊瘤及焊道外凸等缺陷 　　生产中常用的断弧焊操作方法主要有两点击穿法和一点击穿法。一点击穿法适用于薄板、小径管（≤60 mm）及小间隙（1.5～2.5 mm）的焊接，两点击穿法适用于厚板、大径管及大间隙的焊接 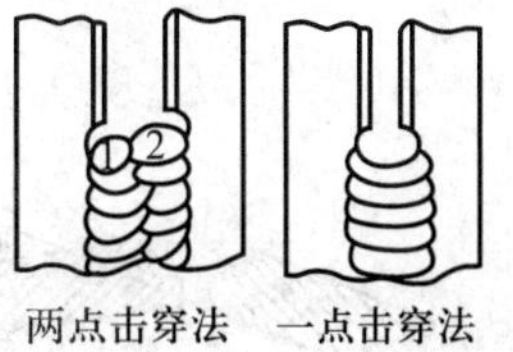
	一点击穿法	一点击穿法建立第一个熔池的操作方法与两点击穿法相同。施焊时应使电弧同时在坡口两侧燃烧，两侧钝边同时熔化，听到"噗"声时迅速灭弧。在熔池将要凝固时，在灭弧处引燃电弧、击穿、停顿、灭弧，周而复始。一般灭弧频率保持在每分钟 60～70 次。一点击穿法的焊条倾角和熔孔向坡口根部熔入深度等均与两点击穿法的相同	 两点击穿法　一点击穿法

二、两板对接平焊的单面焊双面成形焊接技术

　　两板对接平焊，采用单面焊双面成形焊接技术时，焊件的装配尺寸如图 2-124 所示。坡口面角度 α 为 30°，钝边为 1～1.5 mm。装配间隙前端为

3.5 mm，后端为 4.5 mm，反变形约 5°，错边量≤1.2 mm(≤0.1δ，δ 为焊件厚度)。

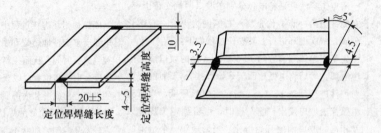

图 2-124　两板对接平焊采用单面焊双面成形时焊件的装配尺寸（单位：mm）

焊件焊后，由于焊缝在厚度方向上的横向收缩不均匀，使两块焊件离开原来的位置翘起一定角度，这就是角变形，翘起的角度为变形角 α，如图 2-125 所示。

单面焊双面成形焊接技术的第一层打底焊是单面焊双面成形焊接工艺的关键，平焊时，在定位焊焊缝前 10～15 mm 处的坡口面上划擦引弧，待电弧燃烧稳定后，将电弧拉回至定位焊焊缝中心，加热 1～2 s，（将电弧稍作停顿和摆动），使之形成第一个熔池，并立即灭弧，如图 2-126 所示。

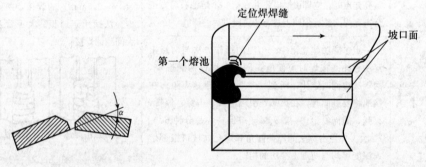

图 2-125　焊件的反变形角　　　图 2-126　打底层形成第一个熔池

单面焊双面成形焊接时，由于电弧的加热及电弧的压力等机械力的作用，使第一个熔池和坡口面及根部一部分的金属被熔化并击穿，形成平焊位置看不到的第一个熔孔，如图 2-127 所示。

对接平焊操作时，焊条角度为 50°～60°，其操作如图 2-128 所示。目的是控制焊接温度，保证熔池前有适量电弧吹到下面，并且始终使熔池前端保持有同样大小的熔孔。

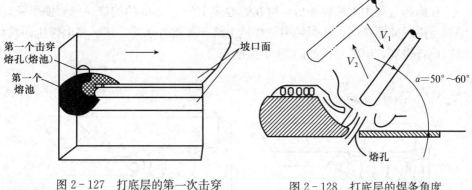

图 2 - 127　打底层的第一次击穿

图 2 - 128　打底层的焊条角度

V_1. 引弧动作方向　V_2. 灭弧动作方向

对接平焊操作时，运条方法常采用月牙形法或锯齿形法，如图 2 - 129 所示。

在焊接过程中，熔池前端要始终保持有直径为 3～4 mm 的熔孔，并使熔池的大小、形状一致。根据熔池温度和熔池形状、大小的变化决定选用点焊或连续焊法。在温度高、熔池增大时则应采用灭弧法焊接；当熔池的形状、大小及温度不变时就可连续施焊，如图 2 - 130 所示。

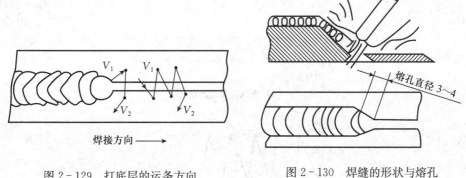

图 2 - 129　打底层的运条方向

V_1. 引弧动作方向　V_2. 灭弧动作方向

·电弧稍停留（稳弧动作）

图 2 - 130　焊缝的形状与熔孔

在施焊过程中更换焊条时，为防止因灭弧出现冷缩孔，灭弧不应过急，应预先迅速向熔池边缘或背侧连续点弧（断弧）二三下，使焊道背面熔池填满，同时控制熔池温度使之缓慢地冷却。然后将电弧向坡口一侧压低并后拉 7～10 mm 时灭弧。这样可以防止焊道背面产生冷缩孔。灭弧动作如图 2-131 所示。

　　在施焊过程中更换焊条后，可在熔池前 10～15 mm 的坡口一侧划擦引弧。电弧点燃后向回拉弧，从弧坑内侧焊波上绕至弧坑处加热，然后将电弧压向根部以保证击穿，引弧动作如图 2-132 所示。

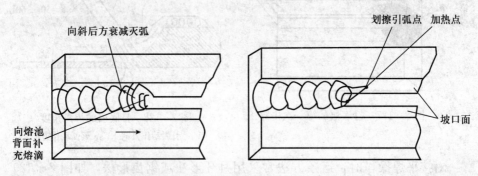

图 2-131　施焊中的灭弧方法　　　　图 2-132　交换焊条后的引弧方法

　　对接平焊时，如果第一层焊道中间高，边缘低，出现严重凸凹时，要适当地增大焊接电流，如图 2-133a 所示采用直线往复运条法，以利清渣和焊满凹陷处。盖面层前的一层焊道应低于坡口上缘 1～1.5 mm，盖面层焊接可采用锯齿形运条法，注意电弧在边缘稍作停顿，如图 2-133b 所示。

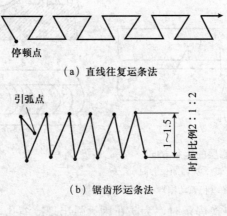

（a）直线往复运条法

（b）锯齿形运条法

图 2-133　盖面层的运条方法

三、两板对接立焊的单面焊双面成形焊接技术

两板对接立焊，采用单面焊双面成形焊接技术时，焊件的装配尺寸如图2-134所示。坡口面角度为30°，钝边为1～1.5 mm，装配间隙上端为4.5 mm，下端为3.5 mm，反变形约7°，错边量≤1.2 mm（≤0.1δ，δ为焊件厚度）。

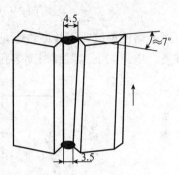

对接向上立焊操作时，引弧点要选在坡口中心处，焊条角度为60°～80°。先使电弧稍长一些，此时熔滴向母材喷射，稍过片刻，当坡口两侧出现"汗珠"时便将电弧压短。继续向上运条，当熔渣清楚地从铁液上淌下而在熔池前方打开一小眼（称熔孔）时，表示根部已焊透，此时可听见电弧穿过间隙发出清脆的"哗……"之声，此时应马上果断地灭弧，以防止在焊缝正、背面形成焊瘤，如图2-135所示。

图2-134　焊件的装配尺寸

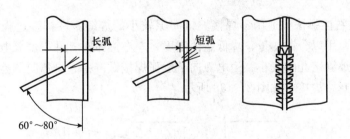

图2-135　焊条角度

灭弧后，熔池温度迅速地下降，液态金属颜色渐渐变暗，但在熔池液态金属尚未消失时，应立即重新引弧。重新引弧的位置应在交接线前部边缘的下方1～2 mm处。焊接过程中，电弧在坡口两侧应稍稍停留，要始终保持熔孔直径（3～4 mm）与熔池大小、形状一致，如图2-136所示。

对于两板对接立焊，在采用单面焊双面成形焊接时，其运条方法可以采用上下运弧法，左右挑弧法和左右凸摆法。

1. 上下运弧法　适用于焊接坡口间隙较小的焊缝。电弧向上运弧时，用

图 2-136　重新引弧的操作方法

以降低熔池温度，不拉断电弧是为了观察熔孔的大小，为电弧向下运弧焊接做准备，电弧向下运弧到根部熔孔时可开始焊接，如图 2-137 所示。

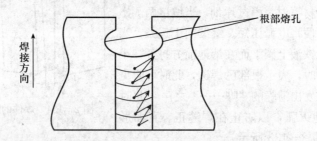

图 2-137　上下运弧法的运条方法

2. 左右挑弧法　适用于焊接坡口间隙较小的焊缝。在焊接过程中将电弧左右挑起，用以分散热量，降低熔池温度，左右挑弧时，并不熄灭电弧，而是观察此时焊缝熔孔的大小，为电弧向下运弧焊接做准备。电弧向下运弧到根部熔孔时可开始焊接，如图 2-138 所示。

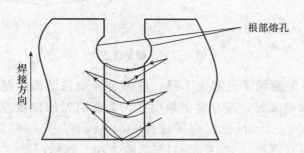

图 2-138　左右挑弧法的运条方法

3. 左右凸摆法　此法在电弧左右摆动过程中不熄弧，多用于间隙偏大的焊缝。在焊接过程中，焊接电弧在坡口间隙中左右交替焊接，以分散焊接电弧热量，使熔池温度不过热，防止液态金属因温度过高而外溢流淌。电弧左右摇动时，中间为凸形圆弧，如图 2-139 所示。

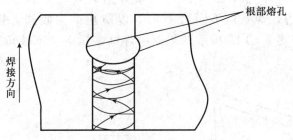

图 2-139　左右凸摆法的运条方法

四、两板对接横焊的单面焊双面成形焊接技术

两板对接横焊，采用单面焊双面成形焊接技术时，焊件的装配尺寸如图2-140所示。坡口面角度为 30°，钝边为 1～1.5 mm，装配间隙前端为 3.5 mm，后端为 4 mm，反变形约 10°，错边量≤1.2 mm(≤0.1δ，δ 为焊件厚度)。

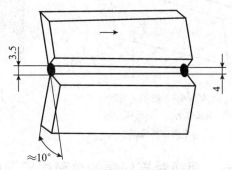

图 2-140　焊件的装配尺寸

横焊操作时，焊条角度为 60°～70°，当电弧指向上部坡口和下部坡口时，焊条角度应有所变化，如图 2-141所示。

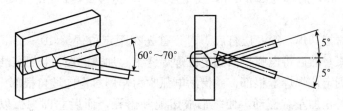

图 2-141　焊条角度

横焊操作时，运条动作如图 2-142 所示，常采用斜圆环形运条方法。操作时的动作，应依据焊接熔池温度情况灵活运用。横焊时，控制第一层双面成

形的操作原则与立焊相同。

　　横焊时，当焊到盖面层最后一条焊道时，焊条需保持上倾角 15°（碱性焊条施焊，焊条应下倾约 40°），以防止产生咬边，盖面层施焊时焊条的角度如图 2－143 所示。盖面层焊缝需压上、下坡口边缘各 1.5～2 mm。

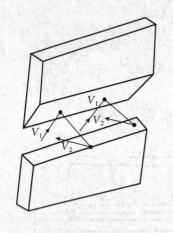
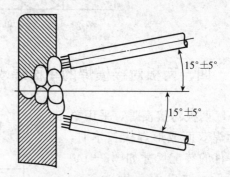

图 2－142　运条方法
V_1. 引弧方向　V_2. 灭弧方向
·. 电弧稍作停留

图 2－143　盖面焊的焊条角度

五、两板对接仰焊的单面焊双面成形焊接技术

　　两板对接仰焊，采用单面焊双面成形焊接技术时，焊件的装配尺寸如图 2－144所示。坡口面角度为 30°，钝边为 0.8～1.5 mm，装配间隙前端为 4.5～4.8 mm，后端为 5.5 mm，反变形约 7°，错边量≤1.2 mm(≤0.1δ, δ 为焊件厚度)。

　　两板对接仰焊，第一层打底焊时，首先在距定位焊缝 10～15 mm 处的坡口一侧引弧，然后将电弧拉回到定位焊焊缝中心加热的坡口根部，再压低电弧将熔滴送到定位焊焊缝根部，并借助电弧吹力作用尽量向坡口根部、背面输送熔滴，同时稍加左右摆动，使之形成熔池和熔孔，而后立即熄弧以冷却熔池（图 2－145）。

　　两板对接仰焊过程中，电弧穿透熔孔的位置要准确，使每侧坡口穿透尺寸一致，为 1.5～2 mm，如图 2－146 所示。

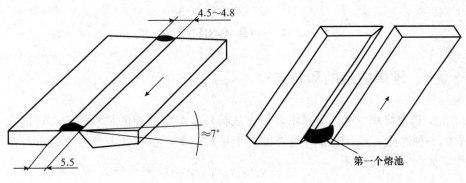

图 2-144　焊件的装配尺寸　　　　图 2-145　打底焊形成的第一个熔池

两板对接仰焊时，在更换焊条熄弧前，要在熔池边缘部位迅速向背面补充 2～3 滴熔滴铁液，然后向后侧衰减灭弧，灭弧动作如图 2-147 所示。

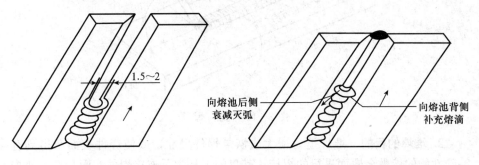

图 2-146　打底焊坡口面的穿透尺寸　　　　图 2-147　换焊条前的灭弧方法

仰焊时，焊条角度为 50°～70°，具体运条时，可根据熔池温度变化，采取点焊法或小段连弧焊法，如图 2-148 所示。其基本操作要点与立焊相同。

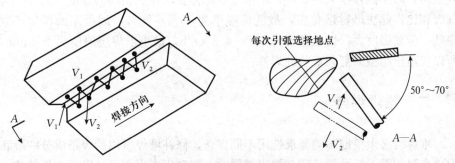

图 2-148　焊条角度与运条方法

V_1. 引弧方向　V_2. 灭弧方向　·. 电弧稍作停留

第八节 焊条堆焊技术

一、堆焊的目的和特点

1. 何谓堆焊 堆焊是采用焊接方法将具有一定性能的材料熔敷在焊件表面的一种焊接工艺。堆焊时将焊件置于平焊位置，在焊件上堆敷焊道进行操作，如图 2 - 149 所示。

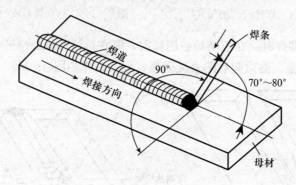

图 2 - 149 堆 焊

2. 堆焊的目的 堆焊是为增大或恢复焊件尺寸，或使焊件表面获得具有特殊性能的熔敷金属而进行的焊接。其目的不是为了连接焊件，而是在于使焊件表面获得具有耐磨、耐热、耐蚀等特殊性能的熔敷金属，或是为了恢复或增加焊件尺寸。

3. 手工电弧堆焊的特点 该法设备简单，操作灵活，对于不规则焊件尤其适用；对于比较厚大的焊件，不像气焊那样要求预热很高的温度。另外，与气焊相比，此法母材熔化多，最低稀释率为 15％～20％。因手工操作生产效率低，劳动强度大，熔敷速度为 0.7～4.2 kg/h，最小堆焊层厚度为 2.4 mm，所以仅适于小型或复杂形状的焊件。

二、堆焊焊条

堆焊时必须根据不同要求选用不同焊条，修补堆焊所用的焊条成分一般和焊件金属相同，但堆焊特殊金属表面层时，应选用专用焊条，以适应焊件的工作需要。

国产堆焊用焊条牌号，根据其主要作用可分为以下几种：

（1）EDPMn2－6、EDPCrMo、EDPCrMnSi、EDPCrMoV、EDPCrSi 型为普通低中合金钢堆焊焊条。用于常温及非腐蚀条件下工作的零件的堆焊，如车轮、车钩、轴、齿轮、铁轨、推土机刃板、挖泥斗牙等磨损部件的堆焊。

（2）EDRCrMnMo、EDRCrW、EDRCrMoWV 型为强热合金钢堆焊焊条。用于锻模、冲模、热剪切机刀刃、轧辊等堆焊。

（3）EDCr 型为高铬钢堆焊焊条。用于金属间磨损及受水蒸气、弱酸、气蚀等作用下的部件堆焊，如阀门密封面、轴、搅拌机浆、螺旋输送机叶片等。

（4）EDMn 型为高锰钢堆焊焊条。用于严重冲击载荷和金属间磨损工作，如破碎机鄂板、铁轨道岔等部件的堆焊。

（5）EDCrMn 型为高铬锰钢堆焊焊条。用于水轮机受气蚀破坏的零件，如叶片，导水叶等部件的堆焊。

（6）EDCrNi 型为高铬镍钢堆焊焊条。用于堆焊 650 ℃以下工作的锅炉阀门、热锻模、热轧辊等零件。

（7）EDD 型为高速钢堆焊焊条。用于刀具、剪刀、绞刀、成型模、剪模、导轨、锭钳、拉力及其类似工具的堆焊。

（8）EDZ 型为含合金铸铁堆焊焊条。用于混凝土搅拌机、高速混砂机、螺旋送料机等主要受磨粒磨损部件的堆焊。

（9）EDZCr 型为高铬铸铁堆焊焊条。用于工作温度不超过 500 ℃的高炉料钟、矿石破碎机、煤孔挖掘器等耐磨耐蚀件的堆焊。

（10）EDCoCr 型为钴基合金堆焊焊条。用于高温高压阀门、热锻模、热剪切机刀刃、牙轮钻头轴承、锅炉旋转叶轮、粉碎机刀口、螺旋送料机等部件的堆焊。

（11）EDW 型为碳化钨堆焊焊条。用于耐岩石强烈磨损的机械零件，如混凝土搅拌机叶片，推土机、挖泥机叶片、高速混砂箱等部件的堆焊。

（12）EDTV 型为特殊型堆焊焊条。用于铸铁压延模、成型模以及其他铸铁模具的堆焊。

（13）EDNi 型为镍基合金堆焊焊条。用于低应力磨损场合，如泥浆泵、活塞泵套筒、螺旋进料机、挤压机螺杆、搅拌机等部件的堆焊。

（14）EDGWC 型为碳化钨管状堆焊焊条。用于低冲击的耐磨场合，如钻井机、挖掘机等部件的堆焊。

不同堆焊焊件和堆焊焊条要采用不同的堆焊工艺，才能获得较满意的堆焊质量。

三、堆焊工艺

堆焊工艺与熔焊工艺区别不大,包括焊件表面的清理、焊条焊剂的烘干、焊接缺陷的去除等。与熔焊不同的地方主要是焊接工艺参数有差异。堆焊时,应在保证适当生产率的同时,尽量采用小电流、低电压、快焊速,以使熔深较小、稀释率较低以及合金元素烧损量较低。

1. 焊前表面处理和退火 需要堆焊的焊件表面,在焊前要脱脂除锈。有些焊件在工作过程中表面往往已产生裂纹和剥离,有的表面还有腐蚀坑等,这些缺陷不去除将对堆焊层的质量不利,因此这类焊件焊前要进行去应力退火,并且还要用机械加工的方法把表面缺陷彻底除掉。

2. 焊前预热和焊后缓冷 为了防止堆焊层出现裂纹和剥离,对焊件堆焊前往往要进行预热。预热温度与堆焊金属的淬火变形有关,与零件的大小和堆焊部位的刚度有关,此外,也与焊件的材质有关。预热温度一般选用 $150 \sim 600 \, ℃$。

对于堆焊金属硬度比较高、堆焊面积比较大的焊件,如锻模、大阀体等,需要整体预热。对于仅需局部堆焊的焊件,可以局部预热处理。而对于那些在堆焊过程中就能够被整体加热的小焊件,可以不预热。

为了防止裂纹和剥离,除了焊前预热外,还要焊后缓冷。堆焊后可将堆焊焊件放在石棉灰、石棉毯或硅酸铝等保温材料中缓冷。对于淬硬倾向小的堆焊金属,如 1Cr13、2Cr13 等,焊后为了获得较高的硬度,也可选用空冷,机械加工后不再进行热处理。对于淬硬倾向大的堆焊金属,如高铬铸铁、碳化钨、钴基合金等,焊后要在 $600 \sim 700 \, ℃$ 下回火 1 h,再缓冷,以免出现裂纹。

3. 隔离层堆焊 为了减少应力,防止堆焊层产生裂纹和剥离,可先用塑、韧性好的焊条堆焊隔离层,将堆焊层与基体隔离。如在碳钢上堆焊高锰钢时,可先在碳钢上堆焊一层铬镍或铬锰奥氏体钢,然后再在奥氏体钢上堆焊高锰钢,这样既可减少焊接应力,又不影响高锰钢焊后采取快冷的措施。

4. 减少母材对堆焊层合金元素的稀释率 堆焊过程中,部分母材金属要熔入堆焊金属中,堆焊金属中的部分合金元素也要烧损,这些都会使堆焊层硬度改变和力学性能下降。因此在选择堆焊方法时,要进行比较,尽量选择稀释率低的焊接方法。在制订焊接工艺参数时,要尽量选择低电压、小电流、快焊速,以降低熔深,减少稀释率和合金元素的烧损。

5. 减少焊件堆焊后的变形 对细长轴和大直径的薄壁筒,堆焊时容易产生弯曲和波浪变形。对这类焊件堆焊时应采取以下措施。

（1）尽量选择熔深小、线能量小的堆焊方法。

（2）采用夹具或支撑板，以增加焊件刚度。

（3）采用反变形法。

（4）选取合理的施焊顺序。

（5）采取小电流、快焊速以及采取间歇冷却等方法。

6. 堆焊后的热处理　堆焊后，堆焊层的性能达不到要求时，需要将焊件重新进行热处理。热处理工艺要根据堆焊层合金的成分和要求而定。在焊后热处理时，要注意防止产生再热裂纹。

手工焊条电弧堆焊电流，见表 2 - 27。

表 2 - 27　不同类型焊条手工电弧堆焊电流

焊条类型	牌　号	不同直径焊条的电流（A）					说　明
		2.5 mm	3.2 mm	4 mm	5 mm	6 mm	
珠光体钢	12CrMo	60～80	90～130	130～180	180～240	240～300	母材为中碳钢、高强钢时，预热至150～250 ℃
	15CrMo	60～80	80～120	110～150	130～190	—	
高速钢及工具钢	D307	—	100～130	130～160	170～220	—	预热至300～500 ℃，焊后退火处理
	GRIDUR36	—	80～100	110～130	140～160	—	
高锰钢	D256	—	70～90	100～140	150～180	—	用 Cr19Ni9Mn6 作过渡层
	GRIDVR42	—	95～105	130～140	170～180	—	
镍铬不锈钢	D547 D547Mo	50～80	80～110	110～160	160～200	—	大件预热至 150～250 ℃
	D557					—	预热至300～450 ℃
铬锰奥氏体钢	D2 76	60～80	90～130	130～170	170～220	—	—
高铬不锈钢	—	—	80～120	120～160	160～210	—	预热至150～300 ℃
钴基合金	—	—	—	120～160	140～190	150～210	直流反接，预热至300～600 ℃
镍基合金	Ni337	—	95～100	130～140	—	—	直流反接
	GRIDUR34	70～90	110～140	170～200	220～260	—	
铜基合金	紫铜	—	120～140	150～170	180～200	—	多为低氢型焊条，用直流反接
	锡青铜	—	110～130	150～170	180～200	—	
	铅青铜	—	70～90	80～120	60～80	—	
	白铜	—	90～100	120～130	170～200	—	

四、堆焊操作方法

1. 运条方法　电弧堆焊时焊条的摆动与正常电弧焊时的运条相同，但推荐采用月牙形的运条方法。操作时，焊条在两侧稍作停留即向前行进，停留时间要比正常采用月牙形运条方法焊接时的时间稍短，避免熔深过大。焊条摆幅要控制在焊条直径的 2.5～3 倍，两次摆动之间的距离约为焊条直径的一半左右，如图 2-150 所示，d 为焊条直径。

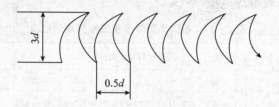

图 2-150　堆焊时的运条方法

2. 焊缝的连接　堆焊前，堆焊处的表面必须仔细清除脏物、油污等。当第一条焊道焊完，在堆焊第二条焊道时，必须熔化第一条焊道的 1/3～1/2 宽度（图 2-151），使各焊道间紧密连接，减小稀释率，防止产生夹渣和未焊透等缺陷。

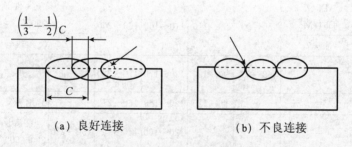

(a) 良好连接　　　　　　　　　(b) 不良连接

图 2-151　堆焊时焊缝的连接

3. 多层堆焊　进行多层堆焊时，由于加热次数较多，而且加热面积又大，焊件容易产生变形，甚至会产生裂纹。所以要求后一层焊道的堆焊方向应与前一层焊道方向成 90°角（图 2-152），同时每一层的焊道还要采取合理的堆焊顺序使焊件热量分布较均匀，防止焊件出现变形和裂纹，各焊道的堆焊顺序错开（图 2-153），这样能有效地减小焊件受热集中，使焊接热量分散。

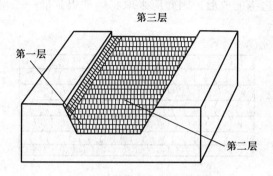

图 2-152　多层堆焊时各堆焊层的排列方向

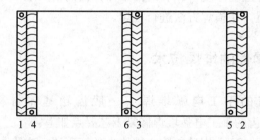

图 2-153　多层堆焊时的堆焊顺序（1→2→3→4→5→6 的顺序）

4. 轴堆焊　轴堆焊时，可按图 2-154 所示选择轴的堆焊顺序，即 1→2→3→4→5→6→7→8。为了进一步减小堆焊后的变形，可用锤子轻敲堆焊层。也即采用纵向对称堆焊和横向螺旋形堆焊。堆焊时必须防止轴的变形量超差。

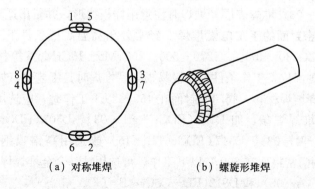

（a）对称堆焊　　　　　　　（b）螺旋形堆焊

图 2-154　轴堆焊的顺序

5. 焊缝结尾方法　堆焊时，还要注意每条焊缝结尾处不应有过深的弧坑，以免影响堆焊层边缘的成形。因此应采取将熔池引到前一条堆焊缝上的方法，如图 2 - 155 所示。

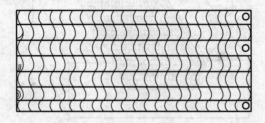

图 2 - 155　堆焊的结尾方法

为了增加堆焊层的厚度，减少清洁工作，提高生产效率，通常将焊件的堆焊面放成垂直位置，用横焊方法进行堆焊。

五、几种零件的堆焊技术

1. 齿轮断齿的手工电弧堆焊　一般齿轮基体材料为 20CrNi3 或 18CrMnTi，其断齿的手工电弧堆焊修复工艺要点如下：

（1）焊前表面处理，用砂轮除去损块处的疲劳层，去除焊接处的油、锈等污物。

（2）用 ϕ3.2 mm 的结构钢焊条 J507（E5015）或 J506（E5016）堆焊底层，堆至齿高的 2/3，齿宽部位留有适当余量。

（3）选用 ϕ4 mm 的堆焊焊条 D217A（EDPCrMo - A4 - 15）或 D172（ED-PCrMo - A3 - 03）堆焊表层。堆焊时注意用样板找形，并留出适当加工余量。

2. 阀门密封面的手工电弧堆焊　经常处于高温高压条件下工作的阀门，基体一般为 ZG230 - 450、ZG270 - 500、20CrMo、15CrMoV 等材料。密封面是阀门的关键部位，工作条件差，极易损坏。堆焊时其工艺要点如下：

（1）选择堆焊材料。阀门密封面在 450 ℃ 以下工作时，应选用 EDCr 型马氏体高铬钢堆焊焊条，如 D502（EDCr - Al - 03）、D507（EDCr - Al - 15）、D512（EDCr - B - 03）、D517（EDCr - B - 15）或选用高铬镍钢堆焊焊条如 D547Mo；阀门密封面在 600 ℃ 以下工作，可选用钴基合金堆焊焊条，如 D802（ED - CoCr - A - 03）和 D812（ED - CoCr - B - 03）。

（2）焊前对焊件表面进行粗车，去除裂纹、砂眼、油锈等。

（3）焊前预热。在基体材料焊接性好时，可不预热或只作低温预热。如基体材料为 ZG230 - 4501Cr18No9Ti 钢，采用 D502、D512、D517、D547Mo 等堆焊焊条，焊件堆焊采用冷焊或只作低温预热的工艺也可获得满意的结果。但对材料为 12CrMo、15CrMoV、20CrMo、38CrMoAl、38CrWVAl 等的高温高压阀门密封面，则要求焊前预热，焊后进行退火或高温回火处理。使用 D502、D512、D517、D547Mo 堆焊时，焊前预热温度为 350～450 ℃；采用 D802、D812 时，预热温度为 300～600 ℃。

（4）采用短弧焊，以减少熔深和合金元素的烧损。堆焊工件应该保持水平位置，尽量做到堆焊过程不中断，连续堆焊 3～4 层。

（5）根据焊件的材质、大小和不同要求，焊后可采用油冷、空冷或缓冷来获得不同的硬度。堆焊后一般都需进行 680～750 ℃高温回火或 750～800 ℃退火处理，以使淬硬组织得到改善，降低热影响区的硬度，然后再机械加工。

（6）经退火和机械加工后的焊件，须再经 950～1 000 ℃空冷或油冷淬火。

3. 高锰钢铸件的手工电弧堆焊 含锰量 10%～14% 的高锰钢（如 ZGMn13 - 1 等）为单相奥氏体组织，抗拉强度很高，韧性较好。它的硬度虽不高，但在受到冲击或表面挤压力的作用时，表面产生加工硬化，即表面硬度提高，耐磨性很好。高锰钢常用于制造破碎机颚板或辊子、铁道道岔、拖拉机履带板等零件。

高锰钢堆焊时的主要困难是堆焊金属和热影响区容易产生裂纹。为避免裂纹，堆焊时常采取如下工艺措施：

（1）焊接材料的选择 常用的高锰钢堆焊焊条有 D256 和 D266，它们可以直接用于破碎机、高锰钢轨、道岔、拖拉机履带板等零件的堆焊。对于特别重要的高锰钢件应先用奥氏体不锈钢焊条堆焊隔离层，然后再用以上焊条堆焊。

（2）焊接参数的选择 选用细焊条、小电流堆焊，并以足够快的速度冷却。必要时，可用流动冷水来加强冷却，或将高锰钢件放在水中只露出带焊部位进行堆焊。

（3）焊后热处理 如果条件允许，堆焊后的高锰钢铸件最好进行水韧处理。

第三章

气 焊 与 气 割

由于气焊和气割需要的设备简单、移动方便，且可以在无电源的地方进行焊接和切割，所以在农村应用很广，是焊工应掌握的基本技能。

第一节 气 焊

一、气焊的焊接原理与焊接参数

气焊是利用可燃气体（乙炔气）和助燃气体（氧气），在焊炬内进行混合，从焊炬焊嘴中喷出并剧烈燃烧，

1. 气焊的焊接原理 利用这燃烧火焰的热量去熔化待焊接头部位的母材和填充材料（焊丝），待冷却凝固后使焊件牢固地连接起来。气焊最常用的为氧-乙炔焊，它由氧乙炔火焰作为焊接时的热源，如图3-1所示。其特点是火焰的温度比电弧焊低，火焰对熔池的压力及对焊件的热输入量调节方便，焊缝成形容易控制，设备简单，移动方便，适合焊接薄件及要求背面成形的焊缝。

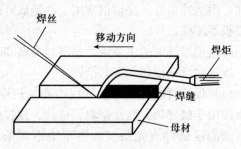

图3-1 气焊的焊接原理

2. 气焊的特点 设备简单、移动方便，尤其在没有电源的地方仍可用气焊进行预热或施焊。气焊焊接熔池的温度较易控制，所以在焊接较小的焊件时，不会像焊条电弧焊那样容易被烧穿，且通用性强。

但这种焊接工艺因火焰温度低、热量分散、加热面积大、焊接热影响区宽大，故焊件变形大、一次结晶较粗大、接头的综合力学性能较差，且生产率低。一般在低碳钢、铜、铝及铸铁的维修项目中使用，在正式生产上较少使用。

气焊是一种手工操作方法，焊接质量在很大程度上取决于焊工的操作技能熟练程度，为适应这些要求，焊工必须刻苦练习，提高操作水平。

3. 气焊的工艺流程 气焊的工艺流程主要有：

（1）焊前准备。

（2）焊材选用。

（3）焊接参数的确定。

（4）焊接操作。

（5）焊件质量检验。

4. 焊接参数的确定 气焊的焊接参数主要有焊丝直径、火焰种类、火焰能率、焊嘴倾斜角度、焊丝倾角、焊接速度等。

（1）焊丝直径的选用 焊丝直径主要按焊件的厚度、焊接接头的坡口形式及焊缝的空间位置等选择。焊件厚度越厚，所选择的焊丝越粗，焊件厚度与焊丝直径的关系见表3-1。

表3-1 焊件厚度与焊丝直径的关系

焊件厚度（mm）	1～2	2～3	3～5	5～10	10～15
焊丝直径（mm）	1～2	2～3	3～4	3～5	4～6

若焊丝直径过细，焊接时焊件尚未熔化，而焊丝已很快熔化下淌，容易造成未熔合缺陷；若焊丝直径过粗，焊丝加热时间延长，使焊件过热，会扩大热影响区的宽度产生过热组织，降低焊接接头质量。

焊接有坡口的第一层焊缝应选用较细的焊丝，以利于焊透，以后各层可采用较粗焊丝。

焊接的空间位置与焊丝直径有较大关系，一般平焊时可采用较粗焊丝，而立焊、横焊、仰焊宜选用较细焊丝，以免熔滴下坠形成焊瘤。

（2）火焰种类的选择 气焊主要采用氧乙炔火焰。根据氧气与乙炔的混合比大小不同，可将其分为中性焰、氧化焰和碳化焰3种火焰。3种火焰的特点见表3-2。

不同种类的火焰适用于不同性质的金属材料焊接。根据不同的金属材料选择相适应的不同性质的火焰，是获得质量优良焊缝最基本的保证条件。常用金属材料焊接火焰的选择参照表3-3。

（3）火焰能率的选择（焊炬型号及焊嘴大小的选择） 气焊时火焰能率的大小主要根据每小时可燃气体的消耗量来确定，而气体消耗量又取决于焊嘴的

表 3-2　氧乙炔火焰的特点

氧乙炔火焰的种类	示意图	火焰的定义	火焰的特点
中性焰	内焰（暗红色） 焰芯（亮白色）　外焰（透明蓝色）	在焊炬混合室内，当氧气与乙炔的混合比值（O_2/C_2H_2 的体积比）为 1～1.2 时，乙炔已充分燃烧，燃烧后的气体中既无过剩氧又无过剩乙炔。这种在一次燃烧区内既无过剩氧又无游离碳的火焰称为中性焰	中性焰的热量集中，温度可达 3 050～3 150 ℃。它由焰芯、内焰、外焰三部分组成 ① 焰芯。焰芯是呈光亮蓝白色的圆锥体，具有很强的渗碳性，不能用来焊接 ② 内焰。内焰颜色较暗，呈蓝色，与焰芯有明显不同，最适合于焊接 ③ 外焰。外焰与内焰没有明显的界线，颜色从淡紫色逐渐向橙黄色变化，温度较低、具有一定氧化性、热量不集中，所以不宜用作焊接区
氧化焰	外焰（浅蓝色） 焰芯（亮白色）	当焊炬混合室内氧气与乙炔的混合比值（O_2/C_2H_2 的体积比）大于 1.2，一般为 1.3～1.7，这种火焰称为氧化焰	氧化焰的焰芯短而尖，因为焰心外围没有碳粒层，所以颜色较淡，轮廓不太明显。由于氧气压力较高，内焰区氧化反应剧烈，火焰挺直并发出"嘶嘶"声，温度比中性焰高，可达 3 100～3 300 ℃。 由于氧气的供应量多，整个火焰具有氧化性，所以焊接一般碳钢时，会造成熔化金属的氧化和元素的烧损，使焊缝产生气孔，并出现熔池沸腾现象，从而降低焊缝质量。因此氧化焰很少采用。但焊接黄铜和锡青铜时，利用轻微氧化焰的氧化性，生成氧化膜覆盖在熔池上，可保护低沸点锌、锡不再蒸发

（续）

氧乙炔火焰的种类	示意图	火焰的定义	火焰的特点
碳化焰	内焰（白色） 焰芯（亮白色）　外焰（淡白色） x $(2\sim3)x$	当焊炬混合室内氧气与乙炔的混合比值（O_2/C_2H_2 的体积比）小于1，一般在 0.85～0.95 之间，这种火焰称为碳化焰	碳化焰的温度一般在 2 700～3 000 ℃或更低。由于过剩的乙炔分解的碳粒和氢气的作用，焊接时会使氧化铁还原，同时会使高温液体金属吸收火焰中的碳微粒放出大量热量，使熔池产生沸腾。碳微粒熔解到焊缝金属中，会使焊缝金属含碳量增高，变得硬而脆，容易产生裂纹。氢熔于焊缝金属中，使焊缝产生白点和增大冷脆性。所以碳化焰很少用于焊接。但有时也利用碳化焰的增碳作用来焊接碳钢、铸铁和高速钢及含碳量较高的金属，可防止和补偿碳的烧损，以免降低焊缝金属的强度和硬度

表 3-3　常用金属材料焊接火焰的选择

被焊材料	应用火焰	被焊材料	应用火焰
低碳钢	中性焰	低合金钢	中性焰
中碳钢	中性焰	高碳钢	轻微碳化焰
灰铸铁	碳化焰或轻微碳化焰	黄铜	轻微氧化焰
镀锌铁皮	轻微氧化焰	铝及铝合金	中性焰或轻微碳化焰
锰钢	轻微氧化焰	铅、锡	中性焰或轻微碳化焰
纯铜（紫铜）	中性焰	铬不锈钢	中性焰或轻微碳化焰
锡青铜	轻微氧化焰	铬镍不锈钢	中性焰

大小。如果焊件厚、金属材料的熔点高，导热性好（如铜、铝等），焊缝又处于平焊位置，则应用较大的火焰能率，才能保证焊件焊透，如果焊件较薄，或其他位置的焊缝，为了防止焊件被烧穿或焊缝过热，火焰能率就应适当减小。在具有熟练的操作技术前提下，应尽量选择稍大一些的火焰能率，不仅可以提高劳动生产率，而且有益于焊接质量的提高。

（4）焊嘴倾斜角的确定　焊嘴倾角是指焊嘴与焊件间的夹角（图3-2）。焊嘴倾角的大小，要根据焊件厚度、焊嘴大小及施焊位置等来确定。焊嘴倾角大，则火焰集中，热量损失少，焊件受热量大，升温快；倾角小则火焰分散，热量损失大，焊件受热量小，升温慢。因此，在焊接厚度大、熔点高、导热性好的焊件时，焊嘴倾角要大些；焊接厚度小、熔点低、导热性差的焊件时，焊嘴倾角要小些。一般低碳钢气焊时，焊嘴倾角与焊件厚度的关系如图3-3所示。焊接终止时的倾角一般比焊接过程中倾角小些。

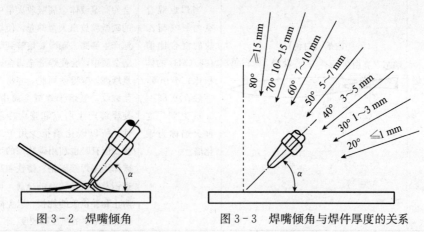

图3-2　焊嘴倾角　　　　　　图3-3　焊嘴倾角与焊件厚度的关系

焊接过程中，焊嘴倾斜角也需随时改变：开始焊接时，为较快地加热焊件与迅速形成熔池，焊嘴倾斜角度可为80°～90°；当焊接快要结束时，为了更好地填满弧坑和避免烧穿，可将焊嘴的倾斜角减小，使焊嘴对准焊丝加热，并使火焰上下跳动，断续地对焊丝和熔池加热。焊接过程中，焊嘴倾斜角的变化情况如图3-4所示。

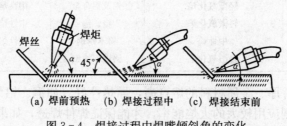

（a）焊前预热　　（b）焊接过程中　　（c）焊接结束前

图3-4　焊接过程中焊嘴倾斜角的变化

（5）焊丝倾角的选择　在气焊工艺中，焊丝的主要作用是填充（满）焊接熔池并形成焊缝。在各种空间位置的焊接中，焊丝端头应始终在火焰尖头上。

焊丝倾角与焊件厚度、焊嘴倾角有关。当焊件厚度大时，焊嘴倾斜度也大，则焊丝的倾斜度小。当焊件厚度小，焊嘴倾斜度也小，而焊丝的倾斜度要大。焊丝的倾角一般为 $30°\sim40°$。

（6）焊接速度　焊接速度直接影响焊接生产率与焊件的内在质量。因此，应以不同焊接结构及焊件材料的热导率来正确选择焊接速度。

一般来说，对厚度大、熔点高的焊件，焊接速度要慢些，以免产生未熔合、未焊透等缺陷。对厚度小、熔点低的焊件，焊接速度宜快些，以免烧穿或焊接热影响区过热，降低焊接质量。另外，焊接速度还应根据焊工的技能水平、焊缝空间位置及其他条件选择。在保证焊接质量的前提下，焊接速度应尽量快一些，以提高焊接生产率。

二、气焊的设备、工具与材料

气焊时所采用的设备与工具主要有：氧气瓶、乙炔瓶、氧化减压器、乙炔减压器、焊炬、焊丝等，如图 3-5 所示。

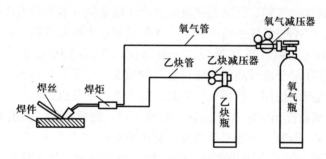

图 3-5　气焊的设备与工具

1. 氧气瓶

（1）氧气瓶的作用　用于储存和运输气焊用的氧气。

（2）氧气瓶的构造　氧气瓶是一种高压容器，内部氧气的压力可达 15 MPa。

氧气瓶的形状如图 3-6 所示，由瓶体、瓶帽、瓶阀及瓶箍等组成，瓶阀的一侧装有安全膜，当瓶内压力超过规定值时，安全膜片即自行爆破，从而保护了氧气瓶的安全。

① 瓶体。氧气瓶是采用合金钢经热挤压制成的圆筒形无缝容器。

② 瓶阀。瓶阀是控制瓶内氧气进出的阀门。目前多采用活瓣式瓶阀。这种瓶阀使用方便，可用扳手直接开启。使用时，向逆时针方向旋转则开启；向

顺时针方向旋转为关闭。

（3）氧气　氧气是气焊、气割过程中的一种助燃气体，其化学性质极为活泼。氧气几乎能与自然界的一切元素相化合，这种化合作用称为氧化反应。可燃物质剧烈的氧化反应称为燃烧。

气焊、气割时所使用的氧气是储存于高压氧气瓶中的，氧气瓶的外表面涂以天蓝色，瓶体上用黑漆标注"氧气"字样。常用氧气瓶的容积为 40 L，在 150 MPa 压力下，可储存 6 m³ 的氧气。

高压的氧气如果与油脂等易燃物质相接触时，就会发生剧烈的氧化反应而使易燃物自行燃烧，这样在高压和高温的作用下，促使氧化反应更加剧烈而引起爆炸。因此，在使用氧气瓶时，切不可使氧气瓶阀、氧气减压器、焊炬、割炬、氧气皮管等沾上油脂。

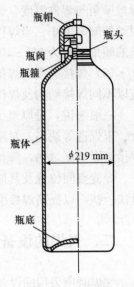

图 3-6　氧气瓶的构造

氧气的纯度对气焊、气割的质量、生产率以及氧气本身的消耗量都有直接影响。气焊、气割时氧气的纯度越高，工作质量和生产率越高，氧气的消耗量越小，因而氧气的纯度越高越好。一般来说，气割时氧气的纯度不应低于 98.5%，对于质量要求较高的气焊，氧气的纯度不应低于 99.2%。

（4）氧气瓶的使用　使用氧气瓶时，应注意以下几点：

① 氧气瓶在使用时应直立放置，安放平稳，防止倾倒。只有在特殊情况下才允许卧放，但瓶头一端必须垫高，防止滚动。

② 瓶阀可用扳手直接开启与关闭。氧气瓶开启时，焊工应站在出气口的侧面，先拧开瓶阀吹掉出气口内的杂质，再与氧气减压器连接。开启和关闭不要用力过猛。

③ 氧气瓶内的氧气不能全部用完，至少应保持 0.1～0.3 MPa 的压力，以便充氧时鉴别气体性质和吹除瓶阀内的杂质，还可以防止在使用中可燃气体倒流或空气进入瓶内。

④ 夏季露天操作时，氧气瓶应放置在阴凉处，避免阳光的强烈照射。

2. 乙炔瓶

（1）乙炔瓶的功用　用于储存和运输气焊所用的乙炔。

（2）乙炔瓶的构造　乙炔瓶外形与氧气瓶相近，表面涂以白色，并用红油漆写上"乙炔"字样。

乙炔瓶内装有浸入丙酮的多孔性填料，使乙炔能安全地储存在瓶内。乙炔瓶的构造如图 3-7 所示。

当使用时，溶解在丙酮内的乙炔分离出来，通过乙炔瓶阀流出，而丙酮仍留在瓶内，以便再次充入乙炔气。乙炔瓶阀下面的填料中心部位的长孔放有石棉，它能促进乙炔与填料的分离。

乙炔瓶阀是控制乙炔进出的阀门，它主要由阀体、阀杆、压紧螺母、活门以及填料等部分组成。

乙炔瓶阀与氧气瓶阀不同，它没有旋转手柄，活门的开启和关闭是利用方孔套筒扳手转动阀杆上端的方形头，使嵌有尼龙 1010 密封填料的活门向上或向下来回移动来启闭。当方孔套筒扳手逆时针方向旋转时，活门向上移动，开启乙炔瓶阀，相反方向旋转，关闭乙炔瓶阀。

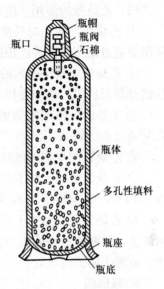

图 3-7 乙炔瓶的构造

（3）乙炔 乙炔是一种无色而带有特殊臭味的碳氢化合物，其分子式为 C_2H_2。在标准状态下密度是 $1.179\ \mathrm{kg/m^3}$，比空气密度小。乙炔与空气混合燃烧时产生的火焰温度为 $2\,350\ ℃$，而与氧气混合燃烧时产生的火焰温度为 $3\,000\sim3\,300\ ℃$，因此可足以迅速将金属加热到较高温度进行焊接与切割。

乙炔是一种具有爆炸性的危险气体，当压力在 $0.15\ \mathrm{MPa}$ 时，如果气体温度达到 $580\sim600\ ℃$，乙炔就会自行爆炸。压力越高，乙炔自行爆炸所需的温度就越低；温度越高，则乙炔自行爆炸的压力越低。乙炔与空气或氧气混合而形成的气体也具有爆炸性，乙炔的含量在 $2.8\%\sim81\%$（体积）范围内与空气混合成的气体，以及乙炔的含量在 $2.8\%\sim93\%$ 范围内与氧气混合成的气体，只要遇到火星就会立即爆炸。

乙炔与纯铜或纯银长期接触后生成一种爆炸性的化合物，即乙炔铜（Cu_2C_2）和乙炔银（Ag_2C_2），当它们受到剧烈震动或者加热到 $110\sim120\ ℃$ 时就会引起爆炸。所以，凡是与乙炔接触的器具设备禁止用银或铜制造，只能用含铜量不超过 70% 的铜合金制造。乙炔和氯、次氯酸盐等化合会发生燃烧和爆炸，所以乙炔燃烧时，绝对禁止用四氯化碳来灭火。

（4）乙炔瓶的使用　使用乙炔瓶时，应注意以下几点：

① 乙炔瓶在使用时只能直立放置，不能横放。否则会使瓶内的丙酮流出，甚至会通过减压器流入乙炔胶管和焊炬内，引起燃烧或爆炸。

② 乙炔瓶应避免剧烈的震动和撞击，以免填料下沉形成空洞，影响乙炔的储存甚至造成乙炔的爆炸。

③ 工作时，使用乙炔的压力不允许超过 0.15 MPa，输出流量不能超过 1.5～2.5 L/min。

④ 乙炔瓶阀与减压器的连接必须可靠，严禁在漏气的状态下使用。

⑤ 乙炔瓶内的乙炔不能完全用完，当高压表的读数为零，低压表的读数为 0.01～0.03 MPa 时，应关闭瓶阀，禁止使用。

⑥ 乙炔表面的温度不应超过 30～40 ℃，温度过高会降低乙炔在丙酮中的溶解度，使瓶内乙炔的压力急剧增高。夏季使用乙炔瓶应注意不可在阳光下曝晒，应置于阴凉通风处。

3. 减压阀

（1）减压阀的作用　气瓶内的压力比工作压力要高得多。氧气满瓶时的最高压力达 15 MPa，乙炔满瓶时的最高压力为 1.5 MPa；而所需的工作压力一般都比较低，氧气工作压力一般要求为 0.1～0.4 MPa，乙炔的工作压力更低，最高不会超过 0.15 MPa。因此减压器的作用是将储存在气瓶内的最高气体压力，减压到所需的工作压力，并稳定气体工作压力，使气体工作压力不随气瓶内气体压力的下降而下降。

（2）减压阀的构造　气焊用的减压阀有两种：氧气减压阀和乙炔减压阀。

氧气、乙炔等气体所用的减压器，在作用原理、构造和使用方法上基本相同，所不同的是乙炔减压器与乙炔瓶的连接是用特殊的夹环，并用紧固螺栓加以固定。减压阀的构造如图 3-8 所示。

（3）减压阀的使用

① 安装减压器前，先检查减压器接头螺纹是否完好，应保证减压器接头螺纹与氧乙炔气瓶阀连接达到 5 扣以上，以防止安装不牢而使高压气体射出；同时还要检查高压表和低压表的指针是否处于零位。

② 开启瓶阀前，应先将减压器的调节螺钉旋松，使其处于非工作状态，以免开启瓶阀时损坏减压器；开启瓶阀时，瓶阀出气口不得对准操作者或者他人，以防止高压气体突然冲出伤人。

③ 调节工作压力时，要缓缓地旋进调节螺钉，以免高压氧乙炔冲坏弹簧、薄膜装置和低压表。停止工作时应先关闭高压气瓶的瓶阀，然后再放出减压器

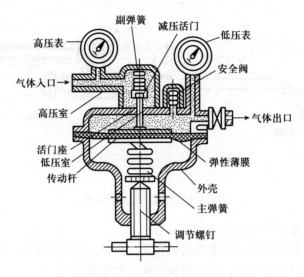

图 3-8 减压阀的构造

内的全部余气，放松调节螺钉使指针降到零位。

④ 减压器上不得沾染油脂、污物，如有油脂，应擦拭干净再使用。

⑤ 严禁替换使用各种气体的减压器和压力表。

⑥ 减压器上若有冻结现象，应用热水或蒸汽解冻，绝不能用火焰烘烤。

4. 焊炬

（1）焊炬的作用   焊炬又称为焊枪，是气焊时用以控制气体混合比、流量及火焰，并进行焊接的工具。焊炬的作用是将可燃气体和氧气按一定比例混合，并以一定速度喷射燃烧，形成一定能量的火焰。所以，焊接质量的好坏，在很大程度上取决于焊炬性能和质量的好坏。

（2）焊炬的类型   焊炬按可燃气体和氧气的混合方式及使用要求及乙炔压力的大小可分为射吸式和等压式两种。目前国内大多使用的焊炬均为射吸式。

（3）焊炬的构造   射吸式焊炬主要由主体、乙炔调节阀、氧气调节阀、喷嘴、射吸管、混合管、焊嘴等部分组成，如图 3-9 所示。

（4）焊炬的工作原理   逆时针方向开启乙炔调节阀，乙炔聚集在喷嘴的外围，并单独通过射吸式混合气道，由喷嘴喷出，但压力很低。当逆时针方向旋转氧气调节阀时，阀针向后移动，尖端与喷嘴离开，且留有一定间隙。此时，氧气即从喷嘴喷出，将聚集在喷嘴外围的低压乙炔吸出。氧与乙炔按一定比例

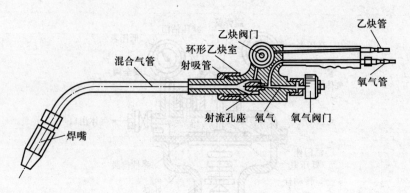

图 3-9 射吸式焊炬的构造

混合，经射吸管从焊管嘴出。

射吸式焊炬就是利用喷嘴的射吸作用，使高压氧气与低压乙炔均匀地按一定比例混合，以高速喷出，从而保证气焊工作正常进行。

5. 气焊丝

（1）气焊丝的牌号及构造　焊丝是气焊时起填充作用的金属丝。焊丝的化学成分直接影响焊缝质量和焊缝的力学性能，因此，正确地选用焊丝是非常重要的。

常用的气焊丝有碳素结构钢焊丝、合金结构钢焊丝、不锈钢焊丝、铜及铜合金焊丝、铝及铝合金焊丝和铸铁焊丝等。碳素结构钢焊丝、合金结构钢焊丝、不锈钢焊丝的牌号及用途见表 3-4。

表 3-4　钢焊丝的牌号及用途

碳素结构钢焊丝			合金结构钢焊丝			不锈钢焊丝		
牌号	代号	用途	牌号	代号	用途	牌号	代号	用途
焊 08	H08	焊接一般低碳素钢结构	焊 10 锰 2	H10Mn2	与 H08Mn 相同	焊 00 铬 19 镍 9	H00Cr19Ni9	焊接超低碳不锈钢
			焊 08 锰 2 硅	H08Mn2Si				
焊 08 高	H08A	焊接较重要低、中碳钢及某些低合金结构钢	焊 10 锰 2 钼高	H10Mn2MoA	焊接普通低合金钢	焊 0 铬 19 镍 9	H0Cr19Ni9	焊接 18-8 型不锈钢

（续）

碳素结构钢焊丝			合金结构钢焊丝			不锈钢焊丝		
牌号	代号	用途	牌号	代号	用途	牌号	代号	用途
焊08特	H08E	用途与H08A相同，工艺性能较好	焊10锰2钼钒高	H10Mn2MoVA	焊接普通低合金钢	焊1铬19镍9	H1Cr19Ni9	焊接18-8型不锈钢
焊08锰	H08Mn	焊接较重要的碳素钢及普通钢，如锅炉、压力容器等	焊08铬钼高	H08CrMoA	焊接铬钼铜等	焊1铬19镍9钛	H0Cr19Ni9Ti	焊接18-8型不锈钢
焊08锰高	H08MnA	用途与H08Mn相同，工艺性能较好	焊18铬钼高	H18CrMoA	焊接结构钢如铬钼钢，铬锰硅钢	焊1铬23镍13	H1Cr23Ni13	焊接高强度结构和耐热钢
焊15高	H15A	焊接中等强度工件	焊30铬锰硅高	H30CrMnSiA				

（2）对气焊丝的要求　在气焊过程中，气焊丝的正确选择十分重要，因为焊缝金属的化学成分和质量很大程度上是取决于气焊丝的化学成分。一般来说，焊接黑色金属和有色金属所用的焊丝化学成分基本上是与被焊金属的化学成分相同，有时为了使焊缝具有较好的质量，在焊丝中也加入其他合金元素，对气焊丝的具体要求是：

① 气焊丝的化学成分应基本上与工作相符合，保证焊缝具有足够的力学性能。

② 气焊丝表面应无油脂、锈斑及油漆等污物。

③ 气焊丝应能保证焊缝具有必要的致密性，即不产生气孔及夹渣等缺陷。

④ 气焊丝的熔点应与工作熔点相近，并在熔化时不产生强烈的飞溅或蒸发。

6. 气焊剂

（1）对气焊剂的作用　气焊过程中，被加热后的熔化金属极易与周围空气中的氧化合生成氧化物，使焊缝产生气孔和夹渣等缺陷。为了防止金属的氧化及消除已形成的氧化物，在焊接有色金属（如铜及铜合金、铝及铝合金）、铸铁及不锈钢等材料时，通常采用气焊剂。气焊剂可以在焊前直接撒在焊件坡口上或者蘸在气焊丝上加入熔池。

气焊剂经过熔化反应后能以熔渣的形式覆盖在熔池表面，使熔池与空气隔离，因而能有效地防止熔池金属继续氧化，改善了焊缝质量；气焊剂能与熔池内的金属氧化物或非金属夹杂物相互作用生成熔渣。

（2）对气焊剂的要求　气焊剂应具有很强的反应能力，能迅速溶解某些氧化物或某些高熔点化合物作用后生成新的低熔点和易挥发的化合物；气焊剂熔化后黏度要小，流动性要好，产生的熔渣熔点要低，密度要小，熔化后容易浮于熔池表面；气焊剂能减少熔化金属的表面张力，使熔化的填充金属与焊件更容易熔合；气焊剂不应对焊件有腐蚀等副作用，生成的熔渣要容易消除。

（3）气焊剂的牌号及要求　气焊剂的选择要根据焊件的成分及其性能而定，常用的气焊剂的牌号、性能及用途见表3-5。

表3-5　常用的气焊剂的牌号、性能及用途

牌号	代号	名称	基本性能	用途
气剂101	CJ101	不锈钢及耐热钢气焊剂	熔点为900℃，有良好的湿润作用，能防止熔化金属被氧化，焊后熔渣易清除	不锈钢及耐热钢气焊助熔剂
气剂201	CJ201	铸铁气焊剂	熔点为650℃，呈碱性，反应具有潮解性能，有效地去除铁在气焊时产生的硅酸盐和氧化物，有加速金属熔化的功能	铸铁气焊助熔剂
气剂301	CJ301	铜气焊剂	硼基盐类，易潮解，熔点约为650℃，呈酸性，反应能有效地溶解氧化铜和氧化亚铜	铜及铜合金气焊助溶剂
气剂401	CJ401	钢气焊剂	熔点约为560℃，呈酸性，反应能有效地破坏氧化铝膜。因极易吸潮，在空气中能引起铝的腐蚀，焊后必须将熔渣清除干净	铝及铝合金气焊助熔剂

7. 回火保险器

（1）何谓回火　回火是指在气焊和气割过程中，燃烧的火焰进入喷嘴内逆向燃烧的现象。出现这种现象有两种情况：一种是火焰向喷嘴孔逆行，并瞬时自行熄灭，同时伴有爆鸣声，称之为逆火；另一种是火焰向喷嘴孔逆行，并继续向混合室和气体管路燃烧，称之为回烧。回烧可导致烧毁焊炬、管路，甚至会引起爆炸。

（2）发生回火的原因　发生回火的根本原因是混合气体燃烧的速度大于混合气体从焊炬（或割炬）的喷嘴孔内喷出的速度，具体表现在：

① 焊炬（或割炬）被飞溅金属物堵塞，使火焰喷射不正常。

② 焊炬（或割炬）混合气管受热，导致混合气膨胀，压力增高，使混合气体的流动阻力增大。

③ 乙炔气压力过低或胶管阻塞。

④ 焊炬（或割炬）保养不佳，乙炔阀门不密封，造成氧气倒流至乙炔管道。

（3）回火保险器的作用　为了防止回火的发生，必须在乙炔软管和乙炔瓶之间装置专门的防止回火的设备——回火保险器。回火保险器的作用主要有两个：一是把倒流的火焰与乙炔瓶隔绝开来；二是在回烧发生时立即将乙炔的来源断绝，残留在回火保险器内的乙炔烧完后，倒流的火焰即自行熄灭。

（4）回火保险器的构造原理　回火保险器按乙炔压力不同可分为低压式和中压式两种；按作用原理可分为水封式和干式两种；按装置部位不同可分为集中式和岗位式两种。

干式回火保鲜器的构造如图 3-10 所示。

当发生回烧时，倒流的火焰从出气接头烧上主体内爆炸室，使爆炸室内的压力立即升高，瞬时将泄压装置的泄气密封垫打开，燃烧气体就散发到大气中，此时由于粉末冶金片的作用，制止了燃烧气体的扩散，防止了回烧。另外由于爆炸气压透过冶金片作用于承压片上，带动锥形阀往下移动，阀芯上的锥体被锁在下主体的锥形孔上，切断了气源使供气停止。

（5）气焊时发生回火的处理　一旦发生回火（火焰爆鸣熄灭，并发出"哧哧"的火焰倒流声），应迅速关闭乙炔调节阀门和氧气调节阀门，切断乙炔和氧气的来源。当回火焰熄灭后，再打开氧气阀门，将残留在焊（割）炬内的余焰和烟

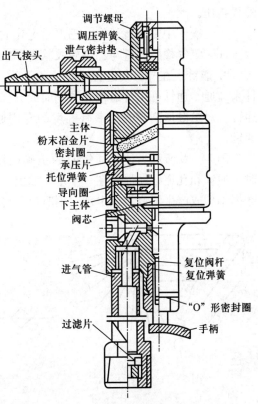

图 3-10　干式回火保险器的构造

灰彻底吹除，重新点燃火焰继续进行工作。若工作时间很长，焊（割）炬过热可放入水中冷却，清除喷嘴上的飞溅物后，再重新使用。

8. 气焊用的橡胶软管

（1）橡胶软管是用优质橡胶夹着麻织物或棉织纤维制成的。按输送的气体不同，氧气橡胶软管为蓝色，工作压力为 1.5 MPa，试验压力为 3.0 MPa；乙炔橡胶软管为红色，工作压力为 0.5 MPa。通常氧气橡胶软管的内径为 8 mm，乙炔橡胶软管的内径为 10 mm。

（2）橡胶软管的使用长度不应小于 5 m，一般为 15 m。若操作地点离气源较远时，可按实际情况将橡胶软管用气管接头连接起来使用，并用卡子或细铁丝扎牢。

（3）新的橡胶软管首次使用时，应用压缩空气把橡胶软管内壁的滑石粉吹干净。以防堵塞焊炬（或割炬）的各通道。

（4）使用橡胶软管时严禁沾染油脂，以防过早老化，并要防止机械损伤和外界挤压。

（5）操作中要注意烫伤，已严重老化的橡胶软管应停止使用。

（6）氧气橡胶软管与乙炔橡胶软管严禁互相更换或混用。

9. 通针　在焊、割过程中，火焰孔道常常发生堵塞现象，此时需要用通针来疏通。通针可用普通钢丝磨制而成，根据孔径的不同，可选用各种直径的通针。对扩散形割嘴要用带有锥度的专用通针。图 3-11 所示为一组成套的通针。

图 3-12 所示为使用通针时的正确操作方法。在使用通针清洁喷嘴孔道时，通针和孔道必须保持在一个水平面上，不应有扭曲现象，否则会导致孔径磨损不均或产生划痕，或出现"喇叭口"等现象，使火焰偏斜。

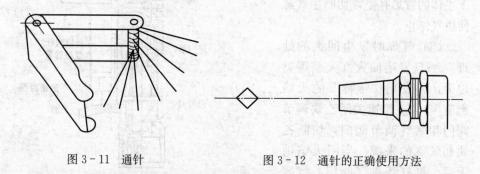

图 3-11　通针　　　　　　　　图 3-12　通针的正确使用方法

10. 打火枪　为确保火焰的点火安全，常采用专用的打火枪来点燃。其方法是利用摩擦齿轮转动时和打火电石摩擦接触迸发出的火花来引燃可燃气体。图 3‑13 所示为常用打火枪的构造。

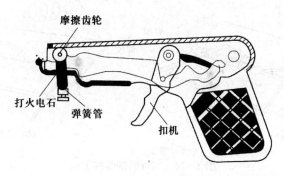

图 3‑13 打火枪

三、气焊的操作要求

1. 焊炬的握法 右手持焊炬，将拇指位于乙炔开关处，食指位于氧气开关处，以便于随时调节气体流量。用其他三指握住焊炬柄。

2. 火焰的点燃与调节

（1）火焰的点燃 先逆时针方向旋转乙炔开关，放出乙炔，再逆时针微开启氧气，然后将焊嘴靠近火源点火。开始练习时，可能出现连续"放炮"声，原因是乙炔不纯。这时，应放出不纯的乙炔气，然后重新点火；有时会出现不易点燃现象，原因大多数是氧气量过大，这时应微关氧气开关。

（2）火焰的调节 开始点燃的火焰多为碳化焰，如要调节成中性焰，则应渐渐增加氧气供给量，直至火焰的内焰与外焰没有明显界限时，即为中性焰。如果再继续增加氧气或减少乙炔，就得到氧化焰；反之，增加乙炔或减少氧气，则可得到碳化焰。

通过同时调节氧气和乙炔的流量大小，可得到不同的火焰能率。调整的方法是：若减小火焰能率时，应先减少氧气，后减少乙炔；若增大火焰能率时，应先增加乙炔，后增加氧气。

3. 焊接方向 与焊条电弧焊、手工钨极氩弧焊及 CO_2 气体保护焊一样，气焊时也有左焊法与右焊法。气焊时依焊炬的移动方向及焊嘴火焰的指向不同，可分左焊法与右焊法，如图 3‑14 所示。气焊时左焊法与右焊法因热源的能量与加热速度的不同，有它自身的特殊性。

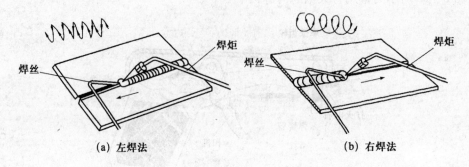

(a) 左焊法　　　　　　　　(b) 右焊法

图 3 - 14　气焊时的焊接方向

（1）左焊法　左焊法是指焊接热源从接头的右端向左端移动，火焰指向待焊部分。这种焊接方法使焊工能够清楚地看到熔池边缘，所以能焊出宽度均匀的焊缝。由于火焰指向焊件未焊部分，对焊件金属有预热作用，因此焊接薄板时生产效率高。这种方法较容易掌握，应用很普遍。但缺点是焊缝易氧化、冷却速度快、热量利用率低，在焊接有淬硬倾向的低合金结构钢时，应注意焊后保温措施，因此它适用于焊接 5 mm 以下薄板或低熔点材料。

（2）右焊法　右焊法是指焊接热源从接头的左端向右端移动，火焰指向已焊部分。这种焊接方法使火焰指向已焊焊缝，火焰可罩住整个熔池，保护了焊缝，可防止焊缝金属的氧化及气孔的产生，减慢焊缝的冷却速度，改善了焊接接头的组织。但右焊法的缺点是不易看清已焊好的焊缝及未焊区域的熔透与熔合情况，操作难度大，一般较少采用。它适用于厚度大、熔点高的焊件。

4. 焊道的起头　焊接采用中性焰、左向焊法，即将焊炬由右向左移动，使火焰指向待焊部位。填充焊丝的端头，位于火焰下方，距焰芯 3 mm左右，如图 3 - 15 所示。

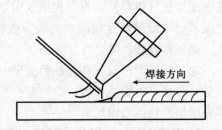

图 3 - 15　左焊法时焊炬与焊丝端头的位置

在起焊点处，由于刚开始加热，焊件温度低，焊炬的倾角应大些，这样有利于对焊件进行预热。同时，在起焊处应使火焰往复运动，保证焊接处的加热均匀。在熔池未形成前，操作者不但要密切注意观察熔池的形成，而且焊丝端部要置于火焰中进行预热，待焊件由红色熔化成白亮而清晰的熔池，便可熔化焊丝。将焊丝熔滴送入熔池，而后立即再将焊丝抬起，火焰向前移动，形成新的熔池。

5. 焊炬和焊丝的摆动方法　为获得优质的焊缝，焊炬和焊丝应作出均匀协调的摆动，既能使焊缝边缘良好地熔透，并控制液体金属的流动，使焊缝成形良好，同时又不至于使焊缝产生过热现象。

焊炬和焊丝的运动包括三个动作。即沿焊件接缝的纵向运动，以便不间断地熔化焊件和焊丝，形成焊缝；焊炬沿焊缝作横向摆动，充分地加热焊件，并借助混合气体的冲击力，把液体金属搅拌均匀，使熔渣浮起，得到致密的焊缝；焊丝向焊缝垂直方向送进，并作上下运动以调节熔池热量和焊丝的充量。

焊炬和焊丝在操作时的摆动方法和幅度，要根据焊件材料的性质、焊缝位置、接头形式及板厚等情况进行选择。

图 3 - 16 所示为采用右焊法焊接时，焊炬和焊丝的摆动方法。适用于各种材料的较厚大焊件的焊接及堆焊。

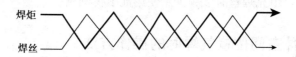

图 3 - 16　焊炬和焊丝的摆动方法（右焊法）

图 3 - 17 所示为采用左焊法焊接时，焊炬和焊丝的摆动方法。

6. 焊缝的接头　在气焊的全过程中，为更换焊丝而停顿或为某种原因而中途停顿，再继续焊接的地方称接头。在焊接头时，应用火焰将原熔池周围充分加热，将已冷却的熔池重新熔化，形成新的熔池后即可加入焊丝。此时要特别注意，新加入的焊丝熔滴与被熔化的原焊缝金属之间必须充分熔合。在焊接重要焊件时，接头处必须与原焊缝重合 8～10 mm，以获得强度高、组织致密的焊接接头。

7. 焊缝的收尾　当一条焊缝焊至终点要结束焊接时的过程称收尾，此时由于焊件温度较高、散热条件较差，需要减小焊炬的倾斜角、加快焊接速度，并增加焊丝的填充量，以防止熔池面积扩大，更重要的是避免烧穿。在收尾时，为避免空气中的氧与氮侵入熔池，可用温度较低的外焰保护熔池，直至将收尾终点熔池填满，火焰才可缓慢离开熔池。气焊收尾时要使焊炬倾角减小，

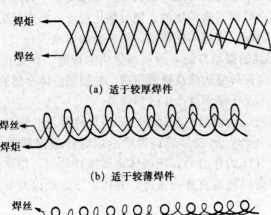

（a）适于较厚焊件

（b）适于较薄焊件

（c）适于大厚钢板件

图 3-17　焊炬和焊丝的摆动方法（左焊法）

焊接速度渐快，填充焊丝时多频少量使熔池填得圆满。

四、几种空间位置气焊时的操作方法

1. 平焊　焊嘴位于焊件之上，焊工俯视焊件所进行的焊接操作叫平焊（图 3-18）。平焊操作简单，容易掌握，只要正确选用气焊参数，焊接质量就容易得到保证。

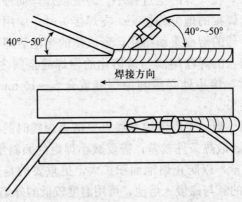

图 3-18　气焊时平板对接平焊的操作方法

薄板平面对接气焊的操作方法，见表 3-6。

表 3-6　薄板平面对接气焊的操作方法

操作工艺		操作方法
焊前准备	焊件	低碳钢板，规格尺寸为 2 000 mm×100 mm×2 mm，每组两块
	焊接材料	氧气、乙炔、H08 型焊丝，直径为 1.6 mm
	设备与工具	氧气瓶、乙炔瓶、焊炬、护目镜、通针、打火枪、钢丝钳等
焊前清理		将焊件待焊处两侧的氧化皮、铁锈、油污、脏物等用钢丝刷或砂布进行清理，使焊件露出金属光泽
定位焊		将两块钢板水平对接放置在耐火砖上，预留 0.5~1 mm 的间隙，按图示进行每间隔 50 mm 的定位焊，每段定位焊长度为 5~7 mm。定位焊后的焊缝，预先制作 20°左右的变形 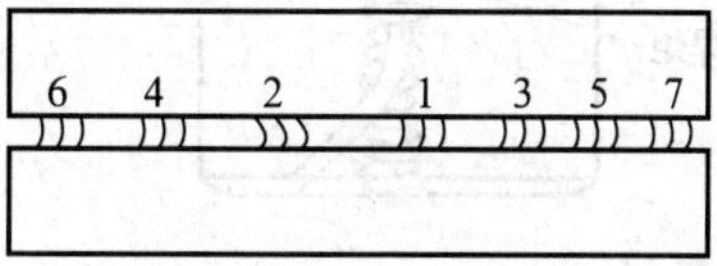 定位焊的顺序
焊接		采用左焊法，从距右端 30 mm 处进行施焊，待焊至终点后再从原起焊点左侧 5 mm 处进行反向施焊。焊接过程中如发现熔池不清，有气泡、火花飞溅或熔池沸腾现象，应及时调整火焰为中性焰，然后继续进行焊接。始终控制熔池大小的一致，如出现熔池过小，焊丝不能与焊件熔合，应增大焊炬的倾角，减小焊接速度，如出现熔池过大，应迅速提起火焰或减小焊炬的倾角、增快焊接速度，并要多加焊丝。如发现火焰发出呼呼的响声，说明气体的流量过大，应立即调节火焰能率；如发现焊缝过高，与母材金属熔合不良，说明火焰能率低，应调大火焰能率并减慢焊接速度
焊后清理与检测		焊后用钢丝刷对焊缝进行清理，检查焊缝质量。焊缝不可有焊瘤、烧穿、凹陷、气孔等缺陷。焊缝余高为 1~2 mm，焊缝宽度为 6~8 mm 为宜
操作注意事项		①定位焊产生缺陷时，必须铲除或打磨修补，以保证质量 ② 焊缝边缘与母材金属要圆滑过渡，无咬边 ③ 焊缝背面必须均匀焊

2. 立焊　在焊件的立面或倾斜面上进行纵方向的焊接操作叫立焊。立焊时，熔池中液态金属容易往下淌，焊缝成形差，高低宽窄不易控制，较难得到均匀平整的焊波。立焊操作时，焊嘴及火焰能率要比平焊时适当小些，焊嘴要向上倾斜，与焊件成 60°。另外，尽量控制熔池的面积不要过大，使熔池金属

受热适当，以防液态金属下流。

平板对接立焊一般采用自下而上的向上立焊方法，如图 3-19 所示。操作时，焊炬要沿焊接方向向上倾斜，与焊件成 60°的夹角，以借助于火焰气流的吹力来托住熔池金属，不使其下流；为便于操作，可将焊丝在距熔化端约 100 mm 处弯成 120°~140°的角度（图 3-19a），并使其和焊件成 30°~50°的夹角（图 3-19b）。

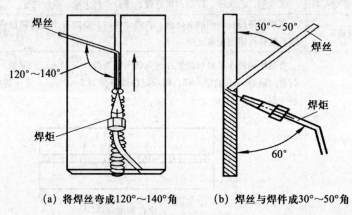

(a) 将焊丝弯成120°~140°角　　(b) 焊丝与焊件成30°~50°角

图 3-19　气焊时的平板对接向上立焊的操作方法

向上立焊时，焊炬一般不做横向摆动，而只是做上下跳动，这是为了使熔池金属有一个冷却的机会，从而避免熔池金属下流。焊丝应在火焰气流范围内进行环形运动，并将熔滴有节奏地添加到熔池中去。T 形接头的立焊时，一般也是采用由下而上的向上立焊操作方法。焊接过程中，焊炬向上倾斜，并与焊缝成 60°左右的夹角，与盖板成 45°~50°的夹角，焊丝与焊缝成 20°~25°的夹角。为了操作方便可将焊丝前端 100 mm 处弯成 140°~150°的夹角，如图 3-20 所示。

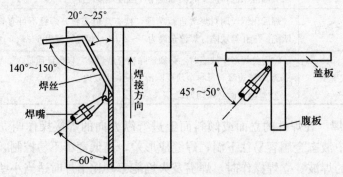

图 3-20　T 形接头向上立焊时的操作方法

3. 横焊 在焊件的立面或倾斜面上进行横方向的焊接操作叫横焊。横焊时的主要困难也是熔池中液态金属往下流淌，使焊缝上部产生咬边，下部产生焊瘤。横焊时也应选用较小的火焰能率，适当控制熔池温度，使焊嘴向上倾斜，火焰与焊件间的夹角保持在 65°～75°。另外，还应使焊丝始终浸在熔池中，并不断地把熔化金属向熔池上边推去，焊丝来回作半圆形摆动，并在摆动过程中被焊炬加热熔化，以免产生咬边和焊瘤等焊接缺陷（图 3-21）。

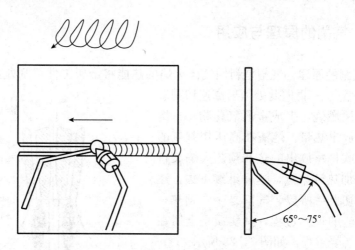

图 3-21 气焊时的平板对接横焊的操作方法

4. 仰焊 焊嘴位于焊件之下方，焊工仰视焊件所进行的焊接操作叫仰焊（图 3-22）。仰焊技术最难掌握，主要是熔化金属易下坠，难以形成满意的熔池和理想的焊缝。仰焊时应采用较小的火焰能率和较细的焊丝，并恰当地控制熔池温度。对于开坡口或较厚的焊件施焊时，可采用多层焊，以防止熔化金属的下坠。

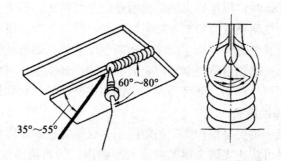

图 3-22 气焊时的平板对接仰焊的操作方法

第二节　气　割

氧-乙炔和氧-丙烷手工气割是石油、化工及各个行业中进行低碳钢和低合金钢的切割中最普遍、最简单、应用最广的一种方法，气割是焊工需要掌握的基本操作技能之一。

一、气割的原理与应用

1. 气割的原理　气割是利用气体火焰的热能将金属工件切割处预热到燃烧温度（燃点）；再向此处喷射高速切割氧流，使金属燃烧，生成金属氧化物——熔渣，同时放出热量，熔渣在高压切割氧的吹力下被吹掉；放出的热和预热火焰又将下层金属加热到燃点，这样继续下去，逐渐将金属切开。所以，气割是一个预热—燃烧—吹渣的连续过程，其实质是金属在纯氧中的燃烧过程，如图 3-23 所示。

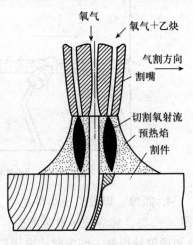

图 3-23　气割的原理

在气割过程中，切割氧气的作用是使金属燃烧，并吹掉熔渣形成切口。因此，切割氧气的纯度、压力、流速及切割氧流（风线）的形状，对切割速度、切割质量和气体消耗量都有较大的影响。

2. 气割的过程

（1）气割开始时，用预热火焰将起割处的金属预热到燃烧温度（燃点）。

（2）向被加热到燃点的待割处喷射切割氧，使待割处金属剧烈燃烧。

（3）待割金属燃烧氧化后生成溶渣和产生反应热，熔渣被切割吹除，所产生的热量和预热火焰热量将待割部位金属继续加热到燃点，形成继续下去的切割程序。随着割炬的移动，就将待割工件切割成所需的形状和尺寸。

3. 气割的辅助设备

（1）护目镜　主要是保护焊工的眼睛不受火焰光的刺激以便在气割过程中仔细观察缝，又可防止飞溅金属微粒溅入眼睛内。护目镜的镜片颜色和深浅，根据焊工需要进行选择。一般宜用 3~7 号的黄绿色镜片。

（2）氧气和乙炔胶管　氧气瓶和乙炔瓶中的气体，须用橡皮管输送到割炬中，根据《焊接与切割安全》（GB9448—1999）规定，氧气管为黑色，内径为 8 mm，允许工作压力为 1.5 MPa；乙炔管为红色，内径为 10 mm，允许工作压力为 0.5 MPa。连接割炬的胶管长度不能短于 5 m，但过长会增加气体流动的阻力，一般以 10～15 m 为宜。皮管严禁沾染油脂和漏气，严禁互换使用。

（3）点火枪　使用手枪式点火枪点火最为安全方便。当用火柴点火时，必须把划着了的火柴从割嘴的后面送到割嘴上，以免手被烧伤。

（4）其他工具

① 清理割缝的工具，如钢丝刷、手锤、锉刀等。

② 连接和启闭气体通路的工具，如钢丝钳、铁丝、皮管夹头、扳手等。

③ 清理割嘴用的通针，一般为粗细不等的钢质通针一组，以便于清除堵塞割嘴的脏物。

二、气割设备

气割设备与气焊基本相同，有氧气瓶、乙炔瓶、减压阀、割炬等。

与气焊主要不同之处是割炬。

1. 割炬

（1）割炬的分类　按可燃气体与氧气混合的方式不同，可分为低压割炬和等压割炬两种，其中低压割炬使用较多；按用途不同，可分为普通割炬、重型割炬、焊割两用炬等。

（2）割炬的制造　割炬的构造如图 3 - 24 所示，可分为两部分：一部分为预热部分，具有射吸作用，可使用低压乙炔；另一部分为切割部分，由切割氧调节阀、切割氧通道以及割嘴组成。割炬的割嘴按结构形式不同有环形和梅花形两种（图 3 - 25）。

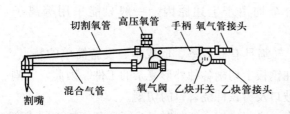

图 3 - 24　割炬的构造

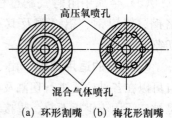

（a）环形割嘴　（b）梅花形割嘴

图 3 - 25　割　嘴

（3）割炬的工作原理　割炬的工作原理如图 3-26 所示。气割时，先打开乙炔阀和氧气阀并点火，调节好预热火焰，对割件进行预热，待割件预热至燃点时，再开启切割氧阀，此时高速氧气流将割缝处的金属氧化并吹除，随着割炬的不断移动在割件上形成割缝。

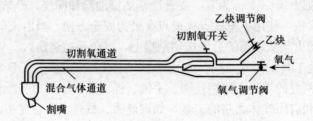

图 3-26　割炬的工作原理

2. 气割的条件　气割金属必须具备下述条件。

（1）金属的燃点低于熔点。含碳量大于 0.7% 的高碳钢，由于燃点比熔点高，所以不易切割。此外，铝、铜及铸铁的燃点比熔点高，所以不能用普通氧气切割。

（2）金属气割时形成氧化物的熔点应低于金属本身的熔点。高铬钢或铬镍钢加热时，会形成高熔点（约 1 990 ℃）的三氧化二铬；铝及铝合金加热则会形成高熔点（约 2 050 ℃）的三氧化二铝，所以这些材料不能用氧气切割，而只能用等离子切割。

（3）金属在切割氧中燃烧应是放热反应。如气割低碳钢时，由金属燃烧所产生的热量约占 70%，预热火焰所产生的热量约占 30%，共同对金属进行加热，才能使气割持续进行。

（4）金属的导热性应不高。如铝和铜的导热性较高，因而会使气割发生困难。

（5）金属中阻碍气割过程和提高淬硬性的杂质要少。目前，铸铁、高铬钢、铬镍钢、铝、铜及其合金均由于上述原因，一般只能采用等离子切割。

3. 气割的适用范围　由于气割具有高效率、低成本、设备简单的特点，且可以在各种位置进行切割及在钢板上切割各种外形复杂的工件。因此，气割已被广泛用于钢板下料、焊接坡口及铸铁件浇冒口的切割。

对于易淬硬的高碳钢和低合金高强度钢，气割时，为了避免切口淬硬或产生裂纹，应适当加大预热火焰能率和放慢切割速度，必要时采取气割前先对工件进行预热等措施。对铸铁件浇冒口和厚度较大的不锈钢板可以采用特种气割法进行切割。

三、气割参数的选择

气割工艺参数选择是否正确，直接影响到切割效率和切口质量。其主要参数包括：切割氧的压力，预热火焰的能率、气割速度、割嘴与工件的倾斜角度，割嘴与工件表面的距离等。参数的选择主要取决于工件的厚度。

1. 切割氧压力选择 在气割工艺中，切割氧压力与工件厚度、割炬型号、割嘴号码以及氧气的纯度等因素有关。一般情况下，工件越厚，所选择的割炬型号、割嘴号码较大，要求切割氧压力越大；工件较薄时，所选择的割炬型号、割嘴号码较小，则要求切割氧压力较低。切割氧压力过低，会使切割过程缓慢，易形成粘渣，甚至不能将工件的厚度全部割穿。切割氧压力过大，不仅造成氧气浪费，而且使切口表面粗糙，切口加大，气割速度反而减慢。

切割氧压力与割件厚度的关系见表3-7。

表3-7 切割氧压力与割件厚度的关系

割件厚度（mm）	割炬		切割氧压力（kPa）	乙炔压力（kPa）
	型号	割嘴号码		
≤4	G01-30	1~2	300~400	10~120
4~10		2~3	400~500	
10~25	G01-100	1~2	500~700	10~120
25~50		2~3	500~700	
50~100		3	600~700	
100~150	G01-300	1~2	700	10~120
150~200		2~3	700~900	
200~250		3~4	1 000~1 200	

2. 预热火焰能率的选择 预热火焰的作用是提供足够的热量把被割工件加热到燃点，并始终保持在氧气中燃烧的温度。气割时氧的纯度不应低于98.5%（体积分数）。

预热火焰能率与工件厚度有关。工件越厚，火焰能率应越大。所以，火焰能率主要是由割炬型号和割嘴号码决定的，割炬型号和割嘴号码越大，火焰能率也越大。预热火焰能率过大，会使切口上边缘熔化，切割面变粗糙，切口下缘挂渣等。预热火焰能率过小时，割件得不到足够的热量，使切割速度减慢，甚至使切割过程中断而必须重新预热切割。

预热火焰应采用中性焰，碳化焰因有游离状态的碳，会使割口边缘增碳，故不能使用。

3. 气割速度的选择　气割速度与割件厚度和使用割嘴的形状有关。割件愈厚，气割速度愈慢；反之，割件愈薄，气割速度愈快。

气割速度过慢，会使割件边缘熔化，割缝加宽；气割速度过快时，会产生很大的后拖量或割不透，造成割缝表面不平整，切割质量降低。

4. 割嘴与工件倾斜角度的选择　气割时，割嘴向切割方向倾斜，火焰指向已割金属叫割嘴前倾。割嘴与被割工件表面倾斜角直接影响气割速度和后拖量。当割嘴沿气割方向向后倾斜一定角度时，能减少后拖量，从而提高切割速度。进行直线切割时，应充分利用这一特点来提高生产效率。

割嘴倾斜角的大小，主要根据工件厚度而定。切割 30 mm 以下厚度钢板时，割嘴可后倾 20°～30°。切割大于 30 mm 厚钢板时，开始气割时应将割嘴向前倾斜 5°～10°；待全部厚度割透后再将割嘴垂直于工件；当快割完时，割嘴应逐渐向后倾斜 5°～10°。割嘴的倾斜角与割件厚度的关系，如图 3 - 27 所示。

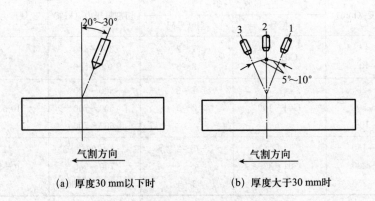

(a) 厚度30 mm以下时　　　　(b) 厚度大于30 mm时

图 3 - 27　割嘴与被割工件表面倾斜角

5. 割嘴与工件距离的选择　割嘴与被割工件表面距离应根据割件的厚度而定，一般是使火焰焰芯至割件表面 3～5 mm。如果距离过小，火焰焰芯触及割件表面，不但会引起切口上缘熔化和切口渗碳的可能，而且喷溅的熔渣会堵塞割嘴；如果距离过大，使预热时间加长。

四、气割的操作技术

1. 气割前的准备

（1）检查乙炔发生器或乙炔瓶、回火保险器等设备是否能保证正常进行工作。

（2）割件应尽量垫平，并使切口处于悬空位置。

（3）支放点必须放置在割件以内。

（4）根据割件厚度选择割炬型号、割嘴号码及相应的切割参数。

（5）将氧气和乙炔气调节到所需压力，并检查割炬是否有射吸能力。

（6）检查风线（即切割氧气流）：点火后，将预热火焰调整适当（中性焰），打开切割氧阀门，观察风线形状，风线应为垂直和清晰的圆柱形，并有一定的挺度。

（7）用钢丝刷或预热火焰清除切割线附近表面上的油漆、铁锈和油污。

2. 气割的姿势 手工气割操作因个人的习惯不同，可以是多种多样的。对于初学者来说，应从"抱切法"练起。即双脚成八字形蹲在工件割线的一侧，右臂紧靠在右膝盖，左臂空在两膝中间，保证移动割炬方便，割线较长。右手把住割炬手把，并用右手拇指和食指靠住手把下面的预热氧调节阀，以便随时调节预热氧火焰；当产生回火时，能及时切断混合管的氧气。左手拇指和食指把住切割氧阀的开关，其余三指平稳地把住混合室，以便掌握方向。前胸应略挺起，呼吸要有节奏。眼睛注意切口前面的割线和割嘴。切割方向一般是自右向左切割。

气割的手势如图3-28所示。

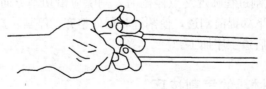

图3-28 气割的手势

3. 点火 点火之前，先检查割炬的射吸能力。若割炬的射吸能力不足，则应查出原因并排除或更换割炬。用点火枪点火时，手要离开火焰，以免烧伤。将火焰调节为中性焰，也可以是轻微的氧化焰，禁止使用碳化焰。火焰调整好后，打开割炬上的切割氧开关，并加大氧气流量，观察切割氧气流的形状（即风线形状）。风线应为笔直而清晰的圆柱体，并要有适当的长度，只有这样，才能使割件表面光滑干净，宽窄一致。若风线形状不规则，应关闭所有阀门，用锥形通针或其他工具修好后，再打开切割氧开关，准备起割。

4. 起割

（1）首先点燃割炬，并随即调整好火焰（中性焰）。火焰的大小应根据钢板的厚度适当调整。

（2）将起割处的金属表面预热到接近熔点温度（金属呈亮红色或"出汗状"）。此时将火焰局部移至割件边缘并慢慢开启切割氧阀门。当看到钢水被氧射流吹掉，再加大切割气流，待听到"噗噗"声时，便可按所选择的切割工艺参数进行切割。

5. 切割 起割后，即进入正常切割阶段。为了保证割口质量，在整个切割过程中，割炬移动的速度要均匀，割嘴与割件表面的距离应保持一定。倘若气割者要变换位置时，应预先关闭切割氧阀门，待体位移动好后，再将割嘴对准割缝的切割处，适当加热，然后慢慢打开氧气阀门，继续向前切割。

在气割薄板时，气割者要变换位置时，应预先关闭切割氧阀门，并同时将火焰迅速从钢板表面移开，防止因板薄受热快而引起变形或熔化。

在切割过程中，有时因割嘴过热或附有氧化铁渣，使割嘴堵塞；或乙炔不足时，出现鸣爆或回火现象。此时，必须迅速地关闭预热氧气和切割氧气的阀门，及时切断氧气，以防止氧气回流入乙炔管内，发生回火。如果仍然听到割炬内有"嘶、嘶"的响声，说明火焰没有熄灭，应迅速关闭乙炔阀门，或者拔掉乙炔管使回火的火焰排出。当处理正常后，还要重新检查射吸能力，然后才允许重新进行点火起割。

6. 停割 气割过程临近终点停割时，割嘴应沿切割方向反向倾斜一个角度，以便使钢板下部提前割透，使割缝收尾处整齐。停割后要仔细清除割口周边上的挂渣以便后道工序加工。

五、几种材料的气割技巧

1. 厚钢板的气割技巧 将 30 mm 的钢板用耐火砖垫好，然后进行切割。厚板的切割应注意：

（1）采用较大的火焰能率。

（2）采用较慢的切割速度。

（3）起割处割嘴向切割方向倾斜一定的角度（5°～10°）；正常切割时保持割嘴与割件表面垂直；在停割前应先将割嘴沿切割方向的反向倾斜一定的角度，以便将钢板下部提前割透，再将割件割完后停割。

切割厚钢板时，首先从钢板边缘棱角处预热起割（图3-29a）；将割件预热到切割温度时，逐渐开大切割氧，并将割嘴倾斜于割件（图3-29b）；待割件边缘全部切透时，再继续加大切割氧流，并使割嘴垂直于割件，同时沿切割线方向移动，切割速度要慢，并将割嘴作适当的横向月牙形摆动，以加宽切口，利于排渣（图3-29c）。

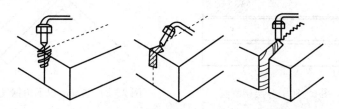

(a) 从边缘棱角预热气割　(b) 割嘴倾斜于割件　(c) 加大切割氧流

图3-29　厚钢板的气割技巧

2. 薄钢板的气割技巧　将4 mm厚的钢板用耐火砖垫好，然后进行切割。薄板的切割应注意：

（1）采用较小的火焰能率。

（2）采用较快的切割速度。

（3）切割时应将割嘴沿切割方向的反向倾斜一定的角度（30°～60°），以防止切割处过热而熔化。

3. 多层钢板的气割技巧　多层钢板的分层切割，就是将重叠的钢板一层一层地分别切割的方法。割嘴倾角 α 的大小，应根据熔渣吹出的情况来决定。若切割过程顺利，熔渣未造成堵塞，则倾角 α 可选择得小些；相反，倾角 α 应大些，并且将割嘴作适当的横向摆动，以加速熔渣的排出（图3-30）。

4. 角钢的气割技巧　气割角钢厚度在5 mm以下时，一方面容易使切口过热，氧化渣和熔化金属粘在切口下口，很难清理，另一方面直角面常常割不齐。为了防止上述缺陷，采用一次气割完成。将角钢两边着地放置，先割一面，使割嘴与角钢表面垂直。气割到角钢中间转向另一面，使割嘴与角钢另一表面倾斜20°左右，直至角钢被割断，如图3-31所示。这种一次气割的方法，不仅使氧化渣容易清除，直角面容易割齐，而且可以提高工作效率。

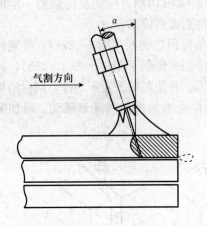

图 3-30 分层切割法

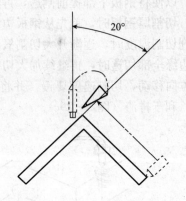

图 3-31 5 mm 以下角钢气割方法

气割角钢厚度在 5 mm 以上时，如果采用两次气割，不仅容易产生直角面割不齐的缺陷，还会产生顶角未割断的缺陷。所以最好也采用一次气割。把角钢一面着地，先割水平面，割至中间角时，割嘴就停止移动，割嘴由垂直转为水平再往上移动，直至把垂直面割断，如图 3-32 所示。

5. 槽钢的气割技巧 气割 10 mm 以下的槽钢时，常常是槽钢断面割不

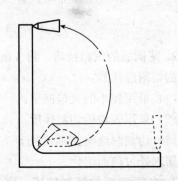

图 3-32 5 mm 以上角钢气割方法

整齐。所以把开口朝地放置，用一次气割完成。先割垂直面，割嘴和垂直面成 90°，当要割至垂直面和水平面的顶角时，割嘴就慢慢转为和水平面成 45° 左右，然后再气割，当将要割至水平面和另一垂直面的顶角时，割嘴慢慢转为与另一垂直面成 20° 左右，直至槽钢被割断，如图 3-33 所示。

气割 10 mm 以上的槽钢时，把槽钢开口朝天放置，一次气割完成。起割时，割嘴和先割的垂直面成 45° 左右，割至水平面时，割嘴慢慢转为垂直，然后再气割，同时割嘴慢慢转为往后倾斜 30° 左右，割至另一垂直面时，割嘴转为水平方向再往上移动，直至另一垂直面割断，如图 3-34 所示。

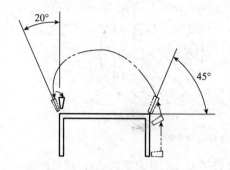

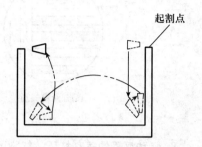

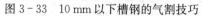

图 3-33　10 mm 以下槽钢的气割技巧　　　图 3-34　10 mm 以上槽钢的气割技巧

6. 工字钢的气割技巧　气割工字钢时，一般都采用三次气割完成。先割两个垂直面，后割水平面。但三次气割的切割断面不容易割齐，这就要求气割工（焊工）力求割嘴垂直，每次的倾斜角一致，如图 3-35 所示。

7. 圆钢的气割技巧　切割圆钢起割前，应从圆钢的一侧开始预热，并使割嘴处于如图 3-36a 所示的位置；当预热处被加热到呈

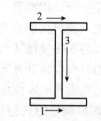

图 3-35　工字钢的气割技巧
1、2、3. 气割工字钢的顺序

亮红色时，即可开始切割。这时应将割嘴迅速转到与地面相垂直的位置（图 3-36b），同时应开启切割氧调节阀，将圆钢割穿，并向前移动割炬，开始正常切割（图 3-36c）。

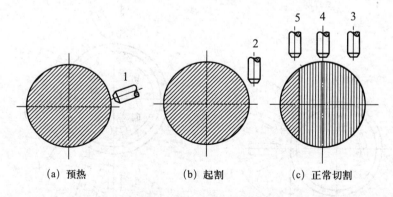

（a）预热　　　　　（b）起割　　　　（c）正常切割

图 3-36　气割圆钢时割嘴的位置

若圆钢直径较大，一次割不透时，可采用分瓣气割法，如图 3-37 所示。

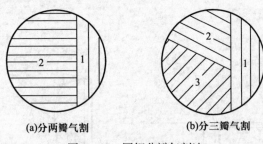

(a)分两瓣气割　　　　　　(b)分三瓣气割

图 3-37　圆钢分瓣气割法

8. 转动钢管的气割技巧　气割可滚动管子时（不是水平转动），可分段进行切割，即气割一段周长后，将管子滚动一适当位置，再继续进行气割。一般直径较小的管子可分 2～3 次割完；直径较大的管子可分多次割完，但分段越少越好。

首先，预热火焰垂直于管子表面。开始起割时，在慢慢打开高压氧调节阀的同时，将割嘴慢慢转为与起割点的切线成 70°～80°，在气割每一段切口时，割嘴随切口向前移动并不断改变位置，以保证割嘴倾斜角度基本不变，直至起割完成，如图 3-38 所示。

9. 固定钢管的气割技巧　水平固定管气割时，从管子的底部开始起割，由下向上分两半圆进行。与转动钢管气割一样，预热火焰垂直于管子表面，开始起割时，在慢慢打开高压氧调节阀的同时，将割嘴慢慢转向与起割处的切线成 70°～80°，割嘴随切口向前移动且不断改变位置，以保证割嘴倾斜角度基本不变，直至割到水平位置后，关闭高压切割氧，再将割嘴移至管子的下部气割剩下的另一半圆，直至全部切割完成，如图 3-39 所示。

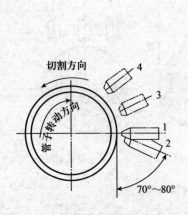

图 3-38　转动钢管的气割

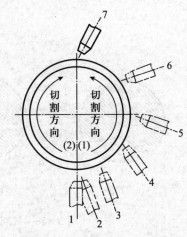

图 3-39　固定钢管的气割

10. V形坡口的气割技巧　根据割件厚δ和单面坡口的角度α，按公式b＝δtanα算出单面坡口的宽度b，并进行划线、切割，如图3-40所示。

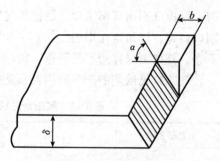

气割前先按坡口的尺寸划好切割线，为获得宽窄一致和角度相等的切割坡口，气割时可将割嘴靠在扣放的角钢上进行切割，如图3-41a所示。

图3-40　割件割台厚δ和单面坡口角度α，确定坡口宽度b

为了更好地气割坡口的角度，还可将割嘴安放在角度可调的滚轮架上（一般为自制），这样可以进一步保证切割质量，而且操作灵活，如图3-41b所示。

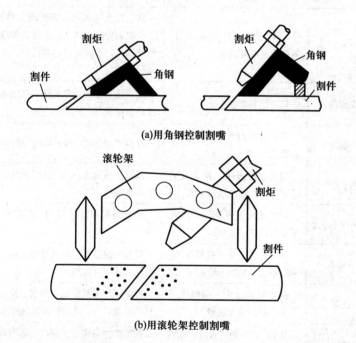

(a)用角钢控制割嘴

(b)用滚轮架控制割嘴

图3-41　V形坡口的气割技巧

六、气割缺陷

常见的气割缺陷有：切口断面割纹粗糙、切割口断面刻槽、下部出现深沟、厚板气割出现喇叭口、后拖量过大、厚板中部凹心大、切割断面不垂直、割口过宽、棱角熔化塌边、切割中断和割不穿、切割口被熔渣粘结、熔渣清除不净、割口下缘挂渣不易脱落、割后工件变形、产生裂纹及碳化严重等。

　　气割常见缺陷的产生原因及预防措施见表 3-8。

表 3-8　气割常见缺陷的产生原因及预防措施

缺陷名称	产生原因	预防措施
切割口断面割纹粗糙	氧气纯度低，切割氧压力过大，预热火焰能率小，割嘴与工件距离不稳定，切割速度快慢不稳定	一般切割用氧纯度（质量分数）应不低于 98.5%，要求较高时切割纯度不低于 99.2% 或者高达 99.5%，适当降低切割氧压力，增大预热火焰能率，稳定割嘴与工件的距离，切割速度稳定
切割口断面有刻槽	回火或灭火后重新起割，割嘴或工件有振动	防止回火和灭火，割嘴离工件不能过近，工件表面应保持清洁，工件下部应采取搁置空隙措施，不要阻碍熔渣排出，避免周围环境的干扰
切口下部出现深沟	切割速度过慢	加快切割速度，避免切割氧气流的扰动产生熔渣漩涡
厚板气割出现喇叭口	切割速度过慢，风线不垂直清晰	提高切割速度，调整修理切割喷嘴孔
后拖量过大	切割速度过快，预热火焰能率不足，割嘴倾角不当	降低切割速度，增大火焰能率，调整割嘴后倾角度
厚板切割中部凹心大	切割速度快慢不均，风线不垂直，呈"腰鼓形"	降低切割速度并均匀，调整修理切割喷嘴孔
切割口不垂直	钢板放置不平，钢板变形，风线不正，割炬不稳定	检查气割平台，将钢板矫正放平，调整割嘴的垂直度（含割炬）
切割口过宽	割嘴号码过大，切割氧压力大，切割速度过慢	按工件厚度更换适当割嘴，按工艺规程调整切割氧压力，适当调整切割速度
切割口棱角熔化塌边	割嘴与工件距离过近，预热火焰能率较大，切割速度过慢	将割嘴提高到适当高度，适当调小火焰能率或更换割嘴，提高切割速度
切割中断、割不断	工件材料有缺陷，预热火焰能率小，切割速度过快，切割氧压力过低	检查材料缺陷，从相反切割方向重新起割，检查氧气、乙炔压力，检查管道和割炬通道有无堵塞、是否畅通，并检查有无漏气，调整火焰能率，减慢切割速度，提高切割氧压力

（续）

缺陷名称	产生原因	预防措施
切割口被熔渣粘结	切割氧压力较小，风线短而无力；切割薄板时切翻速度较慢	增大切割氧压力，检查切割风线，适当提高切割速度
熔渣吹不掉	切割氧压力较小	提高切割氧压力，检查氧气减压阀畅通情况及有否泄漏
切割口下缘挂渣不易脱落	预热火焰能率大，切割氧压力较低，氧气纯度低，切割速度较慢	提高切割氧压力，更换纯度高的氧气，更换适当孔径的割嘴，适当提高切割速度
工件割后变形	预热火焰能率较大，切割速度较慢，气割顺序不合理，未采取正确的工艺措施	适当调整预热火焰能率，恰当提高切割速度，按工艺采用正确的切割顺序与方向，选择合理的起割点及适当的工具
切割后工件产生裂纹	工件含碳量高，结构刚度大或厚度大	应在起割前预热，预热温度不低于200 ℃或切割后及时进行退火处理
工件切割断面渗碳严重	切割氧纯度较低，火焰种类不妥，割嘴离工件较近	更换纯度高的切割氧，调整火焰种类，适当提高割嘴与工件的距离

第四章

CO₂气体保护焊

CO₂气体保护焊属于熔化焊，是一种常见的焊接方法，是焊工应掌握的基本技能之一。

第一节 CO₂气体保护焊的原理与工艺

一、CO₂气体保护焊的工作原理

1. CO₂气体保护焊的焊接过程 CO₂气体保护焊是用CO₂作为保护气体，依靠焊丝与焊件之间产生的电弧来熔化金属的一种气体保护焊方法，简称CO₂焊。

CO₂焊的焊接过程如图4-1所示，电源的两输出端分别接在焊枪和焊件上。盘状焊丝由送丝机构带动，经软管和导电嘴不断地向电弧区域送进；同时，CO₂气体以一定的压力和流量送入焊枪，通过喷嘴后，形成一股保护气体，使熔池和电弧不受空气影响。随着焊枪的移动，熔池金属冷却凝固而成焊缝。

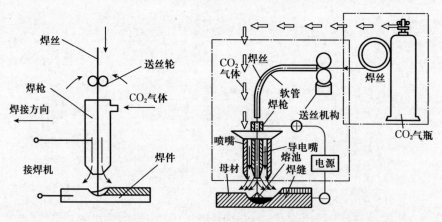

图4-1 CO₂气体保护焊的工作原理

2. CO_2 气体保护焊的熔滴过渡原理 CO_2 气体保护焊有 3 种熔滴过渡形式：短路过渡、滴状过渡和射流过渡。

（1）短路过渡 熔滴短路过渡的形式如图 4-2 所示。在较小焊接电流和较低电弧电压下，熔化金属首先集中在焊丝的下端，并开始形成熔滴（图 4-2a）。然后熔滴的颈部变细加长（图 4-2b），这时颈部的电流密度增大，促使熔滴的颈部继续向下伸延。当熔滴与熔池接触时发生短路（图 4-2c）时，电弧熄灭，这时短路电流迅速上升，随着短路电流的增加，在电磁压缩力和熔池表面张力的作用下，使熔滴的颈部变得更细。当短路电流增大到一定数值后，部分缩颈金属迅速气化，缩颈即爆断，熔滴全部进入熔池。同时，电流电压很快回复到引燃电压，于是电弧又重新点燃，焊丝末端又重新形成熔滴（图 4-2d），重复下一个周期的过程。短路过渡时，在其他条件不变的情况下，熔滴质量和过渡周期主要取决于电弧长度。随着电弧长度（电弧电压）的增加，熔滴质量和过渡周期增大。如果电弧长度不变，增加电流，则过渡频率增高，熔滴变细。

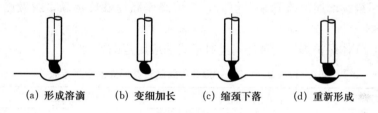

| (a) 形成溶滴 | (b) 变细加长 | (c) 缩颈下落 | (d) 重新形成 |

图 4-2 熔滴短路过渡形式

（2）滴状过渡 当电弧长度超过一定值时，熔滴依靠表面张力的作用，可以保持在焊丝端部上自由长大。当促使熔滴下落的力大于表面张力时，熔滴就离开焊丝落到熔池中，而不发生短路，如图 4-3 所示。这种过渡形式又可分为大滴状过渡和细滴状过渡。细滴状过渡的熔滴尺寸和过渡参数主要取决于焊接电流，而电压的影响则相对减小。

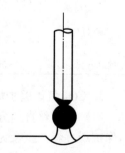

（3）射流（射滴）过渡 射滴过渡和射流过渡形式如图 4-4 所示。射滴过渡时，过渡熔滴的直径与焊丝

图 4-3 滴状过渡形式

直径相近，并沿焊丝轴线方向过渡到熔池中，这时的电弧呈钟罩形，焊丝端部熔滴大部分或全部被弧根所笼罩。射流过渡在一定条件下形成，其焊丝端部的液态金属呈"铅笔尖"状，细小的熔滴从焊丝尖端一个接一个地向熔池过渡。

射流过渡的速度极快，脱离焊丝端部的熔滴加速度可达到重力加速度的几十倍。

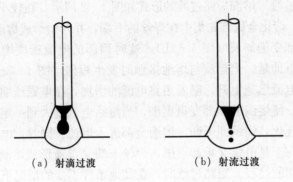

（a）射滴过渡　　　　　（b）射流过渡

图 4-4　熔滴射流（射滴）过渡形式

射滴过渡和射流过渡形式具有电弧稳定，没有飞溅，电弧熔深大，焊缝成形好，生产效率高等优点，因此适用粗丝气体保护焊。如果获得射流（射滴）过渡以后继续增加电流到某一值时，则熔滴作高速螺旋运动，叫做旋转喷射过渡。

CO_2 气体保护焊这三种熔滴过渡形式的应用范围见表 4-1。

表 4-1　CO_2 气体保护焊 3 种熔滴过渡形式的应用范围

熔滴过渡形式	特　点	应用范围
短路过渡	电弧燃烧、熄火和熔滴过渡过程稳定，飞溅小，焊缝质量较高	多用于 $\phi1.4$ mm 以下的细焊丝，在薄板焊接中广泛应用，适合全位置焊接
滴状过渡	焊接电弧长，熔滴过渡轴向性差，飞溅严重，工艺过程不稳定	生产中很少应用
射流（射滴）过渡	焊接过程较稳定，母材熔深大	中厚板平焊位置焊接

3. CO_2 气体保护焊的分类

（1）按焊丝直径分　CO_2 焊接所用的焊丝直径不同，可分为细丝 CO_2 气体保护焊（焊丝直径为 0.5～1.2 mm）及粗丝 CO_2 气体保护焊（焊丝直径为 1.6～5 mm）。

当焊丝直径小于或等于 1.2 mm，称为细丝 CO_2 气体保护焊，它主要采用短路过渡形式焊接薄板材料。应用最广泛的是焊接厚度小于 3 mm 的低碳钢和低合金钢的焊件。

当焊丝直径大于 1.6 mm 时，称为粗丝 CO_2 气体保护焊，常采用大电流和较高的电弧电压来焊接中厚板。

（2）按操作方式分　按操作方式又可分为 CO_2 半自动焊和 CO_2 自动焊。CO_2 半自动焊和 CO_2 自动焊的主要区别在于：CO_2 半自动焊用手工操作焊枪完成电弧热源移动，而送丝、送气等由相应的机械装置来完成。CO_2 半自动焊的机动性较大，适用较短的焊缝；CO_2 自动焊主要用于较长的直线焊缝和环缝的焊接。

二、CO_2 气体保护焊的特点

1. CO_2 气体保护焊的优点

（1）焊接成本低　CO_2 气体来源广、价格低，消耗的焊接电能少，因此 CO_2 焊的成本低。

（2）生产率高　因 CO_2 焊的焊接电流密度大，焊缝有效厚度增大，焊丝的熔化率提高，熔敷速度加快；另外，焊后没有焊渣，特别是多层焊接时，节省了清渣时间。所以生产率比焊条电弧焊高 $1\sim4$ 倍。

（3）焊接变形小　由于电弧热量集中，焊件加热面积小，同时 CO_2 气流具有较强的冷却作用，因此，焊接热影响区和焊件变形小，特别宜于薄板焊接。

（4）操作性能好　电弧是明弧，可以看清电弧和熔池情况，便于掌握与调整，也有利于实现焊接过程的机械化和自动化。

（5）适用范围广　CO_2 焊可进行各种位置的焊接，不仅适用焊接薄板，还常用于中、厚板的焊接，也用于磨损零件的修理堆焊。

（6）焊缝质量好　CO_2 气体保护焊抗锈能力强，对油、污不敏感，焊缝含氢量低，抗裂性能强。

2. CO_2 气体保护焊的缺点

（1）焊接时飞溅较大，焊缝表面成形较差，焊接设备较复杂，当焊接电流与电弧电压参数不匹配时，飞溅更严重。

（2）不能焊接易氧化的金属材料，且不适于在有风的地方施焊。

（3）劳动条件较差，CO_2 气体保护焊弧光强度及紫外线强度分别为焊条电弧焊的 $2\sim3$ 倍和 $20\sim40$ 倍，对焊工应加强劳动保护。

3. CO_2 气体保护焊的应用　CO_2 焊常用于碳钢及低合金钢，可进行全位置焊接。除用于焊接结构外，还适用于磨损零件的修理堆焊。

由于 CO_2 焊具有以上特点，因此在石油化工、冶金、造船、动力机械、

汽车制造等部门得到广泛应用。

目前 CO_2 焊技术已在焊接生产中广泛应用，有取代手弧焊的发展趋势。

三、CO_2 气体保护焊的工艺参数

为了保证 CO_2 气体保护焊时，能获得优良的焊接质量，除了要有合适的焊接设备和焊接材料外，还应合理地选择焊接工艺参数。

1. 工艺参数的类别 CO_2 气体保护焊的工艺参数，主要包括焊丝直径、焊接电流、电弧电压、焊丝伸出长度、焊接速度、气体流量、电源极性及回路电感等。

2. 工艺参数的选择原则

（1）焊接过程稳定、飞溅最小。

（2）焊缝外形美观，没有烧穿、咬边、气孔和裂纹等缺陷。

（3）对两面焊接的焊缝，应保证有一定的熔深，使之焊透。

（4）在保证上述要求的前提下，应具有最高的生产率。

3. 工艺参数的选择方法

（1）焊丝直径的选择 焊丝直径以焊件厚度、焊接位置及质量要求为依据进行选择。一般焊接薄板时采用细焊丝，随着板厚的增加，焊丝直径也相应增大。焊丝直径大于 1.6 mm 时称为粗丝。用粗丝焊接时生产率虽高，但存在飞溅与成形问题；且在热输入较大时，烟尘较大、弧光强。CO_2 气体保护焊焊丝直径的选择见表 4 - 2。

表 4 - 2 CO_2 气体保护焊焊丝直径的选择

焊丝直径（mm）	熔滴过渡形式	焊件厚度（mm）	焊接位置
0.5～0.8	短路过渡	1.0～2.5	全位置
	滴状过渡	2.5～4.0	水平
1.0～1.4	短路过渡	2.0～8.0	全位置
	滴状过渡	2.0～12	水平
1.6	短路过渡	3.0～12	水平、立、横、仰
≥1.6	滴状过渡	>6	水平

（2）焊接电流的选择 焊接电流根据焊件的厚度、坡口形状、焊丝直径及所需的熔滴过渡形式来选择。对于一定的焊丝直径，所选用的焊接电流有一定范围，见表 4 - 3。

表 4-3　CO_2 气体保护焊焊接电流的选择

焊丝直径（mm）	焊接电流（A）	
	短路过渡	滴状过渡
0.8	50～100	150～250
1.0	70～120	150～300
1.2	90～150	160～350
1.6	140～200	200～500
2.0	160～250	350～600

　　焊接电流对焊缝的成形影响较大，当焊接电流增大时，熔深相应增加，熔宽略有增加，增大焊接电流可增加焊丝熔化速度，提高生产率，但焊接电流过大时，会使飞溅增加，并容易产生烧穿及气孔等缺陷。反之，若焊接电流过小，电弧不稳定，容易产生未焊透，焊缝成形变差。

　　(3) 焊接电弧电压的选择　电弧电压是影响熔滴过渡、飞溅大小、短路频率和焊缝成形的重要因素。一般情况下，当电弧电压增高时，焊缝宽度相应增加，而焊缝的余高与熔深则减小。在焊接电流较小时，电弧电压过高，则飞溅增加；电弧电压太低，则焊丝容易伸入熔池，使电弧不稳；在焊接电流较大时，电弧电压过高、则飞溅增加、容易产生气孔；电弧电压过低则焊缝成形不良。要获得稳定的焊接过程和良好的焊缝成形，要求电弧电压与焊接电流有良好的配合。通常细丝焊接时电弧电压为 16～24 V，粗丝焊接时电弧电压为 25～36 V。当采用短路过渡时，电弧电压与焊接电流有一个最佳配合范围，见表 4-4。

表 4-4　CO_2 气体保护焊短路过渡时电弧电压与焊接电流的配合

焊接电流（A）	电弧电压（V）	
	平焊位置	立焊与仰焊位置
75～120	18.0～21.5	18.0～19.0
130～170	19.5～23.0	18.0～21.0
180～210	20.0～24.0	18.5～22.0
220～250	21.0～25.0	19.0～23.5

　　(4) 焊接速度的选择　焊接速度对焊缝形状有一定影响，随着焊接速度的提高，焊缝宽度、余高与熔深相应减小。若焊接速度过快，会使气体保护作用受到破坏，同时使焊缝冷却速度过快，降低焊接接头的塑、韧性并使焊缝成形

变差。若焊接速度过慢，则焊缝宽度增加、熔池体积变大、热量集中，造成烧穿或焊缝金相组织粗大等缺陷。所以，焊接速度应按焊件材质、厚度和冷却条件等来选择。一般常用的焊接速度为 15～40 m/h。

(5) 焊丝伸出长度的确定 焊丝伸出长度是指在焊接过程中，从导电嘴到焊丝端头的距离。焊丝伸出长度取决于焊丝直径，一般约等于焊丝直径的 10 倍，且不超过 20 mm。

在焊接过程中，保持焊丝伸出长度不变是保证焊接过程稳定性的重要因素。

当送丝速度不变时，过大的焊丝伸出长度易导致焊接电流的减小，减小熔深，甚至造成未焊透。另外，过长的焊丝伸出长度还易致使焊丝过热而熔断、飞溅增大、焊接过程不稳定、焊缝成形恶化等问题。与之相反，焊丝伸出长度减少时，焊接电流增大，弧长略变短，熔深变大，但过短的焊丝伸出长度会使飞溅金属黏附到喷嘴内壁，甚至会使导电嘴过热而夹住焊丝，严重的会烧毁导电嘴。

(6) CO_2 气体流量的选定 CO_2 气体流量应根据焊接电流、焊接速度、焊丝伸出长度及喷嘴直径等选择，过大或过小的气体流量都会影响气体保护效果。通常在细丝 CO_2 焊时，气体流量为 8～15 L/min；粗丝 CO_2 焊时，气体流量为 15～25 L/min。

(7) 电源极性的选择 CO_2 气体保护焊由于熔滴具有非轴向过渡的特点，为减少飞溅，一般都采用直流反极性焊接，即工件接负极，焊枪接正极。

若采用正极性（工件接正极，焊枪焊丝接负极），负极的热量大，所以在相同的电流值时，正极性的焊丝熔化快，其熔化速度约为反极性的 1.6 倍。而这时工件为正极，热量较小，因此熔深浅，堆高较大。按这一特点，在堆焊和焊补铸铁时，正极性比较适用；此外，在进行大电流和高速 CO_2 气体保护焊时也多采用正极性焊接。

(8) 回路电感值的选择 焊接回路的电感值应根据焊丝直径和电弧电压来选择，不同直径焊丝的合适电感值见表 4-5。电感值通常随焊丝直径的增大而增大，并可通过试焊的方法来确定，若焊接过程稳定，飞溅很少，则此电感值是合适的。

表 4-5 不同直径焊丝合适的电感值

焊丝直径（mm）	0.8	1.2	1.6
电感值（mH）	0.01～0.08	0.01～0.16	0.30～0.7

上述规范参数中，有些基本上是固定的，如极性、焊丝伸出长度和气体流量等。因此，其规范的选择主要是对焊丝直径、焊接电流、电弧电压和焊接速度等几个参数进行选用，这几个参数的选择要根据焊件厚度、接头形式和施焊位置以及所需的熔滴过渡形式等实际条件综合考虑。

焊接过程中部分参数及因素对 CO$_2$ 气体保护焊质量的影响如图 4-5 所示。

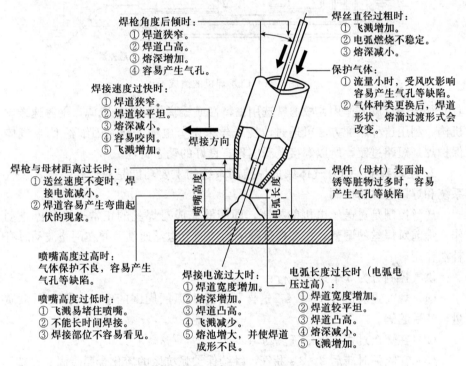

焊枪角度后倾时：
① 焊道狭窄。
② 焊道凸高。
③ 熔深增加。
④ 容易产生气孔。

焊丝直径过粗时：
① 飞溅增加。
② 电弧燃烧不稳定。
③ 熔深减小。

保护气体：
① 流量小时，受风吹影响容易产生气孔等缺陷。
② 气体种类更换后，焊道形状、熔滴过渡形式会改变。

焊接速度过快时：
① 焊道狭窄。
② 焊道较平坦。
③ 熔深减小。
④ 容易咬肉。
⑤ 飞溅增加。

焊接方向

焊枪与母材距离过长时：
① 送丝速度不变时，焊接电流减小。
② 焊道容易产生弯曲起伏的现象。

喷嘴高度　电弧长度

焊件（母材）表面油、锈等脏物过多时，容易产生气孔等缺陷

喷嘴高度过高时：
气体保护不良，容易产生气孔等缺陷。

喷嘴高度过低时：
① 飞溅易堵住喷嘴。
② 不能长时间焊接。
③ 焊接部位不容易看见。

焊接电流过大时：
① 焊道宽度增加。
② 熔深增加。
③ 焊道凸高。
④ 飞溅减少。
⑤ 熔池增大，并使焊道成形不良。

电弧长度过长时（电弧电压过高）：
① 焊道宽度增加。
② 焊道较平坦。
③ 焊道凸高。
④ 熔深减小。
⑤ 飞溅增加。

图 4-5　CO$_2$ 气体保护焊各工艺参数对焊接质量的影响

第二节　CO$_2$ 气体保护焊的焊机与焊接材料

一、CO$_2$ 焊机

CO$_2$ 气体保护焊弧焊机，主要是由弧焊电源、控制系统、送丝系统、焊枪、供气系统等部分组成，如图 4-6 所示。

1. 焊接电源　一般均采用直流焊接电源，因细丝 CO$_2$ 气体保护焊时电弧

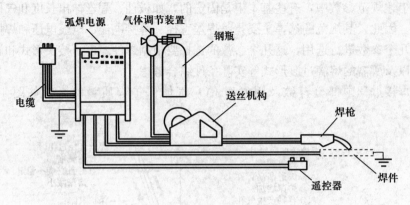

图 4 - 6　CO_2 焊机的组成

具有很强的自调节作用，故通常选用平特性或缓降外特性的电源，配等速送丝机构，利用这种匹配方法可通过改变送丝来调节电流。同时因细丝 CO_2 气体保护焊是短路过渡，所以焊接电源应具有良好的动态特性。

2. 控制系统　CO_2 气体保护焊控制系统的主要功能是对送丝系统、供气系统和焊接电源的控制。

送丝控制是对送丝电机的控制，即能够完成对焊丝的正常送进和停止动作，焊前对焊丝的调整，在焊接过程中均匀调节送丝速度，并在网路波动时有补偿作用。

供气控制分为 3 个过程进行：

（1）焊前提前送气 1～2 s，这样可排除引弧区周围的空气，保证引弧质量，然后起焊。

（2）在焊接过程中保证气流均匀。

（3）在收弧时滞后 2～3 s 断气，继续保护弧坑区的熔化金属凝固和冷却。

供电控制。供电可在开始送丝之前或同时进行，但停电要在停止送丝之后，这样可以避免焊丝末端与熔池粘连。

3. 送丝系统

（1）组成　一般由送丝电动机、减速装置、送丝滚轮、送丝软管及焊丝盘等组成。送丝系统是焊机的重要组成部分，送丝系统要能维持并保证送丝均匀和平稳，送丝机构应尽可能地结构简单、轻巧，并且使用及维修方便。

（2）送丝方式　有推丝式、拉丝式和推拉丝式 3 种，如图 4 - 7 所示。

① 推丝式送丝系统。由送丝滚轮将焊丝推入送丝软管，再经焊枪上的导电嘴送至电弧区。其结构简单，轻巧，是目前应用最广泛的一种形式；但对送

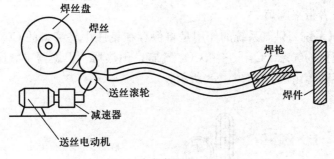

（a）推丝式

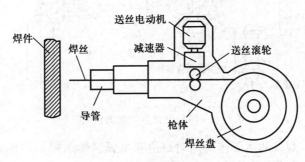

（b）拉丝式

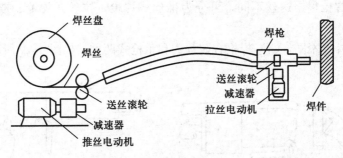

（c）推拉丝式

图 4-7　CO₂气体保护焊的送丝系统

丝软管的要求较高且不宜过长，焊枪活动范围小。

　　②拉丝式送丝系统。将送丝机构和焊丝盘都装在焊枪上，焊枪结构复杂，比较笨重；但焊枪活动范围大，大多适用于细丝（焊丝直径＜0.8 mm）焊接。

　　③推拉丝式送丝系统。由安装在焊枪中的拉丝电动机和送丝装置内的推丝电动机两者同步运转来完成，结构复杂，送丝稳定，送丝软管可达 20～

30 m，焊机活动范围大；它的缺点是焊枪结构比较复杂，而且使用两个电动机也给操作者带来麻烦。

4. 供气系统　供气系统的作用是将保存在钢瓶中呈液态的 CO_2 在需要时变成一定流量的气态 CO_2。它由 CO_2 气瓶、预热器、干燥器、减压器和流量计及电磁气阀等组成，如图 4-8 所示。

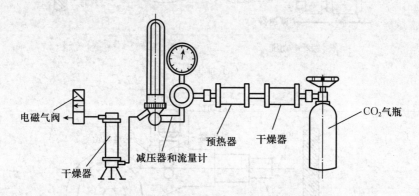

图 4-8　CO_2 气体保护焊的供气系统

5. 焊枪　焊枪的主要作用是向熔池和电弧区输送保护性良好的气流和稳定可靠地向焊丝供电，并将焊丝准确地送入熔池。

CO_2 焊枪根据送丝不同，可分为推丝式焊枪、拉丝式焊枪、推拉丝式焊枪 3 种。

根据外形不同，CO_2 焊枪有鹅颈式和手枪式两种，如图 4-9 所示。

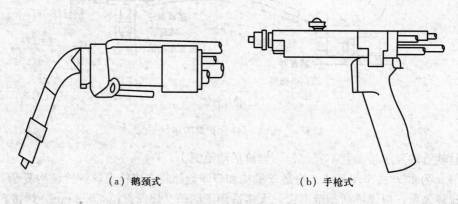

（a）鹅颈式　　　　　　　　（b）手枪式

图 4-9　CO_2 焊枪

喷嘴是焊枪的重要组成部分。一般为圆柱形，不宜采用圆锥形或喇叭形，

以利于 CO_2 气体的层流形成，防止气流紊乱。喷嘴的孔径一般在 $12\sim25$ mm 之间。当粗丝焊时，可增加到 40 mm，喷嘴材料应选用导电性好、表面光滑的金属，防止飞溅的金属颗粒黏附，并容易清除。

焊丝伸出导电嘴的长度，一般细丝为 25 mm，粗丝为 35 mm 左右。

6. CO_2 焊机的主要技术参数　常用国产 CO_2 气体保护焊机的主要技术数据列于表 $4-6$。

表 4-6　常用国产 CO_2 气体保护焊机的主要技术数据

焊机名称	拉丝式半自动 CO_2 焊机	拉丝式半自动 CO_2 焊机	推丝式半自动 CO_2 焊机	推丝式半自动 CO_2 焊机	管状焊丝推式 CO_2 焊机	推丝式半自动 CO_2 焊机	自动 CO_2 焊机	自动 CO_2 焊机
型　号	NBC-160	NBC-200	NBC-1-250	NBC-1-300	NBG-400	NBC-1-500-1	NZC-500	NZC-1 000
输入电压（V）	380	380	380	380	380	380	380	380
电弧电压（V）	18～28	17～30	18～36	17～30	20～40	15～40	20～40	30～50
额定输入容量（kV·A）	5.2	5.4	9.2	11.0	34	37	34	100
负载持续率（%）	60	70	60	70	60	60	60	100
电流调节范围（A）	30～160	40～200	70～250	50～300	70～500	50～500	70～500	200～1 000
焊丝送给速度（m/h）	180～660	90～540	120～720	120～480	120～600	120～480	96～960	60～228
焊丝直径（mm）	0.6～1.0	0.5～1.0	1.0～1.2	1.0～1.4	2.4～2.8 3.2	1.2～2.0	1.0～2.0	3～5

二、CO_2 气体保护焊的焊接材料

主要有 CO_2 气体和焊丝。

1. CO_2 气体

（1）CO_2 气体的作用　进行 CO_2 气体保护焊时，CO_2 气体的作用是有效地保护电弧和金属熔池不受空气影响。由于 CO_2 气体具有氧化性，在焊接过程中，产生氢气孔的机会较少。

（2）CO_2 气体的基本特性

① 纯净的 CO_2 气体无色、无味，CO_2 气体易溶于水，当溶于水后略有酸味。

② CO_2 气体在高温时几乎全都分解出原子态氧，因而使电弧具有很强的氧化性。

③ CO_2 气瓶压力表上所指示的压力值是瓶内气体的饱和压力，此压力的大小和环境温度有关：温度升高，饱和气体压力增大；反之，饱和压力减小。

④ 经验表明，当瓶中气体压力低于 1 MPa（10 kgf/cm²，温度为 20 ℃），钢瓶中的 CO_2 气不宜再继续使用，因此时液态 CO_2 已挥发完，若继续使用，焊缝金属将产生气孔。

⑤ 焊接用 CO_2 气体必须具有较高的纯度，一般要求 CO_2 纯度 ＞99.5％（质量分数）。

2. 焊丝　为了保证焊缝金属具有足够的力学性能，并防止焊缝产生气孔，CO_2 焊所用的焊丝必须比母材含有更多的 Mn 和 Si 等脱氧元素。此外，为了减少飞溅，焊丝含 C 量必须限制在 0.10％ 以下。目前 CO_2 焊常用的焊丝牌号及用途见表 4 - 7。

表 4 - 7　CO_2 焊常用的焊丝牌号及用途

焊丝牌号	用　途
H08MnSi	焊接低碳钢及 300 MPa 的低合金钢
H08MnSiA、H08Mn2SiA	焊接低碳钢和某些低合金高强度钢
H04Mn2SiTiA、H10MnSiMo	焊接低合金高强度钢

H08Mn2SiA 是用得普遍的一种焊丝，它具有较好的工艺性能和较高的力学性能，适用于焊接重要的低碳钢和普通低合金钢结构，能获得满意的焊缝质量。

CO_2 焊所用的焊丝直径在 0.5～5 mm 范围内，CO_2 半自动焊常用的焊丝有 ϕ0.8 mm、ϕ1.0 mm、ϕ1.2 mm、ϕ1.6 mm 等几种，自动焊大多采用 ϕ2.0 mm、ϕ2.5 mm、ϕ3.0 mm、ϕ4.0 mm、ϕ5.0 mm 的焊丝。焊丝表面有镀铜和不镀铜两种，镀铜可以防止生锈，有利于保存，并可改善焊丝的导电性及送丝的稳定性。焊丝在使用前应适当清除表面的油污和铁锈。

三、CO_2 焊机的使用

1. CO_2 焊机的操作程序

（1）焊前准备　闭合电源开关，电源变压器带电，控制指示灯亮，表明送丝系统、电源保护电路、控制电路进入正常工作状态。

闭合 CO_2 气体预热干燥器的开关，预热干燥器开始对气体进行预热。此时特别注意焊枪或焊丝不要碰及焊件（在调整焊丝时离开焊件要远一些）。扣动焊机，打开焊枪上的气阀机械开关，调整保护气流量，按下焊枪上的送丝开关，送丝电动机正转。同时，焊接电源接通。再按下另一开关，焊丝电动机反转，焊丝退回。这样，即可进行焊丝调整。最后，合上电源控制箱上的空载电压检视开关，选择空载电压值，调整好后，关闭空载电压检视开关。此时，焊机处于准备焊接状态。

（2）焊接　按下焊枪上的扳机，打开气阀，提前送气。经 $1\sim2\,s$ 后，继续扣动扳机，使焊接启动按钮闭合，接通焊接电源，焊丝送出，焊接指示灯亮。此时，焊丝与焊件接触短路，电弧引燃。焊机进入正常工作状态。

（3）焊接停止　松开焊枪上的扳机，焊丝停止送进，电弧熄灭，焊接过程结束。但要继续保护熔池，经过一定时间后，再将焊枪全部松开，关闭送气阀，停止送气。

2. CO₂ 焊机的维护保养

（1）初次使用 CO_2 气体保护半自动焊机，应在有关技术人员指导下进行操作练习。

（2）严禁焊机电源短路。

（3）焊机应在室温 $40\,℃$ 以下，相对湿度不超过 85％，无有害气体和易燃、易爆气体条件下使用。

（4）CO_2 气瓶不得靠近热源。

（5）焊机接地必须良好、可靠。

（6）焊枪不得放在焊机上。

（7）经常检查焊丝送进机构，保持运转正常。

（8）经常检查导电嘴磨损情况，及时更换。

（9）定期检查送气软管，防止产生漏气现象。

（10）操作人员工作结束后或离开现场时，要切断电源，关闭气阀和水源。

（11）必须定期检查送丝软管以及弹簧管的工作情况。

（12）经常检查导电嘴和焊丝之间的间隙，保持焊丝处于喷嘴的中央。如果导电嘴孔径被严重磨损时，应及时更换。

（13）经常检查送丝滚轮压紧情况和磨损程度，防止焊丝打滑。

（14）定期检查送丝电动机电刷，如果严重磨损应及时更换。

（15）经常检查加热器、干燥器的工作情况。

（16）建立焊机定期维修制度。

3. CO_2 焊机的常见故障及排除方法　CO_2 气体保护半自动焊机的常见故障及排除方法见表 4-8。

表 4-8　NBC1-300 型 CO_2 气体保护半自动焊机的常见故障及排除方法

故障现象	故障原因	排除方法
焊丝送进不均匀	① 送丝轮压紧力不够 ② 送丝轮磨损 ③ 焊丝弯曲 ④ 导电嘴内孔过小	① 调整送丝轮压力 ② 更换新件 ③ 矫直 ④ 更换新件
送丝电动机不转	① 电动机励磁线圈或电枢导线断路 ② 碳刷或换向器接触不良	① 更换励磁线圈，接通导线 ② 调整弹簧对碳刷的压力
焊接电压低	① 网路电压低 ② 三相电源断相，可能有单项保险丝断或硅整流元件烧坏 ③ 三项变压器缺项 ④ 接触器单项不供电 ⑤ 分挡开关导线脱焊	① 转动分挡开关，使电压上升 ② 查出断电或短路原因并排除 ③ 查出坏件更换 ④ 修理接触器触点 ⑤ 查出脱焊处焊好
焊接过程中熄弧或焊接参数波动大	① 导电嘴引弧后烧坏 ② 焊丝弯曲，送不出 ③ 焊接参数不合理 ④ 焊接电缆松动 ⑤ 导丝管损坏 ⑥ 导电嘴内孔过大	① 更换新件 ② 矫直焊丝 ③ 调整工艺参数 ④ 焊牢或紧固电缆 ⑤ 更换新件 ⑥ 更换导电嘴
未按送丝按钮，红灯亮，导电嘴碰焊件短路	交流接触器触点常闭	更换或修理接触器

第三节　CO_2 气体保护焊的焊接方法

一、CO_2 气体保护焊的基本焊接要点

1. CO_2 焊枪的移动方法　按焊枪的移动方向（向左或向右），可分为左向焊法和右向焊法两种，如图 4-10 所示。

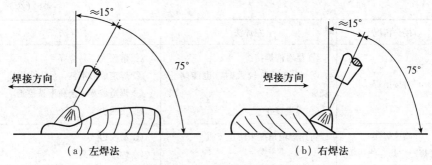

（a）左焊法 （b）右焊法

图 4-10 CO_2 焊枪的移动方法

（1）左焊法 CO_2 气体保护焊时常采用左焊法，焊接时电弧指向熔池及其前方，电弧外焰对焊件有预热作用。左焊法可获得较大的焊缝熔宽，焊缝成形良好。操作者可清楚地观察到焊接坡口和熔池，焊缝不会焊偏。左焊法焊枪的倾角不能过大，倾角过大，保护效果不好，易产生气孔。

（2）右焊法 CO_2 气体保护焊若采用右焊法，电弧指向熔池及其后面的焊缝，熔池的保护效果良好。由于加热集中，熔深较大，焊缝余高较为凸出。但右焊法施焊时，操作者不易观察到焊接坡口，容易焊偏。

左焊法与右焊法的应用特点见表 4-9。

表 4-9 左焊法与右焊法的应用特点

接头情况	左焊法	右焊法
薄板（厚 0.8~4.5 mm）	① 可得到稳定的背面成形 ② 焊道余高小，焊缝宽 ③ 焊枪倾角大时，作摆动能容易看到焊接线	① 易烧穿，不易得到稳定的背面焊道 ② 焊道高而窄 ③ 焊枪倾角大时不易焊接
中厚板的背面成形	① 可得到稳定的背面成形 ② 焊枪倾角大时作摆动，根部能焊好	① 不易得到稳定的背面焊道 ② 焊枪倾角大时，马上烧穿
水平角焊缝焊脚高度<8 mm	① 能准确瞄准焊缝 ② 周围易附着细小的飞溅	① 不易看到焊接线，但能看到余高 ② 基本无飞溅 ③ 根部熔深大
船形焊焊脚≥10 mm 坡口对接焊	① 余高呈凹形，易咬边 ② 根部熔深浅 ③ 焊脚大时难焊	① 余高平滑，不易咬边 ② 根部熔深大 ③ 焊缝宽度、余高容易控制

（续）

接头情况	左焊法	右焊法
对接横焊	① 易看清焊接线 ② 焊枪倾角较大时，也能防止烧穿 ③ 焊道整齐	① 熔深大，易烧穿 ② 焊道成形不良，易生成焊瘤 ③ 焊道熔宽、余高不易控制 ④ 飞溅少
高速焊接 （平焊、立焊、横焊等）	可用焊枪角度来防止飞溅	① 易咬边 ② 焊道窄而高

2. 操作姿势 半自动 CO_2 气体保护焊时，焊枪上接有焊接电缆、控制电缆、气管、水管和送丝软管等，所以焊枪较重，焊工操作时很容易疲劳，难以持久握紧焊枪，影响焊接质量。为此，应尽量减轻焊枪把线的重量，并利用肩部、腿等身体可利用部位，减轻手臂的负荷。

操作时，要采用正确的持枪姿势，根据施焊位置，操作时灵活地用身体的某个部位承担焊枪，保证持枪手臂处于自然状态，手腕能够灵活自如地带动焊枪进行各种操作。

焊接过程中，软管电缆有足够的拖动余量，以保证可以随意拖动焊枪，并能维持焊枪倾角不变，能够清楚、方便地观察熔池。送丝机要放到合适的位置，满足焊枪能够在施焊位置范围内自由移动。

整个焊接过程中，必须保持焊枪匀速前进，并保持摆幅一致的横向摆动。实际操作时，焊工应根据焊接电流大小、熔池形状、熔合情况、装配间隙以及钝边大小等现场条件，灵活地调整焊枪前进速度和摆幅大小，以获得合格的焊缝。

CO_2 气体保护焊常用的操作姿势如图 4-11 所示。

3. 引弧 CO_2 气体保护焊一般采用直接短路接触引弧法，由于采用平特性的弧焊电源，所以其空载电压较低，造成引弧困难。引弧时焊丝与焊件不可接触过紧或接触不良，否则会引起焊丝成段烧断。因此引弧前应调节好焊丝的伸出长度，使焊丝端头与焊件保持 2~3 mm 的距离。若焊丝端部有粗大的球形头，应用钳子剪掉，因球状端头等于加粗了焊丝的直径，并在该球状端头表面覆盖了一层氧化膜，影响引弧的质量。引弧前要选好适当的位置，待电弧稳定后要灵活掌握焊接速度，避免焊缝起始端出现气孔、未焊透等缺陷。

（1）引弧焊接电路 图 4-12 所示为 CO_2 气体保护焊焊接电路引弧部位

（a）站姿施焊　　　　　　　　　　（b）坐姿施焊

（c）左向焊姿势　　　　　　　　　　（d）右向焊姿势

图4-11　CO₂气体保护焊常用操作姿势

的示意图，焊件接电源的负极，导电嘴接电源的正极。从电源正极→导电嘴→导电嘴与焊丝接触点 B →焊丝伸出长度→焊丝末端与焊件的短路接触点 A →焊件→电源负极，构成了一个完整的焊接电路。

（2）引弧操作步骤　CO₂气体保护焊的引弧过程如图4-13所示，具体操作步骤如下。

① 引弧前先按遥控盒上的点

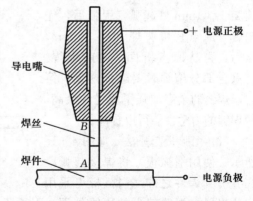

图4-12　引弧焊接电路的构成

动开关或按焊枪上的控制开关，点动送出一段焊丝，伸出长度小于喷嘴与焊件间应保持的距离。

② 将焊枪按要求（保持合适的倾角和喷嘴高度）放在引弧处，此时焊丝端部与焊件未接触。喷嘴高度由焊接电流决定。若操作不熟练时，最好双手

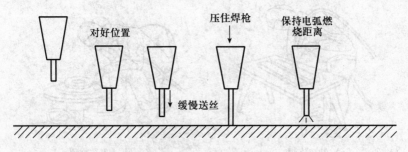

图 4 - 13 CO_2 气体保护焊的引弧过程

持枪。

③ 按焊枪上的控制开关，焊机自动提前送气，延时接通电源，保持高电压。当焊丝碰撞焊件短路后，自动引燃电弧。短路时，焊枪有自动顶起的倾向，引弧时要稍用力下压焊枪，防止因焊枪抬高，电弧过长而熄灭。

4. 起弧 通常采用折回起头法和引弧板法两种起弧方法。

（1）折回起头起弧法 焊件的起始段，可采用引弧后折回起头焊法。如图 4 - 14 所示，在起焊原点前 20～30 mm 处起弧，引弧后，先向后（原点）快速焊 20～30 mm，然后，再从原点折回，向前施焊。在重合部分施焊时要略加摆动。第二遍焊缝的余高加强了原先的余高，使焊缝的力学性能得以提高。

（2）引弧板起弧法 如图 4 - 15所示，使用引弧板，将焊接起弧段焊缝引到焊件之外。引弧板可采用

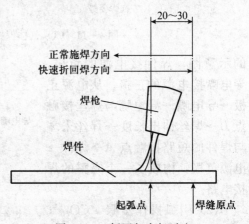

图 4 - 14 折回起头起弧法

定位焊焊在焊缝起点的边缘外面。引弧板的大小，只要保证将焊接起弧段 30 mm 左右处，对质量要求不高的焊缝，定位焊缝留在引弧板内即可，焊后将引弧板用锤子打掉。

5. 运弧 为控制焊缝的宽度和保证熔合质量，CO_2 气体保护焊施焊时也要像焊条电弧焊那样，焊枪要作横向摆动。通常，为了减少热输入、热影响区，减小变形，不应采用大的横向摆动来获得宽焊缝，应采用多层多道焊来焊

接厚板。

CO_2 焊枪运丝方式主要有直线移动和横向摆动两种。

（1）直线移动运丝法所谓直线移动运丝是焊丝不作摆动。焊出的焊道稍窄。焊枪与焊件前后夹角为 $90°$，与焊接方向的夹角为 $75°$～$80°$；焊接过程中注意控制熔池的宽度和铁水的高度应保持一致。

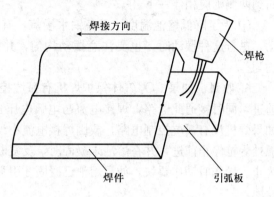

图 4-15　引弧板起弧法

起焊端，在一般情况下，焊道要高些，而熔深要浅些。因为焊件正处于较低的温度，会影响焊缝的强度。为了克服这一点，可采取一种特别的移动方法，即在引弧之后，先将电弧稍微拉长一些，以达到对焊道端部预热的目的。然后再压低电弧，进行起始端的焊接。这样可以获得有一定熔深和成形比较整齐的焊道，如图 4-16 所示。

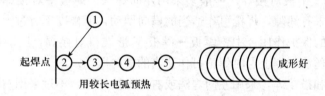

图 4-16　直线移动运丝法的起始端运丝

（2）横向摆动运丝法　CO_2 气体保护焊时，为了获得较厚的焊缝，往往采用横向摆动运丝法。这种运丝方法是沿焊接方向，在焊缝中心线两侧作交叉摆动。结合 CO_2 气体保护半自动焊的特点，有锯齿形、月牙形、正三角形、斜圆环形等几种摆动方式。

横向摆动运丝角度和起始端运丝，与直线移动运丝要领完全一样。横向摆动运丝法有以下基本要求。

① 运丝时以手臂操作为主，以手腕作辅助，掌握和控制运丝角度。

② 左右摆动的幅度要一致，若不一致，会出现熔深不良现象。但 CO_2 气体保护焊的摆动幅度要比手工电弧焊小一些。

③ 锯齿形摆动时，为了避免焊缝中心过热，摆动到中心时，要加快速度，

而到两侧则应稍停一下。

④ 为了降低熔池温度，避免铁水漫流，有时焊丝可以作小幅度的前后摆动。进行这种摆动时，也要注意摆动均匀，并控制向前移动焊丝的速度也要均匀。

6. 收弧　如果 CO_2 气体保护焊机有弧坑控制电路，则焊枪在收弧处停止前进，同时接通此电路，焊接电流与电弧电压自动变小，待熔池填满时断电。如果焊机没有弧坑控制电路，或因焊接电流小没有使用弧坑控制电路时，在收弧处焊枪停止前进，并在熔池未凝固时，反复断弧、引弧几次，直至弧坑填满为止。操作时动作要快，如果熔池已凝固才引弧，则可能产生未熔合及气孔等缺陷。

收弧时应在弧坑处稍作停留，然后慢慢抬起焊枪，这样就可以使熔滴金属填满弧坑，并使熔池金属在未凝固前仍受到气体的保护。若收弧过快，容易在弧坑处产生裂纹和气孔。

二、板材的 CO_2 焊接技术

1. 平焊　平板对接焊，一般多采用左向焊法。薄板平对接焊，焊枪作直线运动，如果有间隙，焊枪可作适当的横向摆动，但幅度不宜过大，以免影响气体对熔池的保护作用。中、厚板→厚板 V 形坡口对接焊，底层焊缝应采用直线移动运丝法，焊上层时焊枪可作适当的横向摆动。

平角焊和搭接焊，采用左向焊法或右向焊法均可，不过采用右向焊法的外形较为饱满。焊接时，要根据板厚和焊脚尺寸来控制焊枪的角度。不等厚焊件的 T 形接头平角焊时，要使电弧偏向厚板，以使两板加热均匀。等厚板焊接时，如果焊脚尺寸小于 5 mm 时，可将焊枪直接对准夹角处，而当焊脚尺寸大于 5 mm 时，需将焊枪水平偏移 1～2 mm，如图 4 - 17 所示。

2. 立焊　立焊有两种形式：一种是热源自下向上进行焊接，即向上立焊；另一种是热源自上向下焊接，即向下立焊。

向上立焊：由于液态金属的重力作用，熔池金属下淌，加上电弧吹力的作用，熔深较大，焊道较窄，向上立焊常用于中、厚板→厚板的细丝焊接。操作时若作直线移动，焊缝会凸起，容易产生咬边，所以宜用小幅度的横向摆动法焊接。操作时焊枪角度如图 4 - 18a 所示。

向下立焊：当采用细丝短路过渡焊时，由于 CO_2 气流有承托熔池金属的作用，使之不易下坠，焊缝成形美观，但熔深浅。该方法操作简单，焊接速度

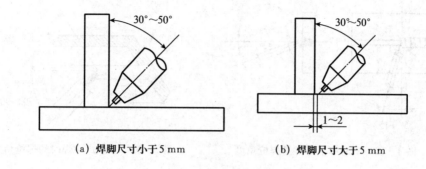

（a）焊脚尺寸小于5 mm　　　　　（b）焊脚尺寸大于5 mm

图4-17　平角焊时焊枪的位置

快，常用于薄板的焊接。操作时焊枪角度如图4-18b所示。

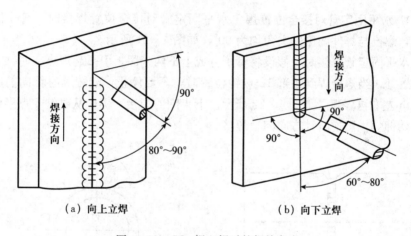

（a）向上立焊　　　　　　　　　（b）向下立焊

图4-18　CO_2焊立焊时的焊枪角度

3. 横焊　横焊时由于熔池金属受重力作用易下淌，容易产生咬边、焊瘤或未焊透等缺陷，因此需采用细丝短路过渡方式焊接，焊枪角度如图4-19所示。焊枪一般采用直线移动运丝方式，为防止熔池温度过高、液态金属下淌，可作小幅度的前后往复摆动。

4. 仰焊　仰焊技术的难点在于熔池的铁液极易流淌下落，焊缝成形困难。平板对接仰焊时，焊枪的角度如图4-20所示，焊枪稍向后倾，倾角不能过大，否则会造成焊缝凸起和咬边。焊枪应采用直线形或小幅摆动运丝方式。焊接速度要适当稍快，否则，熔池金属会下垂，严重时会使熔池金属下落。

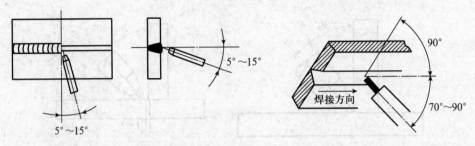

图 4 - 19　CO_2 焊横焊时的焊枪角度　　　　图 4 - 20　CO_2 焊仰焊时的焊枪角度

三、管材的 CO_2 焊接技术

1. 水平固定管对接全位置焊　水平固定管对接全位置焊接时，管子固定不动，焊枪与焊件两侧的夹角均为 $90°$，如图 4 - 21 所示。

水平固定管焊接时，假设将管子分成上下两半圈，引弧起焊点在时钟 5 点半位置处，当焊缝焊到顶部 12 点钟位置时，不要停止，继续顺时针向前施焊 10 mm 左右再停弧，如图 4 - 22 所示。下半圈的焊接，仍应从时钟 5 点半位置处开始仰焊，以逆时针方向向上焊接。

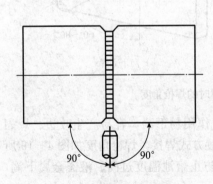

图 4 - 21　水平固定管对接全位置
焊时的焊枪角度

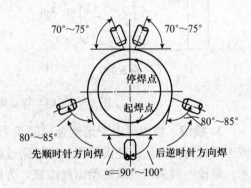

图 4 - 22　水平固定管对接全位置
焊时的焊接顺序

全位置焊时，应利用短路过渡获得小熔池的特点，薄壁管使用 $\phi0.8\sim$ 1.0 mm 细焊丝，厚壁管一律用 $\phi1.2$ mm 焊丝，焊接电源 80～140 A，电弧电压 18～22 V。

2. 水平转动管焊　水平薄壁管（壁厚为 $2.5 \sim 7$ mm）转动焊接时，应当选择立焊的位置，即焊枪在时钟 3 点钟的位置处不动，焊工用左手按焊接速度逆时针旋转钢管，进行焊接。水平厚壁管（壁厚为 $10 \sim 20$ mm）转动焊接时，应当选择平焊位置，但是不能选在时钟 12 点钟位置或 12 点左侧的位置，较好的焊位应在 12 点向右移 L 距离处，这样，可使熔池处在相当于平板平焊的位置，适用平板平焊的技术要领，如图 4 - 23 所示。

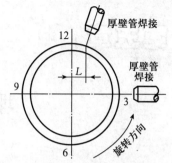

图 4 - 23　水平转动管焊时的焊枪位置

第五章

埋 弧 焊

第一节 埋弧焊的原理与焊接参数

一、埋弧焊的原理

埋弧焊是电弧在焊剂层下燃烧进行焊接的方法。埋弧焊在焊接过程中电弧被焊剂覆盖，用机械装置自动控制送丝和电弧移动。

埋弧焊的过程是裸金属丝与焊件（母材）间产生的电弧焊，在焊剂层下利用颗粒状焊剂作为金属熔池的覆盖层，使熔池与空气隔绝，形成全面保护焊接区域。焊剂层下的电弧不断沿指定方向渐进，冷却后便形成焊缝，如图 5-1a 所示。

埋弧焊的焊接过程如图 5-1b 所示，焊剂由漏斗流出后，均匀地堆敷在焊件上，焊丝由送丝滚轮送进，经导电嘴送入焊接电弧区。焊接电源的两极，分别接在导电嘴和焊件上。送丝机构、焊丝盘、焊剂漏斗和控制盘等全部装在一个行走机构——焊接小车上。焊接时只要按下启动按钮，焊接过程便可自动进行。

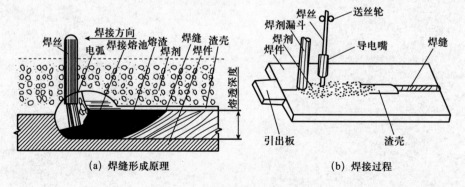

(a) 焊缝形成原理   (b) 焊接过程

图 5-1 埋弧焊的原理与过程

埋弧焊的实质是电弧在一定大小颗粒的焊剂层下，由焊丝和焊件金属之间放电而产生的电弧热，使焊丝的端部及焊件金属熔化，熔化金属凝固后，即形成焊缝。这个过程是电弧在焊剂层下进行的，所以称为埋弧焊。

二、埋弧焊的特点

1. 埋弧焊的优点 埋弧焊与其他焊接方法相比具有下列优点：

（1）埋弧焊可以相当高的焊接速度和高的熔敷率完成焊件厚度不受限制的对接、角接和搭接接头，多丝埋弧焊特别适用于厚板接头和表面堆焊。

（2）单丝或多丝埋弧焊可以单面焊双面成形工艺完成厚度 20 mm 以下直边对接接头，或以双面焊完成 40 mm 以下的直边对接和单 V 形坡口对接接头，可获得相当高的经济效益。

（3）利用焊剂对焊缝金属脱氧还原反应以及渗合金作用，可以获得力学性能优良、致密性高的优质焊缝金属。焊缝金属的性能容易通过焊剂和焊丝的选配任意调整。

（4）埋弧焊过程中焊丝熔化不产生任何飞溅，焊缝表面光洁，焊后无需修磨焊缝表面，省略辅助工序。

（5）埋弧焊过程无弧光刺激，焊工可集中注意力操作，焊接质量易于保证，同时劳动条件得到改善。

（6）埋弧焊易于实现机械化和自动化操作，焊接过程稳定，焊接参数调整范围广，可以适应各种形状工件的焊接。

（7）埋弧焊可在风力较大的露天场地施焊。

2. 埋弧焊的缺点

（1）由于埋弧焊电弧被焊剂所覆盖，在焊接过程中不易观察，所以不利于及时调整。

（2）由于埋弧焊是依靠颗粒状焊剂堆积形成保护条件，所以主要适用于平焊位置，若其他位置焊接需采取特殊措施。

（3）由于埋弧焊焊剂的主要成分是 MnO、SiO_2 等金属及非金属氧化物，因此难以用来焊接铝、钛等氧化性强的金属及其合金。

（4）因机动性差、焊接设备比较复杂，故不适用于短焊缝的焊接，同时对一些不规则的焊缝焊接难度较大。

（5）当焊接电流小于 100 A 时埋弧焊的电弧稳定性差，因而不适用焊接厚度小于 1 mm 的薄板。

　　3. 埋弧焊的应用范围　由于埋弧焊具有上述的优点，它广泛地应用于工业生产的各个领域，如：金属结构，桥梁、造船、铁路车辆、工程机械、化工设备、锅炉与压力容器、冶金机械、武器装备等，是国内外焊接生产中最普遍的焊接方法。

　　埋弧焊还可以在焊件金属表面上堆焊，提高金属的耐磨、耐腐蚀性能。

　　埋弧焊除广泛应用于碳素钢、低合金结构钢、不锈钢、耐热钢等的焊接外，还可以焊接镍基合金、铜合金，使用无氧焊剂还可以焊接钛合金。

三、埋弧焊的工艺方法

　　埋弧焊是一种高效、优质的焊接方法。发展非常迅速，已衍变出多种埋弧焊工艺方法，并得到广泛应用。常见的埋弧焊工艺方法主要有：单丝焊接法、热丝埋弧焊接法、并联焊丝焊接法、多丝多电源埋弧焊接法等。

　　1. 单丝焊接法　单丝焊接法是埋弧焊中最通用的焊接方法，其原理如图 5-2 所示。由于焊接设备简单，操作方便，在工业生产中已普遍应用。单丝焊可分细丝焊和粗丝焊。焊丝直径 $\phi 2.5$ mm 以下为细丝，$\phi 2.5$ mm 以上为粗丝。

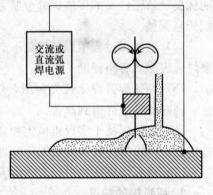

图 5-2　单丝埋弧焊接法原理

　　粗丝埋弧焊通常用于自动或机械化焊接，多半配用缓降外特性电源和弧压控制送丝系统。当焊接电流大于 600 A 时，配用恒压电源和等速送丝系统，同样可获得稳定的焊接过程。粗丝埋弧焊可使用高达 1 000 A 的大电流，获得高达 20 kg/h 以上的高熔敷率。因此主要用于 20 mm 以上的厚板焊接。另外，利用粗丝大电流深熔的特点，可以一次焊透 20 mm 以下的 I 形坡口对接缝，从而进一步提高了焊接效率。

　　细丝埋弧焊通常配用恒压电源和等速送丝系统，电弧长度的控制靠恒压电源弧长变化时电流快速升降产生的自调节作用。细丝埋弧焊主要用于薄板的焊接，可以获得高的焊接速度和光滑平整的焊缝外形，最高焊接速度可达 200 m/h。在这种情况下，对焊接设备和接头跟踪的精度提出了严格的要求。细丝埋弧焊也经常用于手工埋弧焊，焊剂通过软管由压缩空气送至焊接区，焊炬或由焊工手动操作或夹持在机架上或小车上完成焊接过程。焊接角焊缝时一般在焊炬前装上导向轮，以使焊丝对准接缝，形成两侧熔合良好的角焊缝。

单丝埋弧焊可以使用交流电，也可使用直流电。使用直流电焊接时，正极性（即焊丝接负极）连接法比反极性（即焊丝接正极）连接法焊丝熔敷率要高得多。但正极性焊接的熔透深度要比反极性低 20%～25%。因此表面堆焊或不要求深熔的填充焊应选用正极性焊接法，而要求深熔的平板对接单面焊或双面焊以及厚板开坡口对接接头的根部焊道则必须采用反极性焊接法。

2. 热丝埋弧焊接法　热丝埋弧焊接法实际上是一种加大焊丝伸出长度的焊接法。热丝埋弧焊的另一种形式是外加一根经电阻加热的辅助焊丝，该焊丝由一独立的辅助电源加热并由一独立的送丝系统给送至焊接区，其原理如图 5-3 所示。附加的热丝通常采用直径为 1.6 mm 的细丝，加热电源为平特性交流变压器，输出电压为 8～15 V。焊丝通

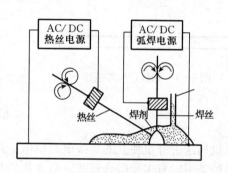

图 5-3　热丝埋弧焊接法原理

过导丝嘴直接送至焊接熔池。该焊接法的总熔敷率可超过加大焊丝伸出长度法，可提高 70%左右。该法焊接热输入有所提高，但不会损害焊缝金属的力学性能。

3. 并联焊丝焊接法　并联焊丝焊接法是将两根或多根焊丝并联于同一台电源进行焊接，以提高熔敷率和焊接速度，电源与焊丝的连接方法如图 5-4 所示。采用直流电源时，两根焊丝的电弧会相互吸引集中于一个焊接熔池上。直流反接法可获得最大的熔深，而正接法熔深较小。采用交流电源时，电弧分散，可获得中等的熔深。两根焊丝可按图 5-5 所示的方式，横向于焊接方向或纵向于焊接方向排列。焊丝横向于焊接方向，亦称并列焊丝，可获得浅的熔深和低的稀释率；焊丝纵向排列，亦称串列焊丝，可获得较高的焊接速度，其焊道具有与单丝焊相似的形状。并列焊丝法主要用于表面堆焊，焊丝可作横向摆动，以进一步降低稀释率和热输入。对于堆焊，为达到较高的熔敷率，通常采用直流正接法。串列焊丝法用于连接焊，焊接速度比单丝焊约高 1.5 倍。

4. 多丝多电源埋弧焊接法　多丝多电源埋弧焊中，每根焊丝由单独的送

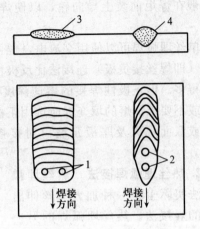

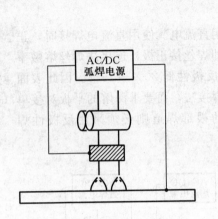

图5-4　并联焊丝焊接法

图5-5　并列焊丝和串列焊丝对焊缝熔透的影响
1. 并列焊丝　2. 串列焊丝
3. 并列焊丝焊缝截面形状　4. 串列焊丝焊缝截面形状

丝机构送进并由独立的焊接电源供电。焊丝的数量、焊丝的极性和所使用的电源种类可以有多种组合形式，最常用的是如图5-6和图5-7所示的双丝和三丝焊接法。按实际经验，焊接电源只能采取直流和交流联用，如所有的电源均为直流电源则电弧偏吹现象十分严重。通常将前置焊丝接直流电源，后置焊丝及中间焊丝均接交流电源。在一些特殊应用场合，例如管道内环缝的焊接，则必须全部采用交流焊接电源。

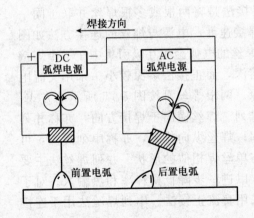

图5-6　双丝双电源焊接法

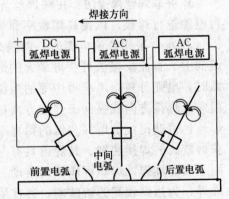

图5-7　三丝多电源焊接法

多丝多电源埋弧焊与单丝埋弧焊相比，其主要优点是焊接速度可成倍地提高，显著地提高厚板的焊接效率。此外，三丝焊时，每根焊丝可有不同的作用，例如，前置焊丝选用大电流和低电压，以达到深熔的目的，中间焊丝选用比前置焊丝小的电流，使熔深略有增加并改善焊道的成形，而最后一根后置焊丝选用更低的电流和较高的电压，以形成平整光滑的焊道外形，如图5-8所示。

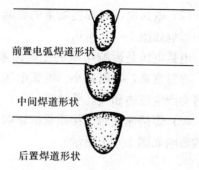

图5-8　三丝埋弧焊时焊道的成形

四、埋弧焊的焊接参数

1. 埋弧焊焊接参数对焊接质量的影响　埋弧焊的焊接工艺参数对焊接质量有很大的影响，其主要的工艺参数有焊接电流、电弧电压、焊接速度、焊丝直径与伸出长度、焊丝与焊件的相对位置（焊丝倾斜角度）、装配间隙与坡口的大小等，此外焊剂层的厚度与粒度对焊缝质量也有影响。

（1）焊接电流对焊接质量的影响

当其他参数不变时，焊接电流对焊缝成形的影响如图5-9所示。

焊接电流是决定焊缝熔深的主要因素。在一定范围内，焊接电流增加，焊缝熔深和余高都增加，而焊缝宽度增加不大。增大焊接电流能提高生产率，但在一定的焊接速度下，焊接电流过大会使热影响区过大及产生焊瘤、烧穿等缺陷；若焊接电流过小，则熔

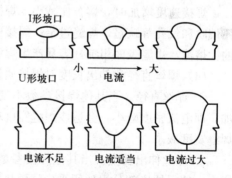

图5-9　焊接电流对焊缝成形的影响

深不足，产生熔合不好、未焊透和夹渣等缺陷，并使焊缝成形变差。

为保证焊缝的成形，焊接电流必须与电弧电压保持合适的比例，见表5-1。

表5-1　焊接电流与电弧电压的比例

焊接电流（A）	600~700	700~850	850~1 000	1 000~1 200
电弧电压（V）	36~38	38~40	40~42	42~44

（2）电弧电压对焊接质量的影响 当其他参数不变时，电弧电压对焊缝成形的影响如图 5-10 所示。

电弧电压是影响熔宽的主要因素。电弧电压增加时，弧长增加，熔深减小，焊缝变宽，余高减小。电弧电压过大时，焊剂熔化量增加，电弧不稳，严重时会产生咬边和气孔等缺陷。

（3）焊接速度对焊接质量的影响 当其他参数不变时，焊接速度对焊缝成形的影响如图 5-11 所示。

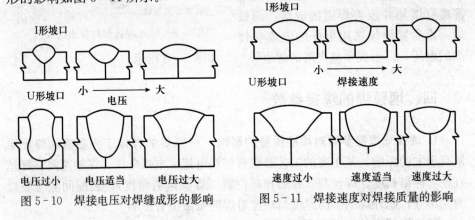

图 5-10 焊接电压对焊缝成形的影响　　图 5-11 焊接速度对焊接质量的影响

焊接速度增加时，熔合比减小。焊接速度过高，会产生咬边、未焊透、电弧偏吹和气孔等缺陷，焊缝过窄；焊接速度过慢，焊缝余高过高，形成宽而浅的大熔池，焊缝表面粗糙，容易产生焊瘤或烧穿等缺陷。

（4）焊丝直径和伸出长度对焊接质量的影响

① 焊丝直径。当其他焊接参数不变而焊丝长度增加时，弧柱直径随之增加，即电流密度减小，会造成焊缝宽度增大，熔深减小，反之，则熔深增加及焊缝宽度减小。

② 焊丝伸出长度。当其他焊接参数不变而焊丝长度增加时，电阻也随之增大，使得伸出部分焊丝所受到的预热作用增加，焊丝熔化速度加快，结果使熔深变浅，焊缝余高增加，因此需控制焊丝伸出长度，不宜过长。

不同直径的焊丝适用的焊接电流见表 5-2。

表 5-2　不同直径焊丝适用的焊接电流

焊丝直径（mm）	2	3	4	5	6
电流密度（A/mm²）	6～125	50～85	40～63	35～50	28～42
焊接电流（A）	200～400	350～600	500～800	700～1 000	800～1 200

(5) 焊丝倾斜角度对焊接质量的影响 焊接时焊丝相对焊件倾斜，使电弧始终指向待焊部位的焊接操作方法称为前倾焊。焊丝前倾时，焊缝成形系数增加，熔深浅，焊缝宽度大，适于焊接薄板。电弧始终指向已焊部位的焊法叫后倾焊。后倾焊时，熔深和余高增大，焊缝宽度明显减小，焊缝成形不良，如图 5-12 所示。

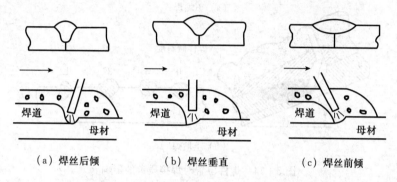

（a）焊丝后倾　　　　（b）焊丝垂直　　　　（c）焊丝前倾

图 5-12　焊丝倾角对焊缝成形的影响

焊丝前倾角度减小时，如图 5-13 所示，从 90°逐步减小到 30°时，则熔宽逐步地增大，而余高逐步地减小。

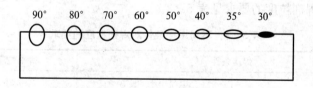

图 5-13　焊丝前倾角度对焊缝形状的影响

(6) 焊件位置对焊接质量的影响 埋弧焊时，当焊件不在水平位置，从上往下的焊接，叫做下坡焊；从下往上的焊接，叫做上坡焊。下坡焊时，焊缝的厚度减小，宽度增大；上坡焊时，焊缝的余高和厚度增大，宽度减小，如图 5-14 所示。

(7) 装配间隙和坡口角度对焊接质量的影响 当其他参数不变，装配间隙与坡口角度增大时：熔合比和余高减小，熔深增大，但焊缝厚度基本保持不变。

(8) 焊剂层的厚度对焊接质量的影响 焊剂层过薄，容易露弧，保护效果不好，易产生气孔或裂纹；焊剂层过厚时，焊缝变窄，成形系数减小。

采用小直径焊丝焊薄板时，焊剂粒度对焊缝成形有影响，粒度过大，电弧不稳定，焊缝表面粗糙，成形不好；粒度小时，焊缝表面光滑，成形较好。

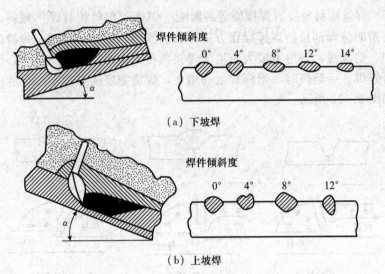

（a）下坡焊

（b）上坡焊

图 5 - 14　焊件位置对焊接质量的影响

（9）焊剂粒度对焊接质量的影响　焊剂粒度对焊缝形状有一定影响。对于一定粒度的焊剂，若电流过大，会造成电弧不稳、焊缝表面边缘凹凸不平。其影响规律是：焊剂粒度增大时，熔深略减小，熔宽略增加，余高略减小。不同焊接条件对焊剂粒度的要求见表 5 - 3。

表 5 - 3　不同焊接条件对焊剂粒度的要求

焊接条件		焊剂粒度（mm）
埋弧焊	电流小于 600 A	0.25～1.6
	电流为 600～1 200 A	0.4～2.5
	电流大于 1 200 A	1.6～3.0
焊丝直径不超过 2 mm 的埋弧焊		0.25～1.6

埋弧焊焊接工艺参数对焊缝形状的影响见表 5 - 4。

表 5 - 4　埋弧焊焊接工艺参数对焊缝形状的影响

焊接参数		厚度	宽度	余高	成形系数	熔合比
焊接电流（A）		显著增大	略增大	显著增大	显著减小	显著增大
电弧电压（V）	22～34	略增大	增大	减小	增大	略增大
	34～60	略减小	显著增大（除直流正接）	减小	显著增大（除直流正接）	无变化

（续）

焊接参数		厚度	宽度	余高	成形系数	熔合比
焊接速度（m/h）	10～40	无变化	减小	略增大	减小	显著增大
	40～100	减小	减小	略增大	略减小	增大
焊丝直径（ϕ4～6）		减小	增大	减小	增大	减小
焊丝前倾		显著减小	增大	减小	显著增大	减小
焊件倾斜	上坡焊	略增大	略减小	增大	减小	略增大
	下坡焊	减小	增大	减小	增大	减小
间隙或坡口（0～4 mm）		无变化	无变化	减小	无变化	减小
焊剂粒度（0.45～2.5 mm）		略减小	略增大	略减小	增大	略减小

2. 埋弧焊焊接参数的选择方法 由于埋弧焊焊接参数的内容较多，而且在各种不同情况下的组合，对焊缝成形和焊接质量可产生不同或相似的影响，故选择埋弧焊的焊接参数是一项比较复杂的工作。

选择埋弧焊焊接参数时，应达到焊缝成形良好，接头性能满足设计要求，并要具有高效率和低消耗。

选择焊接参数的步骤是：以以往的生产经验或查阅类似情况下所用的焊接参数作为参考，然后进行试焊。试焊时所用试件的材料、厚度和接头形式、坡口形式等应完全与生产焊件相同，尺寸大小允许不一样，但不能过小。经过试焊和必要的检验，最后确定出合适的焊接参数。

第二节 埋弧焊的设备和材料

一、埋弧焊机

1. 埋弧焊机的分类

（1）**按用途分** 可分为通用和专用焊机两种。通用焊机广泛用于各种结构的对接、角接、环缝和纵缝的焊接；专用焊机主要用于某些特定结构或焊缝的焊接。

（2）**按电弧调节方法分** 可分为等速送丝式和变速送丝式两种。等速送丝式主要用于细丝或高电流密度的情况；变速送丝式主要用于粗丝或低电流密度的情况。

（3）**按行走机构形式分** 可分为小车式、门架式和悬臂式3种。

（4）按焊丝数目分　可分为单丝、双丝或多丝焊机几种。

2. 组成　埋弧焊机一般由埋弧焊车、控制箱和变压器三部分组成，如图 5-15 所示。

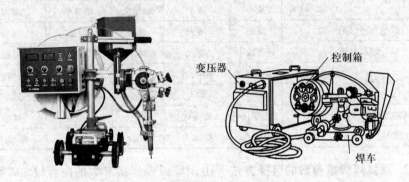

图 5-15　埋弧焊机的组成

（1）埋弧焊车　埋弧焊车由机头、焊剂漏斗、控制盘、焊丝盘、行走机构等部分组成，如图 5-16 所示。

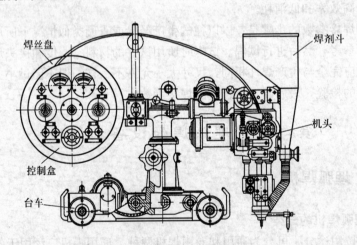

图 5-16　埋弧焊车的组成

机头是由送丝机构和焊丝矫直机构组成。它的作用是将送丝机构送出的焊丝，经矫直滚轮矫直，再经导电嘴，最后送到电弧区。机头上部装有与弧焊电源相连接的接线板，焊接电流经接线板和导电嘴送至焊丝。机头可以上下、前后、左右移动或转动。

焊剂漏斗装在机头的侧面，通过金属蛇形软管，将焊剂堆敷在焊件的预焊部位。

控制盘装有测量焊接电流和电弧电压的电流表、电压表及电弧电压调整器、焊接速度调整器、焊丝向上按钮、焊丝向下按钮、电流增大按钮、电流减小按钮、启动按钮、停止按钮等。

焊丝盘是圆形的，紧靠控制盘，里面装有焊丝供焊接之用。

行走机构主要是由 4 只绝缘橡皮车轮、减速箱、离合器和 1 台直流电动机组成。

（2）控制箱　控制箱内装有电动机-发电机组、中间继电器、交流接触器、变压器、整流器、镇定电阻和开关等。

（3）变压器　采用交流弧焊电源时，一般配用 BX2－1000 型弧焊变压器。采用直流弧焊电源时，可配用具有相当功率，并具有下降特性的直流弧焊发电机或弧焊整流器。生产中一般多配用 AX1－500 型直流弧焊发电机（单台或两台并联使用）或配用改装后具有下降特性的 AP－1000 型直流弧焊发电机。

3. 自动埋弧焊机的工作原理　自动埋弧焊机工作时，为了获得较高的焊接质量，不仅需要正确地选择焊接规范，而且还要保证焊接规范在整个焊接过程中保持稳定。为了消除弧长变化的干扰，自动埋弧焊机采用两种能自动调节弧长的方式，即等速送丝式和变速送丝式。两种自动埋弧焊机分别采用电弧自身调节和电弧电压自动（强制）调节。

（1）等速送丝式埋弧焊机的工作原理　等速送丝式自动埋弧焊机，其送丝速度在焊接过程中是保持不变的。等速送丝式自动埋弧焊机的调节，主要是利用电弧长度改变时会引起焊接电流的变化，而焊接电流的变化又引起焊丝熔化速度的改变，因送丝速度在焊接过程中保持不变，所以在电弧长度发生变化时，电弧能自动回到原来的稳定点燃烧。当电流的变化量为一定时，对焊丝熔化速度的影响，细焊丝（如 $\phi 3$ mm）要比粗焊丝（如 $\phi 6$ mm）更明显，所以等速送丝式自动埋弧焊机，最好采用细焊丝。

由于埋弧焊机属于大功率设备，其焊接的启动和停止，都会造成网络电压的显著变化。当网络电压发生变化时，焊接电源的外特性也会随之产生相应的变化。为了减少网路电压变化对电弧电压的影响，等速送丝埋弧焊机最好使用具有缓降外特性的焊接电源。

（2）变速送丝式埋弧焊机的工作原理　变速送丝式自动埋弧焊机弧长的调节，是通过自动调节机构改变送丝速度来实现的。

由于变速送丝式自动埋弧焊机的弧长，是依靠外加调节机构来调节的，所以只要外界条件一改变，电弧电压的变化就会立即反映到调节机构上，从而迅速改变送丝速度，使电弧恢复到原来的稳定点燃烧。变速送丝式自动埋弧焊机在采用粗焊丝（5～6 mm）时比用细焊丝调节性能更好。

为了防止网路电压变化时引起焊接电流的过大变化，变速送丝式埋弧焊机最好使用具有陡降外特性的焊接电源。

几种埋弧焊机的技术参数见表5-5。

表5-5 几种埋弧焊机的技术参数

焊机型号	MZA-1000	MZ-1000	MZ1-1000	MZ2-1500	MZ3-500
送丝方式	电弧电压调节式	电弧电压调节式	等速送丝式	等速送丝式	等速送丝式
焊机结构特点	埋弧、明弧两用焊车	焊车	焊车	悬挂式自行机头	电磁爬行小车
焊接电流（A）	200～1 200	400～1 200	200～1 000	400～1 500	180～600
焊丝直径（mm）	3～5	3～6	1.6～5	3～6	1.6～2
送丝速度（m/h）	30～360（弧压反馈控制）	30～120（弧压35V）	52～403	28.5～225	108～420
焊接速度（m/h）	2.1～78	15～70	16～126	13.5～112	10～65
焊车或机头 外形尺寸（长×宽×高，mm×mm×mm）	500×600×800	1 010×344×662	716×346×540	760×710×1 763	290×230×260
焊车或机头 质量（kg）	60	65	45	160	13

二、埋弧焊的辅助设备

在埋弧焊生产中，为确保焊接质量及提高生产率，常借助于辅助机械设备。它的主要作用是使各类焊缝均能置于水平位置，在焊接时能保持均匀的焊接速度，且沿规定的轨迹，并能进行无级调速。

埋弧焊的辅助设备主要有焊接操作机、焊接滚轮架、焊接变位机、焊剂垫等。

1. 焊接操作机 焊接操作机是将焊机准确地保持在空间某一位置上，或以给定速度均匀移动焊机的装置。它在焊接滚轮架的配合下，可适应圆筒形容器内、外纵环焊缝的焊接；若辅以焊接变位机，可适应各类堆焊及球形容器的焊接。常用的焊接操作机有伸缩臂式、平台式、龙门式及悬臂式 4 种，如图 5 - 17 所示。

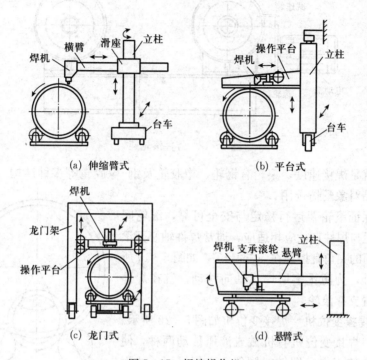

(a) 伸缩臂式　　　　　　　　(b) 平台式

(c) 龙门式　　　　　　　　　(d) 悬臂式

图 5 - 17　焊接操作机

（1）伸缩臂式焊接操作机的功能较全，应用较广。

（2）平台式焊接操作机的结构较简单，活动环节较少，设备刚性较好，占地不大，常设置在车间靠墙的地方。

（3）龙门式焊接操作机为四柱门式结构，内跨有一座可供升降的操作平台，龙门架可在轨道上行走。该机刚性虽好，但因结构粗笨，占地面积大，仅适用于外纵、环缝的焊接，故较少采用。

（4）悬臂式焊接操作机主要用来焊接圆筒体及管道的内纵、环缝的焊接。悬臂细长（也有多节伸缩），故刚性较差，控制箱等置放在悬臂后部，以提高悬臂前部的稳定性与设备的灵活性。

2. 焊接滚轮架　焊接滚轮架也是埋弧焊常用的重要辅助装置，如图 5 - 18 所示。它利用滚轮与焊件的摩擦力带动焊件旋转。主要用于圆形、球形及管道的环缝焊接。

一台焊接滚轮架至少应有两对滚轮，其中一对是主动滚轮，另一对是从动滚轮，这样的组合形式应用最广。主动滚轮大多是无级调速，主动轮外缘的旋

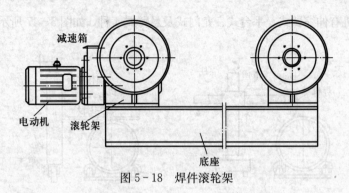

图 5-18　焊件滚轮架

转速度就是焊接速度，滚轮有钢轮、橡胶轮及钢-橡胶轮等多种结构。使用时应按产品对象酌情选用。

　　为保证滚轮架运行稳定与安全可靠，滚轮间的中心距与焊件直径应相适应，通常焊件轴心至滚轮轴心间的夹角宜控制在 $50°\sim110°$，如图 5-19 所示。此外，为防止多层焊时轴向移动，宜在焊件端面设置支撑滚轮。

　　3. 焊接变位机　焊接变位机如图 5-20 所示。

　　（1）焊接变位机有机械或液压传动两种，使夹持焊件的工作台回转或倾斜，进行平面、球面的焊接或堆焊。

　　（2）工作台的转速即是焊接速度，常采用无级调速。

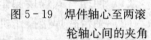

图 5-19　焊件轴心至两滚轮轴心间的夹角

　　（3）使用焊接变位机时要注意设备的负重能力，在不同位置或角度，设备的负重能力是不同的，应防止过载。

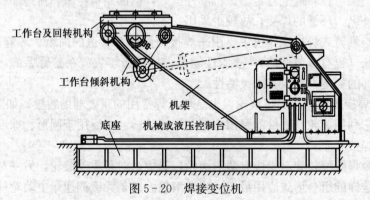

图 5-20　焊接变位机

4. 焊剂垫 埋弧焊时，为防止熔渣和熔池金属的泄漏，常采用焊剂垫来作衬垫，利用焊件的自重或特制的电磁平台及充气橡皮软管使之与焊件焊缝紧贴。焊剂垫上一部分熔化了的焊剂渣壳还能起到防止空气从背面侵入熔池的作用。

常用埋弧焊焊剂垫有 5 种，其结构与使用特点见表 5-6。

表 5-6 常用埋弧焊焊剂垫的种类与使用特点

名称	结构与使用特点	备 注
槽钢式纵（直）焊缝焊剂垫	利用槽钢盛装焊剂是最简单的焊剂垫形式，它适用于纵（直）缝的焊接	利用焊件的自重压紧焊剂，在焊缝长度方向，焊剂的承托力应均匀，在焊接过程中应注意避免焊件因受热变形而引起焊件与焊剂垫脱空现象
软管式纵（直）缝焊剂垫	靠汽缸的动作，将焊剂槽顶起与焊件接触，然后软管充气膨胀将衬槽胀撑起，使焊剂与焊道背面紧贴，适用于圆形筒体的内纵缝	该装置简单易制，焊剂垫压力均匀，衬垫效果好，可用于反面成形
电磁式软管纵（直）缝焊剂垫	靠电磁吸头将焊件吸住，然后上软管充气，下软管排气，借助推杆顶起衬槽，适用于板材的纵（直）缝焊接	位置灵活、使用方便，当进行多条纵（直）缝焊接时，可由几台焊剂垫组成焊接平台后同时使用
圆盘式内环缝焊剂垫	主要用于圆形筒体的内环缝焊接，被焊筒体放置在滚轮架上，焊剂垫小车位于两滚轮之间（必要时也可置于滚轮架上），施焊时，焊剂垫转盘在摩擦力作用下，随筒体一起转动，同时将焊剂连续不断地送到施焊处	该焊剂垫结构简单，使用方便，效果可靠，但焊剂易散落，须不断添加 圆盘升降可采用气压式、液压式或手摇式，视现场实际情况而定
皮带式环缝焊剂垫	采用螺杆滑块机构使皮带升降，贴紧焊件，并不断将焊剂推向焊件背面	该焊剂垫工作可靠方便，焊剂厚度均匀，压力适当，透气性好，使用时焊剂不易破碎，粒度易控制 该焊剂垫不易在窄小地方使用，且要求人工添加焊剂，在使用过程中焊剂易洒落

注：焊剂垫上的焊剂应尽可能与焊接所用的焊剂一致，通常采用焊接回用的焊剂，但必须经筛选、清灰并按规定烘干。

三、埋弧焊的焊接材料

埋弧焊的焊接材料包括焊丝和焊剂。

1. 焊丝　焊丝的功能是传导电流和填充焊缝，并向焊缝掺入合金元素，以保证焊缝的性能。

（1）焊丝的作用及要求　为保证焊缝质量，埋弧焊对焊丝的要求很高，需对焊丝中合金元素含量作一定的限制，如降低含碳量和硫磷等有害杂质元素的含量等。使用时，要求焊丝表面清洁，不应有氧化皮、铁锈及油污等。

（2）焊丝的牌号　埋弧焊所用焊丝与焊条电弧焊所用的焊芯属同一国家标准。埋弧焊常用的焊丝直径有 1.6 mm、2 mm、3 mm、4 mm、5 mm 和 6 mm 6 种。

（3）焊丝的保管与使用　焊丝的存放场地应干燥；焊丝装盘时，应将焊丝表面的氧化皮、铁锈及油污等清理干净。

2. 焊剂　焊接时经加热熔化形成熔渣，对熔化金属起保护作用的一种颗粒状物质，称为焊剂。

（1）焊剂的作用　焊剂是埋弧焊过程中保证焊缝质量的重要材料，作用如下：

① 熔化后形成熔渣，可以防止空气侵入，保护熔池。

② 向熔池过渡合金元素，改善化学成分，提高焊缝的力学性能。

③ 保证焊缝良好的成形。

（2）焊剂的要求　焊剂应满足以下要求：

① 保证电弧稳定燃烧。

② 保证焊缝金属的成分和性能。

③ 减少焊缝产生气孔的可能性。

④ 有利于焊缝成形和良好的脱渣性能。

⑤ 不易吸潮并有一定的颗粒度及强度。

⑥ 焊接时无有害气体析出。

（3）焊剂的种类　埋弧焊剂有熔炼焊剂和烧结焊剂两大类型。熔炼焊剂的成分均匀，颗粒强度高，吸水性小，易于保管和储存。烧结焊剂易于吸水，保管时要求防潮。焊剂一般在使用前都要求进行烘干。烘干温度为 250～300 ℃，保温 1 h。烘干时，焊剂的堆放厚度一般不超过 40～50 mm，焊剂烘干后，其含水量应低于 0.1%。

3. 焊剂与焊丝的匹配 埋弧自动焊是根据焊件的化学成分、力学性能、焊件厚度、接头形式、坡口尺寸以及工作条件等因素，选用匹配的焊丝和焊剂的。碳钢与合金结构钢的埋弧自动焊材料匹配见表 5－7。

表 5－7　碳钢与合金结构钢埋弧自动焊材料匹配

钢材类别		钢　号	焊　丝	焊　剂
低碳钢		Q235	H08A	431、101
		15、20	H08A、H08MnA	431、101
		20R、20G	H08MnA	431、101
低合金结构钢	300 MPa	09MnZ、09MnCu	H08MnA	431、301
	350 MPa	16Mn、16MnR	H08MnA、H10Mn2	431、301
	400 MPa	15MnV、16MnTi	H10MnSi、H10Mn2	431、301、350
	450 MPa	15MnVN	H08MnMoA	431、301、350
	500 MPa	18MnMoNb	H08MnMoVA	350、401
	550 MPa	14MnMoVB	H08MnMoVA	350、401

第三节　埋弧焊的操作技能

一、埋弧焊的操作过程

埋弧焊一般采用埋弧焊机，它的操作包括焊前准备、起弧、焊接、收尾四个过程。

1. 焊前准备 埋弧焊的焊前准备包括焊件坡口制备、焊件装配和焊机准备三个方面。

（1）焊件坡口制备　由于埋弧焊可使用较大规范，所以焊件厚度小于14 mm的钢板可以不开坡口；当焊件厚度为 14～22 mm 时，一般开"V"形坡口；当焊件厚度为 22～50 mm 时，可开"X"形坡口；更厚的焊件多开"U"形坡口，以减少坡口的宽度。"U"形坡口还能改善多层焊第一道焊缝的脱渣性。当要求以小的线能量焊接时，有时较薄的焊件也可开"U"形坡口。"V"形和"X"形坡口角度一般为 60°～80°，以利于提高焊接质量和生产效率。

坡口的加工可采用刨边机、气割机、碳弧气刨及其他机械设备加工，坡口边缘的加工必须符合技术要求，焊前应对坡口及焊接部位的表面铁锈、氧化皮、油污清除干净，以保证焊接质量。对重要产品，应在距坡口边缘 30 mm 范围内打磨出金属光泽。

（2）焊件装配　埋弧焊的焊前装配必须给以足够重视，否则会影响焊缝的质量，具体要按产品的技术要求执行。焊件装配要求间隙均匀，高低平整无错边。

①装配定位焊。焊件的焊前组合，尽可能采用工装、夹具，以保证定位焊的准确性。一般情况下，定位焊结束后，应将夹具拆除。装配定位焊的目的是保证焊件固定在预定位置上，要求定位焊缝应能承受结构自重或焊接应力，而不会开裂。

定位焊后，应及时检查有无裂纹等缺陷，并清除熔渣。

焊件定位焊固定后，如果定位焊间隙为 0.8～2 mm 时，可先用手工焊封底，以防止自动焊时产生烧穿。如果间隙超过 2 mm 时，应去掉定位焊缝，并进行修补。定位焊后的焊件，应尽快进行埋弧焊。

②引弧板和引出板。埋弧焊时，由于在焊接起始阶段工艺参数的稳定和使焊道熔深达到要求，需要有个过程；而在焊道收尾时，由于熔池冷却收缩容易出现弧坑，影响焊接质量，甚至产生缺陷，因此，在非封闭焊缝的焊接时，常在接口两端分别采用引弧板和引出板（图 5 - 21）。焊接结束后，将两板用机械法去除。引弧板和引出板的厚度应与焊件相同。

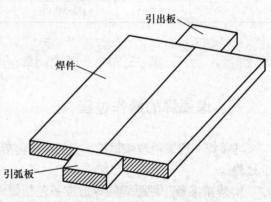

图 5 - 21　引弧板与引出板

长度为 100～150 mm，宽度为 75～100 mm。

（3）焊机准备

①清理坡口及待焊区的氧化物、水、锈、油污等。

②检查焊件装配精度、减少或避免错边、纵缝（直缝）两端分别装搭引弧板及熄弧板。

③按要求烘干焊剂，清理焊丝上的水、锈及油污，尽可能使用镀铜焊丝。

④将自动焊车放在焊件的工作位置上，检查电气线路是否接上，接电线位置是否恰当。

⑤ 将准备好的焊丝和焊剂分别装入焊丝盘与焊剂漏斗内。

⑥ 合上弧焊电源的闸刀开关，接通控制箱的电源。

⑦ 按动使焊丝向下的"向下"按钮，使焊丝对准施焊处，并与焊件稍有接触，对好指针，闭合焊车离合器（焊接环缝除外）。

⑧ 将控制盘上的换向开关扳到焊接方向；"焊接、空载"开关扳到"焊接位置"。

⑨ 通过控制盘上的电位器和电流按钮预调好电弧电压、焊接电流（直流电源除外）和焊接速度。

⑩ 开启焊剂漏斗的闸门，使焊剂堆敷在始焊部位。

2. 起弧 焊机的起弧方式有两种：短路回抽引弧和缓慢送丝引弧。

（1）短路回抽引弧 引弧前让焊丝与焊件轻微接触，按下"焊接"起焊，则为短路回抽引弧。因焊丝与焊件短接，导致电弧电压为零，然后焊丝回抽，回抽同时，短路电流烧化短路接触点，形成高温金属蒸气，随后建立的电场形成电弧。

（2）缓慢送丝引弧 当焊丝未与焊件接触时，按下"焊接"起焊时，为缓慢送丝引弧。这时，弧焊电源输出空载电压，焊接按钮需要持续按下，使送丝速度减小。这样，便形成慢送丝。焊丝慢送进直到与焊件短接，焊丝回抽，形成电弧，完成引弧过程。

3. 焊接 按上面方法使焊丝提起随即产生电弧后，焊丝向下不断送进，同时自动焊车开始前进。在焊接过程中，操作者应留心观察自动焊车的行走，注意焊接方向不偏离焊缝外，同时还应控制焊接电流、电弧电压的稳定，并根据已焊的焊缝情况不断修正焊接规范及焊丝位置。另外，还要注意焊剂漏斗内的焊剂量，必要时需进行添加，以及焊剂垫等其他工艺措施正常与否，以免影响焊接工作的正常进行。

4. 收尾

① 当焊车焊至熄弧板（环缝焊至接头处）时，关闭焊剂漏斗闸门。

② 轻轻按下"停止"按钮（先按一半，手不要松开），此时机头电动机的电枢供电回路先被切断，焊丝仅靠电动机的转动惯性减速下送；与此同时，电弧开始拉长，弧坑逐渐被填满。

③ 待电弧自然熄灭后，再将"停止"按钮按到底，切断焊接电源，焊机停止工作，控制箱各触点恢复至初始状态。

④ 推开焊车，筛选回收焊剂，清理焊渣，检查焊缝外观（对较长的焊缝，此项工作可在焊接过程中进行），焊接过程便告结束。

须注意："停止"按钮切勿一按到底，否则易造成焊丝插入尚未凝固的熔池，产生焊丝与焊件粘住的现象。

二、对接直缝埋弧焊的操作方法

1. 对接直缝埋弧焊的类别　对接直缝的焊接是埋弧焊常见的焊接工艺，该工艺有两种基本类型，即单面焊和双面焊，同时，它们又可分为有坡口、无坡口和有间隙、无间隙等形式；根据焊件厚薄的不同，又可分为单层焊和多层焊；根据防止熔化金属泄漏的不同情况，又有各种衬垫法和无衬垫法。

2. 埋弧焊单面焊双面成形的操作方法　这种焊接工艺，主要是采用较大的焊接电流，将焊件一次焊透，并使焊接熔池在焊剂垫上冷却凝固，以达到一次成形的目的。这样，可提高生产效率、减轻劳动强度、改善劳动条件。

在焊剂垫上单面焊双面成形的埋弧焊，要留一定间隙，可不开坡口，将焊剂均匀地承托在焊件背面。焊接时，电弧将焊件熔透，并使焊剂垫表面的部分焊剂熔化，形成一层液态薄膜，使熔池金属与空气隔开，熔池则在此液态焊剂薄层上凝固成形，形成焊缝。为使焊接过程稳定，最好使用直流反接法焊接，焊剂垫的焊剂颗粒度要细些。另外，焊剂垫对焊剂的承托力对焊缝双面成形的影响较大。如果压力较小，会造成焊缝下塌；压力较大，则会使焊缝背面上凹；压力过大时，甚至会造成焊缝穿孔。

无坡口单面焊双面成形埋弧焊所采用的方法主要为：

（1）磁平台-焊剂垫法　即用电磁铁将下面有焊剂垫的待焊钢板吸紧在平台上，适用于 8 mm 以下的薄钢板对接焊。

（2）龙门压力架-焊剂铜垫法　焊缝下部用焊剂铜垫托住。与焊件间预留一定间隙，利用横跨焊件并带有若干个气压缸或液压缸的龙门架，通过压梁压紧，从正面一次完成焊接，双面成形。

（3）水冷滑块式铜垫法　此法利用装配间隙把水冷短铜滑块贴紧在焊缝背面，并夹装在焊接小车上跟随电弧一起移动，以强制焊缝成形，滑块长度以保持熔池底部凝固不漏为宜。

（4）热固化焊剂衬垫法　是用酚醛或苯酚树脂作热固化剂，在焊剂中加入一定量的铁合金，制成条状的热固化剂软垫，粘贴在焊缝背面，并用磁铁夹具等固定进行焊接的方法。热固化焊剂垫的结构和使用方法如图 5-22 所示。

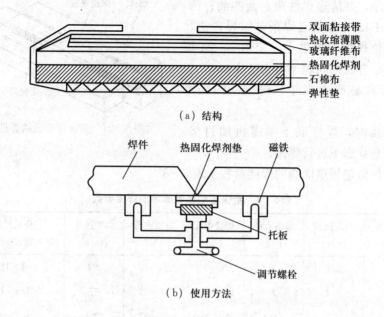

（a）结构

（b）使用方法

图 5-22　热固化焊剂垫的结构及使用方法

3. 带保留垫板单面焊的操作方法　保留垫板焊接法是在焊接时将衬垫置在对接接口的背面,通过正面第一道焊缝的焊接,将衬垫一起熔化并与焊件永久连接在一起的焊接方法。该衬垫叫保留垫板,保留垫板的材料应与焊件一致。该法适用于受焊件结构形式或工艺装备等条件限制,而无法实现单面焊双面成形的场合,主要用于小直径筒体及中、低压管道的外环焊接。保留垫板或锁底接头的焊接接头形式如图 5-23 所示。

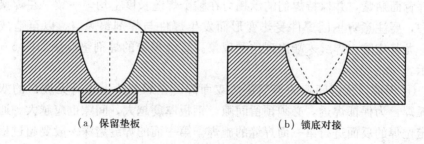

（a）保留垫板　　　　　　　　　　　（b）锁底对接

图 5-23　有保留垫板或锁底接头的焊接接头形式

制作保留垫板的要求如下：取低碳钢垫板,将其与焊件贴合面上的油脂、铁锈除净,并清除焊件两表面的油、锈,然后用 E4303 焊条以焊条电弧焊方法将垫板定位焊焊到焊件上,如图 5-24 所示。其贴合面的间隙不要大于 1 mm,否则焊缝容易产生夹渣、焊瘤、凹陷和烧穿。

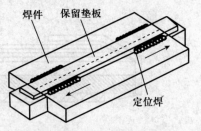

图 5-24 带保留垫板的焊件

焊接时,焊件底下不需再加衬垫,可在悬空状态下进行焊接。

带保留垫板单面焊的焊接参数见表 5-8。

表 5-8 带保留垫板单面焊的焊接参数

焊接厚度 (mm)	装配间隙 (mm)	焊条直径 (mm)	焊接电流 (A)	电弧电压 (V)	焊接速度 (m/h)	垫板尺寸 (厚×宽,mm×mm)
2	0.7	3	270~300	23~27	82	1×12
2.5	0.7	3	270~300	23~27	75	1.5×15
3	0.7	3	270~300	23~27	60	1.5×15
4	0.7	3	560~600	37~40	45	2×20
6	0.8	4	680~720	35~37	45	3×25

4. 埋弧焊双面焊的操作方法

(1) 焊剂垫法双面焊 在焊接对接焊时,为防止熔池和熔渣的泄漏,在焊接直缝的第一面时,常用焊剂垫作为衬垫进行焊接。焊剂垫的焊剂应尽量使用适合于施焊件的焊剂,并需烘干及经常过筛和去灰。焊接时焊剂垫必须与焊件背面贴紧,并保持焊剂的承托力在整个焊缝长度上均匀一致。在焊接过程中,要注意防止因焊件受热变形而发生焊件与焊剂垫脱空,以至造成焊穿,尤其应防止焊缝末端出现这种现象。直缝焊接的焊剂垫应用如图 5-25 所示。

① 无坡口预留间隙的焊剂垫法双面焊。在焊剂垫上进行无坡口的双面埋弧焊,为保证焊透,必须预留间隙,钢板厚度越大,间隙也应越大。通常在定位焊的反面进行第一面焊缝的施焊。第一面的焊缝熔深一般要超过板厚的 1/2~2/3。第二面焊缝使用的规范可与第一面相同或稍许减小。对重要产品在焊接第二面时,需对焊根进行焊缝根部清理。焊根清理可用碳弧气刨或砂轮打磨。

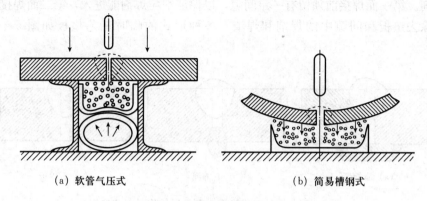

(a) 软管气压式　　　　　　　　　　(b) 简易槽钢式

图 5-25　直缝焊接的焊剂垫应用

　　为施工方便，焊剂垫可在焊缝背面粘贴一条宽约 50 mm 的纸带，起衬垫的作用，也可以采用其他形式的衬垫。

　　不开坡口的对接缝埋弧焊要求装配间隙均匀平直，不允许局部间隙过大。但实际生产中常常存在对接板缝装配间隙不均匀，局部间隙偏大的情况。这种情况如不及时调整焊接参数，极易造成局部烧穿缺陷，甚至使焊接过程中断，需要进行返修，浪费工时和材料。由于局部间隙过大，即使调解参数焊完这一小段后，还需重新将参数调节到原来规定值。因此焊工在实际操作时非常紧张，不能马上将焊接参数稳定下来，焊接质量也很不稳定。

　　焊接时如遇到局部间隙偏大，可采用右手把停止按钮按下一半的操作方法，其目的是减慢焊丝的给送速度，并保证焊接电弧维持燃烧，使焊接能够进行。操作时可根据间隙大小和具体焊接情况分别对待；也可以采用间断按法，即间断给送焊丝。操作时，一边按按钮，一边观察情况，如果焊机电弧发蓝光，按钮仍按一半；如焊接电弧发红光，表明可能引起烧穿，此时焊工要特别注意控制焊丝的给送速度，避免烧穿。焊过这一段间隙偏大的板缝后，再松开按钮，恢复正常操作。焊完后应检查焊缝，如发现局部焊缝达不到焊缝尺寸要求时，需进行补焊。如遇到局部间隙偏小也可以同样采取按停止按钮，以控制焊丝给送速度的方法进行焊接。

　　② 预留坡口间隙的焊剂垫法双面焊。对于厚度较大的焊件，当不允许使用较大的线能量焊接或不允许有较大的余高时，可采用开坡口焊接，坡口形式根据板厚决定。

　　(2) 临时工艺垫板法双面焊　临时工艺垫板的主要作用是托住填入间隙的

焊剂。第一面焊接前须留有一定间隙，以保证细粒焊剂能进入，第二面焊接前须除去垫板和间隙中的焊剂和焊渣。各种形式的临时工艺垫板如图 5 - 26 所示。

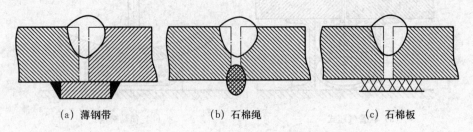

(a) 薄钢带　　　　　　(b) 石棉绳　　　　　　(c) 石棉板

图 5 - 26　临时工艺垫板法双面焊的临时工艺垫板

对接接头双面焊，采用临时工艺垫，正面施焊时，背面用宽为 30～50 mm、厚为 3～4 mm 的薄钢带、石棉绳或石棉板作工艺垫板，反面焊时除去垫板。这种工艺垫适用于小批量的焊接生产。

（3）悬空双面焊　当无法采用焊剂垫或临时工艺垫板时，只能进行悬空焊（即焊件反面不加任何衬垫）。悬空焊的关键是：保证装配间隙小于 1 mm。操作时第一面焊缝既不能烧穿又要有一定熔深，所以焊接热输入宜小。第二面焊缝宜选用较大热输入，使两面焊缝可靠地重叠且完全熔合，以确保焊透。由于该法操作简便，故在生产上应用较广。焊件悬空方式如图 5 - 27 所示。

由于在实际操作时，往往无法测出熔深的大小，通常靠经验来估计焊件的熔透与否。如在焊接时，观察熔池背面热场的颜色和形状，或观察焊缝背面氧化物生成的多少和颜色等。

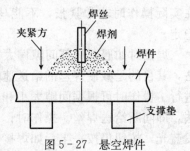

图 5 - 27　悬空焊件

对于 5～14 mm 厚度的焊件，在焊接时熔池背面热场应呈红到淡黄色（焊件越薄颜色应越浅）。如果热场颜色呈淡黄或白亮色时，则表明将要焊穿，必须迅速改变焊接方法。如果此时热场前端呈圆形，则可提高焊接速度；若热场前端已呈尖形，说明焊接速度较快，必须立即降低焊接速度，减小焊接电流，并适当增加电弧电压。如果焊缝背面热场颜色较深或较暗时，则说明焊速过快或焊接电流过小，应当降低焊接速度或增加焊接电流。上述方法不适用于厚板多层焊后几层的焊接。

观察焊缝背面氧化物生成的多少和颜色是在焊后进行的。热场的温度越高，焊缝背面被氧化的程度就越严重。如果焊缝背面氧化物呈深灰色且厚度较大并有脱落或裂开现象，则说明焊缝已有足够熔深；当氧化物呈赭红色，甚至氧化膜也未形成，这就说明被加热的温度较低，熔深较小，有未焊透的可能（较厚钢板除外）。

5. 埋弧焊实例

实例一：带垫板 I 形坡口对接直缝埋弧焊，其操作工艺与方法见表 5－9。

表 5－9　带垫板 I 形坡口对接直缝埋弧焊的操作方法

操作工艺		操作方法
焊前准备	焊件	Q235 或 Q345 钢板，尺寸为 400 mm×100 mm×10 mm，共两块；400 mm×40 mm×10 mm 垫板 1 块；100 mm×100 mm×10 mm 引弧板、引出板各 1 块
	焊接材料	焊丝直径为 5 mm，H08A；焊剂为 HJ431。定位焊用焊条为 E4303，直径为 4 mm
	焊机	MZ－1000 型埋弧焊机
装配及定位焊		将焊丝及焊件除锈、去污，焊剂烘干 按图所示进行组对，将引弧板和引出板在焊件两端定位焊牢，在焊件的背面装垫板。要求垫板与焊件间隙对称，与焊件紧贴，定位焊焊脚为 4 mm，每段焊缝长 20 mm，间距 50 mm 左右。定位焊时采用 E4303 焊条，直径为 4 mm；焊接电流为 180～210 A，以焊条电弧焊方式进行
焊接		将焊件放置于水平位置，然后用单层单道一次完成焊接 ① 调试焊接工艺参数。在其他废钢板上调好工艺参数： 焊接电流：600～650 A 电弧电压：33～35 V 焊接速度：38～40 m/h ② 使焊件的间隙与焊接小车轨道平行

（续）

操作工艺	操作方法
焊接	③ 焊丝对中。调整好焊丝位置，使丝头对准间隙，但不接触钢板，然后往返拉动焊接小车几次，反复调试位置，直到焊丝能在整块焊件上对准位置为止 ④ 引弧。将焊接小车拉到引弧板处，调整好焊接小车行走的方向开关，使焊丝与引弧板可靠接触并洒焊剂。按启动按钮，引燃电弧，焊接小车沿焊接方向行走，开始焊接。在焊接过程中要注意观察，并随时调整焊接工艺参数 ⑤ 收弧。当电弧全部达到引出板上时，分两步按动停止按钮，填满弧坑后结束焊接过程
焊后清理及检测	① 清理。将焊剂及渣壳清理干净，将焊件表面的飞溅去除 ② 外观检查。焊缝余度≤0～3 mm，余高差≤2 mm，焊缝宽度差≤2 mm，焊缝直线度≤2 mm

实例二：厚度（30 mm）U 形坡口对接直缝埋弧焊，其操作工艺与方法见表 5 - 10。

表 5 - 10　厚度（30 mm）U 形坡口对接直缝埋弧焊的操作方法

操作工艺		操作方法
焊前准备	焊件	Q235 或 Q345 钢板，规格尺寸为 400 mm×100 mm×30 mm，共两块；10 mm×100 mm×100 mm 引弧板 2 块；6 mm×100 mm×50 mm 引出板 4 块。接头形式和焊缝尺寸如图所示（单位：mm） 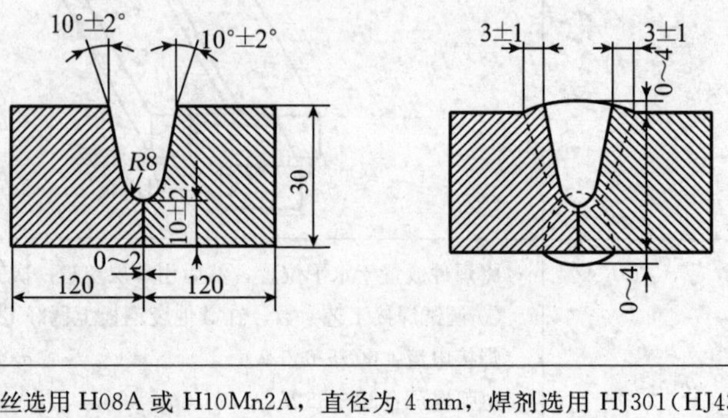
	焊接材料	焊丝选用 H08A 或 H10Mn2A，直径为 4 mm，焊剂选用 HJ301(HJ431)，定位焊用焊条选用 E4315，直径为 4 mm
	焊机	MZ - 1 000 型埋弧焊机

（续）

操作工艺	操作方法
装配及定位焊	将焊丝及焊件除锈、去污，焊剂烘干。将坡口及两侧 20 mm 范围内表面的铁锈、氧化物、水分和油污等清理干净 在焊件两端加装引弧板和引出板，按图所示进行装配定位。要求装配间隙不大于 2 mm，错边量不大于 1.5 mm，反变形控制在 3°～4°。
焊接	（1）焊接位置。焊件放置于水平位置，进行两面多层多道焊焊接 （2）焊接顺序。先焊形坡口的焊缝，焊完清渣后，将焊件翻转，在反面用碳弧气刨将焊缝根部刨出形槽，槽宽 8～10 mm，深 4～5 mm。最后进行反面焊缝的焊接，反面焊接可采用单层单道焊 （3）焊接工艺参数 焊件厚度：30 mm 焊件间隙：0～2 mm 焊丝直径：4 mm 焊接电流：600～700 A 电弧电压：34～38 V 焊接速度：25～30 m/h 电流种类：直流反接 （4）正面焊。调试好焊接参数，在间隙小端（2 mm）起焊，操作步骤如下：①焊丝对中；②引弧焊接；③收弧；④清渣。焊完每一层焊道后，必须清除渣壳，检查焊道，不得有缺陷，焊道表面应平整或稍下凹，与两坡口面的熔合应均匀，焊道表面不能上凸，特别是在两坡口面处不得有死角，否则易产生未熔合或夹渣等缺陷。若发现层间焊道熔合不良时，应调整焊丝对中，增加焊接电流或降低焊接速度。焊接时层间温度不得过高，一般应小于 200 ℃。盖面焊道的余高应为 0～4 mm，每侧的熔宽为 3±1 mm （5）反面焊。其焊接步骤和要求同正面焊。为保证反面焊缝焊透，焊接电流应大些，或使焊接速度稍慢一些，焊接参数的调整既要保证焊透，又要使焊缝尺寸符合规定要求

（续）

操作工艺	操作方法
焊后清理及检测	（1）清理。将焊剂及渣壳清理干净，将焊件正、反面的飞溅去除 （2）外观检查。焊缝余度＝0～4 mm，余高差≤2 mm，焊缝宽度差≤2 mm，焊缝直线度≤2 mm （3）射线探伤检查。射线探伤应符合 GB/T 3323—2005《钢熔化焊对接接头射线照相及质量分级》规定的Ⅱ级以上

三、对接环缝埋弧焊的操作方法

1. 坡口形式　圆筒对接环缝埋弧焊，其坡口形式可参照对接直缝形式。

常用的坡口形式有Ⅰ形坡口、V 形坡口和 V、U 形组合坡口，如图 5 - 28 所示，可按不同需要选用。

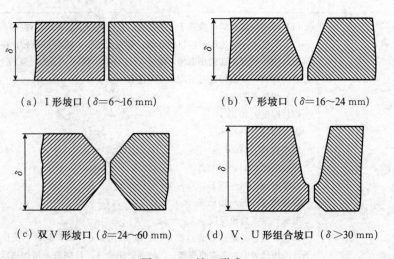

（a）Ⅰ形坡口（δ＝6～16 mm）　　　（b）V 形坡口（δ＝16～24 mm）

（c）双 V 形坡口（δ＝24～60 mm）　　（d）V、U 形组合坡口（δ＞30 mm）

图 5 - 28　坡口形式

2. 焊接方法　圆形简体的对接环缝进行双面埋弧焊时，可先在焊剂垫上焊接内环缝，如图 5 - 29 所示。焊剂垫由滚轮和承托焊剂的皮带组成，焊接小车固定在悬臂架上，焊剂垫随着焊件的转动，利用焊件与焊剂间的摩擦力带动一起运动，焊件是由滚轮架传动的，焊接速度可由搁置圆筒形焊件的滚轮架来进行调节（调节变速马达的转速）。在焊接过程中不断向焊剂垫添加焊剂。

简体环缝对接焊的焊接位置属于平焊位置。焊接外环缝时，若将焊丝对准

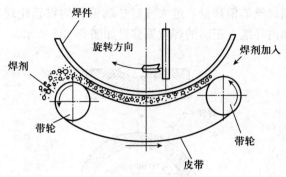

图 5-29 内环缝焊接

环缝的最高点,则焊接过程中,随着筒体的转动,焊丝相当于上坡焊,结果使焊缝的厚度和余高增加,宽度减小;焊接内环缝时,若将焊丝对准环缝的最低点,则焊丝相当于下坡焊,其结果会使焊缝厚度变浅,宽度和余高减小,严重时还将造成焊缝中部下凹的缺陷;如图 5-30 所示。

圆形筒体的对接环缝,其坡口形式可参照对接直缝的形式。

环缝埋弧焊时,除焊接规范对焊缝质量有影响外,焊丝和焊件的相对位置也起着重要的作用(图 5-31)。焊接外环缝时,焊丝的偏移是使焊丝处于"上坡焊"的位置,其目的是使焊缝有足够的熔深;焊接内环缝时,焊丝的偏移是使焊丝处于"下坡焊"的位置,这样可减小熔深,避免烧穿和使焊缝成形美观。

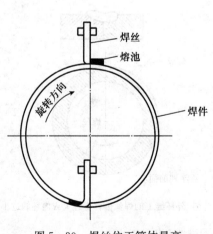

图 5-30 焊丝位于筒体最高
(低)点时的焊接

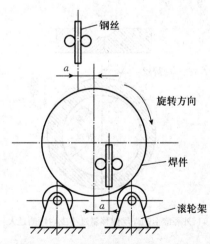

图 5-31 环缝焊接时焊丝的偏移量
($a=30\sim80$ mm)

应严格控制焊丝的偏移量，过大或过小的偏移均将恶化焊缝的外观成形，在筒体外环缝和内环缝上正确的焊丝偏移量如图5-32所示。

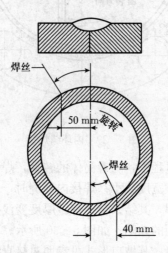

图5-32　正确的焊丝偏移量

在筒体外环缝上焊丝的偏移量过小或在内环缝上偏移量过大，均会造成深熔、狭窄、凸度相当大的焊缝形状（图5-33a），并且还可能产生咬边。如果外环缝上焊丝的偏移量过大或内环缝上的偏移量过小，会形成浅熔而凹形的焊缝（图5-33b）。

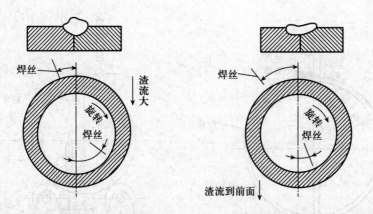

（a）外环缝上的焊丝偏移量过小或内环的过大　　　（b）外环缝上的焊丝偏移量过大或内环的过小

图5-33　焊丝偏移量对焊缝形状的影响

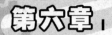

焊接缺陷与检验

第一节 焊接缺陷

焊接缺陷是指在焊接过程中,在焊缝处产生不符合设计要求或工艺文件规定的缺陷。常见的焊接缺陷主要有表面缺陷和内部缺陷两类。

一、表面缺陷

表面缺陷是指位于焊件表面,用肉眼可以观察到焊缝质量不符合要求的缺陷。焊件表面缺陷主要有焊缝尺寸不符合要求、咬边、焊瘤、塌陷、烧穿、弧坑、飞溅等。

1. 焊缝尺寸不符合要求

(1)焊缝尺寸不符合要求的特征 其特征是外形尺寸不符合要求,焊缝成形不良。如焊缝外表面高低不平,呈波浪形,宽窄不均,尺寸过大或过小;焊缝余高高低不均,焊角尺寸不符合要求等,如图6-1所示。

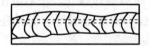 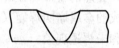

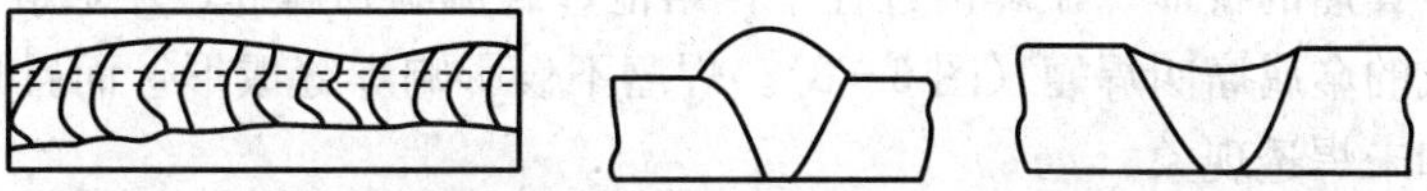

(a) 焊缝不直,宽窄不均　　　(b) 余高过大　　　(c) 未焊满

图6-1 焊缝表面尺寸不符合要求

(2)焊缝尺寸不符合要求的产生原因 焊接技术不熟练,焊接工艺参数选择不当,如焊接电流过大或过小;焊接速度不当或运条手法不正确;焊条角度选择不当或改变;焊件坡口角度不对或装配间隙不均匀等。

(3)焊缝尺寸不符合要求的防止措施 应注意选择正确的焊件坡口角度及装配间隙;正确地选择焊接电流;要熟练地掌握运条方法及速度,并能随时适应焊件装配间隙的变化；在焊接角焊缝时要注意保持正确的焊条角度、运条速度及手法，要根据焊脚尺寸而定。

2. 咬边

（1）咬边的特征　咬边是指沿焊趾的母材被电弧熔化而形成的沟槽或凹陷（图 6-2）。咬边会降低焊接接头的强度和承载能力。

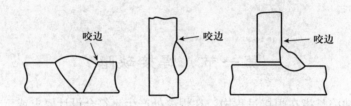

图 6-2　咬　边

（2）咬边的产生原因　焊接工艺参数选择不当或操作方法不正确。如焊接电流过大、电弧过长、运条不合适及移动速度过快、焊条角度不当等，都会造成咬边。立焊、横焊及仰焊时，因上述原因，极易产生咬边。平焊时，咬边一般较少出现。

（3）咬边的防止措施

① 选择正确的焊接电流，避免电流过大。

② 保证合适的焊条角度，电弧不能拉得过长，并保持一定的电弧长度。

③ 焊接速度要合适，运条要均匀，在焊缝的每侧运条稍慢些，停留时间不要过短，在焊缝中间运条速度要快些。

3. 焊瘤

（1）焊瘤的特征　在焊接过程中，熔池金属流淌到焊缝之外未熔化的母材上所形成的金属瘤叫焊瘤（图 6-3）。焊瘤不仅影响焊缝成形，而且还可能产生夹渣和未焊透现象。

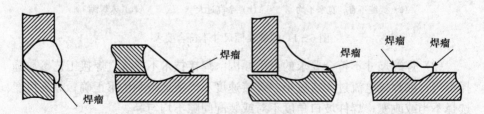

图 6-3　焊瘤的特征

（2）焊瘤产生的原因　焊工操作不熟练和运条不当；焊接电流过大，击穿燃弧时间过长；装配尺寸不合理；熔孔过大使熔池局部温度过高，熔化金属凝固很慢，在其自重作用下下坠。立焊、横焊和仰焊时焊瘤较为常见，平焊的第一层打底焊时背面也易出现焊瘤。

（3）焊瘤的防止措施

① 加强焊接基本功训练，提高操作水平。

② 选择合适的焊接电流，运条速度要均匀。

③ 掌握好电弧长度，使用碱性焊条时宜采用短弧焊。

④ 装配间隙过大时可采用间断焊法。

注意：控制熔池形状和温度的变化，温度过高应立即灭弧。

4. 塌陷

（1）塌陷的特征　塌陷是指单面熔化焊时，由于焊接工艺不当，造成焊缝金属过量透过背面，焊缝正面塌陷，背面凸起的现象（图6-4）。

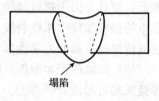

图6-4　塌　陷

（2）塌陷的产生原因　装配间隙过大或焊接规范不当，如焊接电流过大，焊接速度不一致，焊缝外表面尺寸过大，焊条摆动不均匀等。

（3）塌陷的防止措施

① 严格焊件的装配间隙，正确选择焊接规范，选用合适的焊接电流和焊接速度。

② 保持均匀的运条速度，控制熔池的大小和熔池的温度。

5. 烧穿

（1）烧穿的特征　烧穿是指焊接过程中，熔化金属自坡口背面流出形成的穿孔性缺陷（图6-5）。

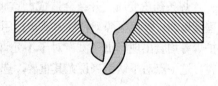

图6-5　焊缝烧穿

（2）烧穿的产生原因　产生烧穿的主要原因是对焊件的加热过高。如焊接电流过大，焊件坡口间隙过大，焊接速度过慢以及电弧停留时间过长等。

焊缝烧穿是一种不允许存在的缺陷，应及时进行补焊。

（3）烧穿的防止措施

① 正确选择焊接电流，控制运条速度，减少焊条在熔池的停留时间。

② 严格控制焊件的坡口尺寸、钝边厚度及装配间隙。

③ 采用衬垫、焊剂垫或使用脉冲电流来防止烧穿。

6. 弧坑

（1）弧坑的特征　弧坑是指焊后在焊缝表面或焊缝背面形成的低于母材表面的局部低洼部分（图 6-6）。

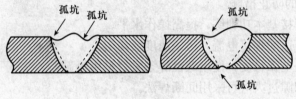

图 6-6　弧　坑

弧坑是一种不允许的缺陷，焊接时必须避免。弧坑不仅会降低焊缝的有效截面，而且会由于弧坑部位未填满熔化的焊条金属，使熔池反应不充分易造成严重的偏析而伴生弧坑裂纹。另外弧坑处往往保护不良，熔池易氧化而降低弧坑部位焊缝金属的力学性能。

（2）弧坑的产生原因　弧坑产生的主要原因是电焊弧断弧或收弧不当，在焊接末端可形成低凹焊缝。

（3）弧坑的防止措施　收弧过程中焊条要在收尾处作短时间的停留或作几次环形运条，使足够的焊条金属填满熔池。另外，还需正确地选择焊接电流。

7. 飞溅　焊接时熔滴爆裂后的液体颗粒溅落到焊件表面形成的附着颗粒，较严重时成为飞溅缺陷。

对于不锈钢等要求耐腐蚀的焊接结构，飞溅缺陷会降低抗晶间腐蚀的性能。

焊条药皮变质、开裂会造成严重飞溅；不按规定烘干和使用焊条也会使飞溅程度增加；焊接电源动特性差或极性用错、使用碱性焊条时电弧较长、CO_2 气体保护焊等均会出现严重飞溅。对于不允许有飞溅的结构应在焊缝两侧覆盖一层厚涂料，这一点对不锈钢来说尤其重要。选用适当的焊接电流也可以防止飞溅。

二、内部缺陷

焊件内部缺陷主要有：未焊透、未熔合、夹渣、气孔、裂纹等。

1. 未焊透

（1）未焊透的特征　焊接时接头根部未完全熔透的现象称为未焊透，如图 6-7 所示。

未焊透常出现在单面焊的根部和双面焊的中部。未焊透不仅使焊接接头的力学性能降低，而且在未焊透处的缺口和端部形成应力集中，承载后会引起裂纹。

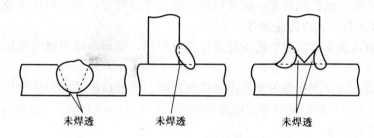

图 6-7　未焊透的特征

（2）未焊透的产生原因　未焊透产生的原因是焊接电流过小；运条速度过快；焊条角度不当或电弧发生偏吹；坡口角度或对口间隙过小；焊件散热过快；氧化物和熔渣等阻碍了金属间充分的熔合等。凡是造成焊条金属和焊件金属不能充分熔合的因素都会引起未焊透缺陷的产生。

（3）未焊透的防止措施　正确选择坡口形式和装配间隙，并清除掉坡口两侧和焊层间的污物及焊渣；选用适当的焊接电流和焊接速度；运条时，应随时注意调整焊条的角度，特别是遇到磁偏吹和焊条偏心时，更要注意调整焊条角度，以使焊缝金属和焊件金属得到充分熔合；对导热快、散热面积大的焊件，应采取焊前预热或焊接过程中加热的措施。

2. 未熔合

（1）未熔合的特征　未熔合是指焊接时，焊道与焊件之间或焊道与焊道之间未完全熔化结合的部分；或指电阻点焊时焊件与焊件之间未完全熔化结合的部分，如图 6-8 所示。

未熔合产生的危害大致与未焊透相同。

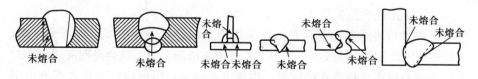

图 6-8　未熔合的特征

（2）未熔合的产生原因　层间清渣不干净；焊接电流过小或焊接速度过快；装配尺寸不合理；焊条偏心，焊条角度不对，致使焊件边缘加热不充分。

（3）未熔合的防止措施

① 加强焊缝层间清渣，多层多道焊时，注意选择合适的焊接电流和焊接速度。

② 严格控制装配尺寸，认真操作，采用合适的焊条角度和运条速度，并注意焊条的摆动，以防止偏焊。

③ 在冷接头时，要对接头处进行充分预热，使新熔池与原熔池能够充分熔合。

④ 焊接时注意运条角度和边缘停留时间，使坡口边缘充分熔化以保证熔合。多层焊时底层焊道的焊接应使焊缝呈凹形或略凸，为焊下一层焊道创造避免未熔合的条件。

3. 夹渣

（1）夹渣的特征　焊后残留在焊缝中的焊渣称为夹渣（图6-9）。

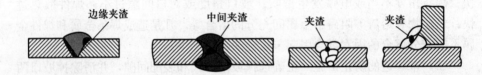

图6-9　夹渣的特征

夹渣与夹杂物不同，夹杂物是由于焊接冶金反应产生的焊接时残留在焊缝金属中的非金属杂质，如氧化物、硫化物、硅酸盐等。夹杂物尺寸很小，呈分散分布。夹渣一般尺寸较大，常为1 mm至几毫米长，夹渣在金相试样磨片上可直接观察到，用射线探伤也可检查出来。

夹渣外形很不规则，大小相差也极悬殊，对接头性能影响比较严重。夹渣会降低焊接接头的塑性和韧性；夹渣的尖角处造成应力集中；特别是对于淬火倾向较大的焊缝金属，容易在夹渣尖角处产生很大的内应力而形成焊接裂纹。

（2）夹渣的产生原因

① 在坡口边缘有污物存在，定位焊和多层焊时，每层焊后焊渣未除净，尤其是碱性焊条脱渣性较差，如果下层焊渣未清理干净，就会出现夹渣。

② 坡口过小，焊条直径过粗，焊接电流过小，因而熔化金属和熔渣由于热量不足使其流动性差，会使熔渣浮不上来造成夹渣。

③ 焊接时，焊条的角度和运条方法不恰当，对熔渣和铁液辨认不清，把熔化金属和熔渣混杂在一起。

④ 冷却速度过快，熔渣来不及上浮。

⑤ 焊件金属和焊接材料的化学成分不当，如当熔渣内含氧、氮、锰、硅等成分较多时，容易出现夹渣。

⑥ 焊接电流过小，使熔池存在时间过短。

⑦ 焊条药皮成块脱落而未熔化，焊条偏心，电弧无吹力、磁偏吹。

（3）夹渣的防止措施

① 认真将坡口及焊层间的焊渣清理干净，并将凹凸处铲平，然后再施焊。

② 适当地增加焊接电流，避免熔化金属冷却过快，必要时把电弧缩短，并增加电弧停留时间，使熔化金属和熔渣分离良好。

③ 根据熔化情况，随时调整焊条角度和运条方法。焊条横向摆动幅度不宜过大，在焊接过程中应始终保持轮廓清晰的焊接熔池，使熔渣上浮到铁液表面，防止熔渣混杂在熔化金属中或流到熔池前面而引起夹渣。

④ 正确选择焊接材料；调整焊条药皮或焊剂的化学成分，降低熔渣的熔点和黏度，能有效地防止夹渣。

4. 气孔

（1）气孔的特征　气孔是指在焊接过程中，熔池金属中的气体在熔池冷却凝固前来不及逸出，而残留在焊缝金属中形成的孔洞。气孔分布在焊缝表面、根部或内部（呈横向或纵向分布），形状有圆形、条形、链形和蜂窝形等，如图 6-10 所示。

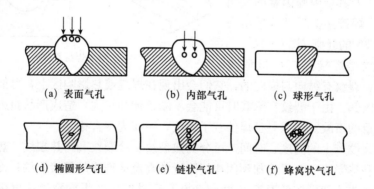

(a) 表面气孔　　　(b) 内部气孔　　　(c) 球形气孔

(d) 椭圆形气孔　　(e) 链状气孔　　(f) 蜂窝状气孔

图 6-10　气孔的特征

焊缝中气孔将降低焊接接头的严密性和塑性，减小焊缝有效截面，使接头的力学性能降低。

（2）气孔的产生原因

① 焊接准备工作不符合要求。如焊条烘干温度不够；焊件清理不好；熔池中进入水、油及含有水分的污物等，造成焊接时产生过多的气体，在熔池凝固时来不及逸出而形成气孔。

② 由于某些原因使电弧保护失效。如酸性焊条的烘干温度过高，使药皮中的保护成分失效；焊条芯已经锈蚀；焊接电流过大，造成焊条过红、药皮脱落；在露天施焊，风速太大等，都可能产生气孔。

（3）气孔的防止措施

① 不得使用药皮开裂、变质、偏心、剥落和焊芯锈蚀的焊条。

② 清除焊件上和焊条表面的污物，施焊前应按规定的温度和时间烘干焊条。

③ 选择适当的焊接电流，用短弧焊接。运条速度不应过快，减小熔池凝固速度，使气体有足够的时间逸出。

④ 熔池不宜过大，一般熔池长度不大于焊条直径的 3 倍，以免电弧保护效果不好，空气容易侵入熔池。

⑤ 当焊件体积很大或周围温度较低时，可进行必要的预热。避免在风较大的地方焊接。

5. 裂纹

（1）裂纹的特征　焊接裂纹是指在焊接过程中或焊接后，在焊接应力及其他致脆因素的共同作用下，焊接接头局部区域出现的金属破裂的缝隙（图 6 - 11）。

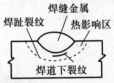

图 6 - 11　焊接裂纹

裂纹是焊接接头中最危险的缺陷。裂纹有纵向与横向的，它们会出现在焊缝或热影响区上，可能存在于表面或内部。由于裂纹在承载时可能会不断延伸和扩大，造成产品报废，甚至引起严重的事故。所以一旦焊件有了裂纹，一律为不合格品。

按裂纹产生的温度、时间，可分为热裂纹、冷裂纹和再热裂纹。热裂纹是指焊缝和热影响区金属冷却到固相线附近的高温区产生的焊接裂纹；冷裂纹是指焊接接头冷却到较低温度（200～300 ℃）时产生的焊接裂纹；再热裂纹是指焊后焊件在一定温度范围再次加热（消除应力的热处理、多层焊或其他加热过程）而产生的裂纹。

（2）裂纹的产生原因　焊接熔池中含有较多的碳、硫、磷等有害元素，致使焊缝产生裂纹（热裂纹）；焊接熔池中含有较多的氢，导致焊后在焊趾、焊根和热影响区产生裂纹（冷裂纹）；焊接过程中由于焊件结构刚度过大，导致大的焊接应力而产生裂纹；焊接接头冷却速度过快，焊接材料和焊接参数选择不当而产生裂纹；焊接结束时弧坑没有填满，致使弧坑中产生裂纹。

（3）裂纹的防止措施　由于不同类型裂纹的形成原因不同，所以其防止措施也不一样，见表6-1。

表6-1　裂纹的防止措施

裂纹类型	裂纹的防止措施
热裂纹	锰具有脱硫作用，焊件和焊接材料若含硫量及含碳量高，而含锰量不足时，易产生热裂纹。一般要求焊件、焊条、焊丝中硫的质量分数不应超过0.04%，低碳钢和低合金钢用焊条和焊丝，碳质量分数一般不应超过0.12%。焊条电弧焊时，正确选用焊条的型号，使用合格、优质的焊条是防止热裂纹产生的重要措施。对刚度大的焊件，因焊接时产生的变形小，结果使焊接应力增大，促使热裂纹的产生。在焊接时选择合适的焊接参数，必要时应采取预热和缓冷措施，合理地安排焊接方向和焊接顺序，以减小焊接应力。调整焊缝金属的合金成分，如焊接铬镍不锈钢时，适当提高焊缝金属的含铬量，可显著提高焊缝金属的抗热裂纹性能。在焊缝金属中加入可使晶粒细化的元素，如钼、钒、钛、铌、锆、铝等，有利于消除集中分布的液态薄膜，有效地防止热裂纹的产生。热裂纹极易在弧坑产生，即弧坑裂纹。焊条电弧焊时，一定要注意填满弧坑。在不加填充丝的钨极氩弧焊中，收弧时，焊接电流要逐渐变小，等焊接熔池的体积减小到很小时，再切断焊接电流。焊接难以消除弧坑裂纹的材料时，应使用引出板把弧坑引出
冷裂纹	焊前预热和焊后缓冷，不仅能改善焊接接头的组织，降低热影响区的硬度和脆性，还能加速焊缝中的氢向外扩散，并起到减小焊接应力的作用。选用合适的焊接材料，如选用碱性低氢型焊条，在焊前将焊条烘干，并随用随取。在焊前应仔细清除坡口周围的水、油、锈等污物，以减少氢的来源。选择合适的焊接参数，尤其是焊接速度，既不能过快，也不能过慢。焊接速度过快，易形成淬火组织；焊接速度过慢，会使热影响区变宽。总之，都会促使产生冷裂纹。在焊接时，应采用合理的装配和焊接顺序，以减少焊接残余应力的产生 焊后及时进行消除应力热处理和去氢处理，消除焊接残余应力，使氢从焊接接头中充分逸出，所谓去氢处理，一般指焊件焊后立即在200～350℃的温度下保温2～6h，然后冷却。其主要目的是使焊缝金属内的扩散氢加速逸出
再热裂纹	施焊前应将焊件预热至300～400℃，且应采用大的焊接参数进行施焊。改进焊接接头形式，合理地布置焊缝，减小焊接头刚度，减小焊接应力和应力集中，如将V形坡口改为U形坡口等。选择合适的焊接材料应在满足使用要求的前提下，选用高温强度低于母材的焊接材料，这样在消除应力热处理的过程中，焊缝金属首先产生变形，对防止再热裂纹的产生就十分有利。合理选择消除应力热处理的温度和工艺，比如：避开再热裂纹敏感的温度，加热和冷却尽量慢，以减小温差应力。也可以采用中间回火消除应力措施，以使接头在最终热处理时有较低的残余应力

三、焊接缺陷的修复

1. 铸钢件缺陷的焊补　铸钢件的缺陷一般有两种（图 6-12）：一种是表面缺陷，焊接时电弧能直接作用到整个缺陷的表面；另一种是内部缺陷，焊接时只能在局部缺陷上进行焊补。

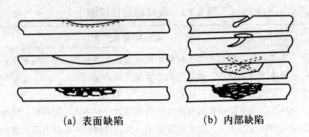

(a) 表面缺陷　　　　　(b) 内部缺陷

图 6-12　铸钢件的缺陷

修补缺陷时，除了要按焊接规范，还应特别注意焊前缺陷处的清洁，从而使缺陷完全显露出来，并要露出新的金属光泽，同时坡口不应有尖锐的形状，以防止产生未焊透、夹渣等缺陷。

明显缺陷的焊补是将缺陷表面清除干净，用焊条按照堆焊的方法，把缺陷填满即可。若铸钢件较大，为防止产生裂缝，可在焊补处进行局部预热 $300\sim350\,℃$。

焊补暗缺陷时，必须认真地修正缺陷，除去妨碍电弧进入的金属，待缺陷完全暴露且清除干净后再进行，焊补方法与明缺陷相同。

2. 焊缝的焊补　焊补前应彻底检查、分析裂缝部分，然后将裂缝修成一定的坡口形式。返修焊道经清除缺陷后的坡口表面要呈圆滑过渡，不能有尖锐棱角，如图 6-13 所示。

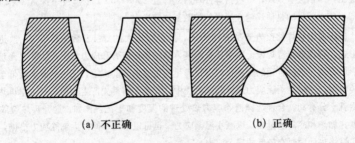

(a) 不正确　　　　　　(b) 正确

图 6-13　返修焊道坡口的加工

如果一条焊缝上有若干个缺陷存在，并且它们之间的距离又比较近，比如都小于 20～30 mm 时，为了使两个补焊坡口中间的金属不至于受到补焊热循环（应力—应变）过程的不利影响，一般是在彻底清除这些缺陷时，连同它们之间的金属全部铲除掉，使之成为一个较大的补焊坡口，一次完成补焊工作，如图 6-14 所示。

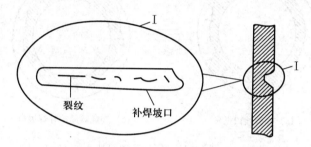

图 6-14　多缺陷的焊缝应连起来开一个较大的补焊坡口

如果焊缝中存在的缺陷有好几个，而且各个缺陷的大小、深浅和宽窄都不一样，并且它们的距离都较近的情况下，在返修补焊时，应先补焊深的部位，待补焊到各处的深度都基本一样时，再一起继续完成补焊，如图 6-15 所示。

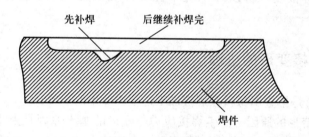

图 6-15　补焊深处

对于宽、窄、深、浅不一致的补焊坡口，在返修补焊时，也可以先补焊特别宽的地方，待补焊到各处宽度基本一致后，再继续一道完成补焊，如图 6-16 所示。

在压力容器的环焊缝或大口径接管的角焊缝中，如果存在较多缺陷时，按缺陷部位开凿补焊坡口，而补焊坡口已经占据了整个环形周围的大部分（图 6-17a），这种情况返

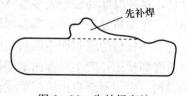

图 6-16　先补焊宽处

修时，可将无缺陷的原焊缝也铲除一部分，使其形成全圆周形（即整圈）的补焊坡口（图 6-17b）。

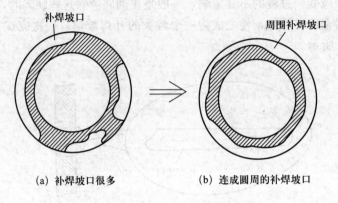

(a) 补焊坡口很多　　　　　　　(b) 连成圆周的补焊坡口

图 6-17　环焊缝的焊补

第二节　焊接变形

焊件的焊接变形也是一种焊接缺陷，不仅造成大量复杂的矫正工作，而且会使焊件报废，所以焊工应掌握焊件变形的机理、防止方法和矫正方法。

一、焊接变形的机理

焊接变形是指金属材料在焊接加工过程中发生的形变。

1. 焊接变形的原因　产生焊接应力与变形的基本原因是由于焊接时焊件的局部被加热到高温状态，形成了焊件上温度的不均匀分布（也称焊件的不均匀加热）所造成的。

焊接是一种局部加热的工艺过程。焊接热源作用在焊件，会产生不均匀温度场，这种温度场在绝大多数情况下是非线性的。不均匀温度场使材料不均匀膨胀。在加热过程中处于高温区域的材料膨胀量大，因受到周围温度较低、膨胀量较小材料的限制而不能自由膨胀，于是在焊件中产生内应力，使高温区的材料受到挤压，产生局部压缩塑性应变。在冷却过程中，已经受压缩塑性应变的材料，由于不能自由收缩而受到拉伸，于是在焊件中又出现一个与焊接加热时方向大致相反的内应力场。

在焊接过程中，随时间而变化的内应力为焊接瞬时应力。焊后残存于焊件中的内应力为焊接残余应力。焊后残留于焊件上的变形为焊接残余变形。焊接应力是形成各种焊接裂纹的主要因素之一。焊接应力与变形在一定条件下还影响焊接结构的性能，如强度、刚度、尺寸精度和稳定性、受压时的稳定性以及抗腐蚀性等。不仅如此，过大的焊接应力与变形，还会大大增加制造工艺中的困难和经济消耗，而且往往因焊接裂纹或变形过大无法矫正而导致产品的报废。

2. 焊接变形的形式　焊接变形因焊接接头的形式、钢板的厚薄、焊缝的长短、焊件的形状、焊缝的位置等原因，会出现各种不同形式的变形，主要有以下几种形式：

（1）收缩变形　焊件焊后沿焊缝方向发生收缩（纵向收缩）和在垂直焊缝方向发生收缩（横向收缩）而引起的变形。

（2）弯曲变形　焊件焊后发生弯曲，可由焊缝的纵向收缩和横向收缩引起。

焊接时的弯曲变形，是由纵向及横向这两方面变形叠加所形成的。在某些情况下，横向收缩就可以造成弯曲变形。

（3）角变形　焊后焊件的平面围绕焊缝产生的角位移而形成的变形。由于焊缝截面形状上下不对称，使焊缝横向收缩上下不均匀而引起的，其大小取决于焊缝金属的收缩情况。它与焊接参数、接头形式、坡口角度等因素有关。

（4）扭曲变形　焊后在结构上出现的扭曲而形成的变形。产生的原因主要是装配质量不好，焊件搁置的位置不当，以及焊接顺序和焊接方向不合理等造成的。其实质是由于焊缝的纵向收缩和横向收缩的缘故。

（5）波浪变形　焊后焊件呈波浪形的变形。这种变形在平面薄板焊接时最易发生。一种是因为焊缝的纵向收缩，对薄板边缘的压应力超过一定数值时，在边缘出现了波浪式的变形；另一种是由于焊缝横向收缩所引起的角变形。有些波浪变形是这两种原因共同作用的结果。

（6）错边变形　错边变形是指焊接过程中，构件的长度方向和厚度方向不在同一个平面上的变形。可能引起错边变形的原因比较多，如装配不当、接头两侧焊件的约束程度不同或两侧焊件的刚度不同，以及电弧偏离焊缝中心造成对两侧焊件的不均匀加热等。

各种焊接变形形式如图 6-18 所示。

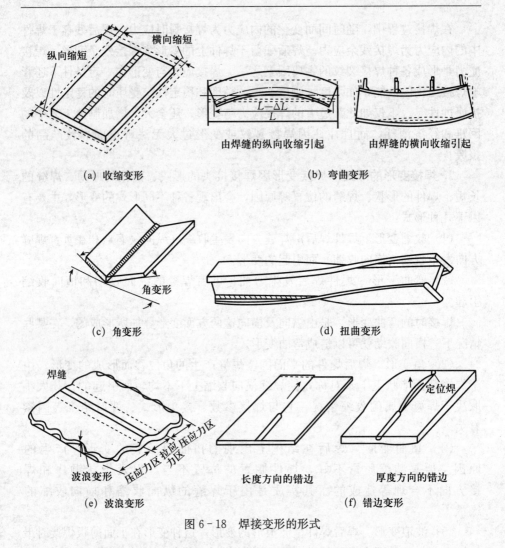

图 6-18　焊接变形的形式

二、焊接变形的防止方法

1. 合理的焊件设计措施

（1）选用合理的焊缝尺寸和形状　在保证结构有足够承载能力和焊缝质量的前提下，尽量采用按板厚在工艺上可能最小的焊缝尺寸。

（2）尽可能地减少焊缝的数量　尽量使用型材、冲压件代替焊接件，从而减少焊缝的数量。

（3）合理地安排焊缝位置　只要结构上允许，应尽可能使焊缝对称于构件截面的中性轴，或者使焊缝接近中性轴，以减少弯曲变形。

2. 合理的焊接工艺措施

（1）选择合理的装焊顺序　在焊接应力对焊接结构的影响不是主要矛盾和不影响施焊的情况下，可采用先总装成整体，加大结构的刚性，然后再进行焊接，这对减少焊接变形有较好的作用；同时，在焊接时尽量采用对称于结构中性轴的对称施焊，这样也能减少焊接变形。如果焊缝不对称，那么应先焊焊缝少的一侧，以便使焊接焊缝多的一侧以后的收缩，对先前产生的变形起到一种"矫正"的作用，从而减少了总体的变形量。

（2）采用不同的焊接方向和顺序　在实践中，往往将长焊缝的焊接分成许多较短段，采用同方向或方向各异的焊接方法，这也是减少焊接变形的有效措施，如图 6-19 所示。

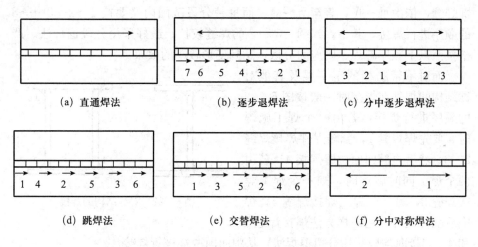

(a) 直通焊法　　　　(b) 逐步退焊法　　　　(c) 分中逐步退焊法

(d) 跳焊法　　　　　(e) 交替焊法　　　　　(f) 分中对称焊法

图 6-19　几种减小焊接变形的施焊方法

为了减小应力和变形，焊缝长度大于 1.5 m 时，应采用分段退焊法进行焊接。即将焊缝分成长为 150～300 mm 的均匀焊段，用以"退"为"进"的方法，按顺序把焊段接起来，如图 6-20 所示。焊接第二层时，与第一层方向相反，接头错开。

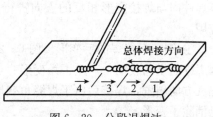

图 6-20　分段退焊法

例如，带肋板的工字梁焊接时，不论大小和长短，一律都从中部开始焊接，以肋板作为分段范围，如图 6-21 所示。

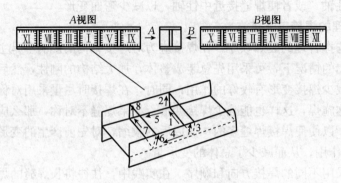

图 6-21　带肋板工字梁的焊接

　　焊接时，要先焊Ⅰ范围内全部焊缝，然后翻转焊接另一面相对位置Ⅱ的全部焊缝，依次Ⅲ→Ⅳ，直至Ⅵ→Ⅶ。而每一分段范围内又要按 1→2→3…→8 的顺序进行焊接，其中、1、4、5 和 7 的焊缝较长，最好采用分段退焊法。严格按照以上顺序施焊，则应力分散，达到变形较小的效果。

　　而对不带肋板的工字梁及其他对称结构的焊件在焊接时一般按图 6-22 的顺序进行焊接，若由一个焊工施焊时，要先焊焊缝 1，翻转焊件焊接焊缝 2、3，然后再翻回原位置焊接 4。若由两个焊工同时施焊时，则一个焊工焊接焊缝 2，另一个焊工焊接焊缝 3，焊完后翻转工件，用同样方法焊接焊缝 1

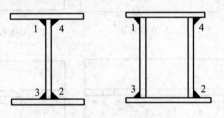

图 6-22　对称结构的焊接

和 4。焊接时均应采用分段退焊法，从中间向两端进行焊接。

　　(3) 采用反变形法　为了抵消（补偿）焊接变形，在焊前进行装配时，先将焊件向与焊接变形相反的方向进行人为的变形，这种方法在实践中被广泛应用。

　　① 钢板对接焊的反变形。图 6-23a 是 V 形坡口单面对接焊的变形情况，因焊缝的横向收缩，产生了角变形。当采用图 6-23b 所示的方法，将焊件预先反方向斜置，焊接后由于焊缝角变形，钢板向上转动了一个角度，因而基本上消除了变形。

　　② 工字梁焊接时的反变形。工字梁焊后由于角焊缝的横向收缩，会引起角变形。如果用夹具把上下底板夹紧，这对减小角变形会起到一定效果；但若

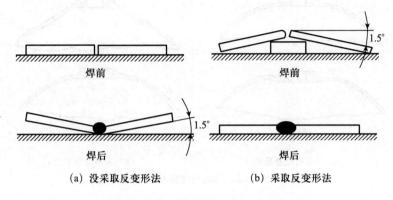

（a）没采取反变形法　　　（b）采取反变形法

图 6-23　钢板对接焊的反变形法

夹具太少，间隔不适当时，焊后底板还会出现波浪变形。最好焊前预先把上下底板压成反变形（塑性反变形），然后按一定的焊接顺序和方向进行焊接，这样焊后基本上能消除角变形。

③ 圆筒焊接时的反变形。圆筒焊接时，为了抵消角变形，常常使圆筒的对接接头形成塑性弯曲，如图 6-24 所示，以便焊后圆筒获得整圆形。

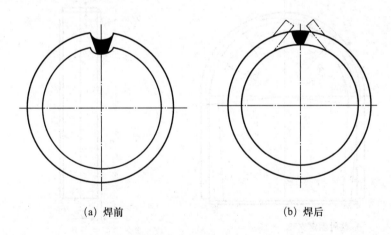

（a）焊前　　　　　　　　　（b）焊后

图 6-24　圆筒反变形法

④ 薄壳容器焊接时的反变形。在薄壳容器上焊接凸缘时，如果不采取措施控制变形，焊后容器壳体往往在凸缘处产生塌陷，如图 6-25a 所示，为防止这种变形的产生，可以采用反变形法，即预先将壳体与凸缘相焊的接头处向外预顶，使之产生外凸线条，如图 6-25b 所示。

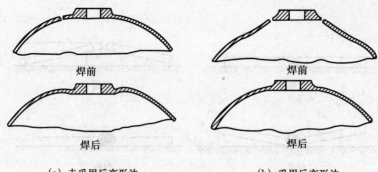

（a）未采用反变形法　　　　（b）采用反变形法

图 6-25　薄壳结构凸缘焊接的反变形法

⑤ 非封闭式齿轮罩焊接时的反变形。齿轮罩等薄板结构，焊接前将罩的外径由 R_1 缩小为 R_{11}，内径由 R_2 缩小为 R_{22}，便得到焊前预变形，如图 6-26 中的双点划线部分。缩小数值是凭经验确定的，其大小随着齿轮罩的旁板宽度和罩的直径的比例大小而不同。若旁板宽度越窄、直径越大，则缩小量较大。反之，则缩小量较小。

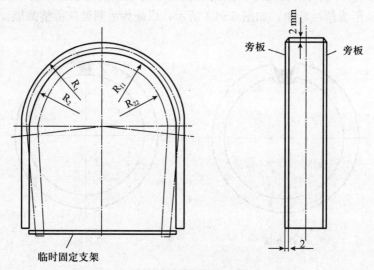

图 6-26　非封闭式齿轮罩焊接时的反变形

（4）采用刚性固定法　这是一种利用临时或专用的胎夹具，对焊接结构采用强制手段来减小焊后变形的方法。这种方法也有利于装配。对于脆性较大的材料应采取减少焊接应力的措施，如焊前预热等，以免产生裂纹。刚性固定法如果与反变形法配和使用，则效果就更加显著。

　　刚性固定的方法很多，有些采用专用的胎具，有些采用简单的夹具和支撑，有些是临时把焊件固定在刚性平台上，有的甚至利用焊件本身来构成刚性较大的组合体。对于小型的焊件，可采用夹具的刚性固定法来减少变形，如图 6-27 所示。

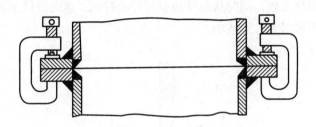

图 6-27　用小型夹具防止法兰盘焊接时产生角变形

　　薄板焊接时可采用如图 6-28 所示的方法，在板的四周用定位焊与平台焊牢，并用重物压在焊缝的两侧，然后用逐步退焊法或跳焊法进行焊接。薄板的定位焊采用密集定位焊法，定位焊的焊缝长度和焊缝间距要比一般长距离的定位焊要小得多，一般焊缝长度为 5～8 mm，焊缝间距为

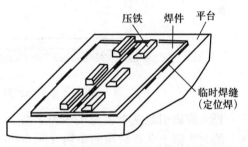

图 6-28　薄板焊接时用刚性固定法来防止波浪变形

40 mm，这样既可保证焊接部位的刚性，也可防止对接焊时板边错开和减小焊后波浪变形。焊完后，待焊缝全部冷却下来再铲除定位焊点和搬掉重物，这样焊件的变形就可以减少。

　　在钢板对接焊时，采用加"马架"来控制焊接变形的方法应用较广。如图 6-29 所示为实际生产中应用这种方法控制焊接变形的几个例子。

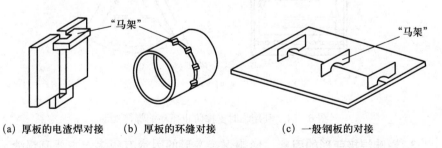

(a) 厚板的电渣焊对接　　(b) 厚板的环缝对接　　(c) 一般钢板的对接

图 6-29　钢板对接焊时加"马架"刚性固定

为了减少 T 形梁焊后产生的上拱和角变形，可采用如图 6-30 所示的方法，即将 T 形梁用刀把、楔子固定在工作平台上。为了防止角变形，可在中间垫一铁板条，在刀把和楔子的压力作用下，预先造成角变形。再由两个焊工采用相同的焊接参数，同时从焊件的中间开始对称、逆向分段地进行焊接，这样焊后的变形可以大大地减小。

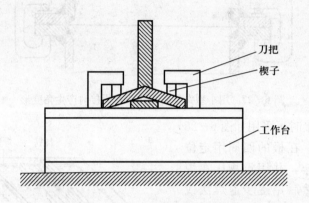

图 6-30 T 形梁在刚性固定下进行焊接

抓斗焊后引起立板向里的变形，焊后进行矫正很困难，为此焊前在其内侧，临时支撑上 3 根较粗的角钢（图 6-31 中点划线），其长度比图样要求的两立板间距大 2～3 mm，也就是事先给出的反变形量，焊后将支撑去除后基本上无变形。

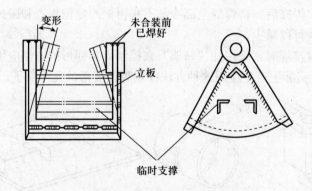

图 6-31 利用临时支撑防止抓斗的焊接变形

3. 影响焊接变形的因素 影响焊接变形的因素有很多，主要有焊缝、焊接参数、焊件等方面的原因，见表 6-2。

表 6 - 2　影响焊件焊接变形的因素

影响因素		原因
焊缝	焊缝尺寸	如果焊接结构上焊缝的尺寸和长度过大，那就必然会引起较大的焊接变形。特别在薄板结构中，如果焊缝过长，则更容易产生波浪变形，而增加了矫正的困难。另外，如果角焊缝的焊脚高度超过了按强度计算所必需的尺寸，这对焊接结构也会带来不利影响
	焊缝数量	焊缝的收缩变形是造成焊接变形的根本原因。在一般的机械结构中，为了减小结构的质量，往往用焊接结构来代替浇铸件，但如果过多设置不必要的焊缝，就必定会增加焊接的变形量。特别是在薄板结构中，如果过多地用焊接结构来代替简单易行的压型结构，则增加了焊缝数量，势必会造成较大的焊接变形
	焊缝位置	焊接结构的整体弯曲变形，绝大多数的原因是由于焊缝在结构上布置不对称造成的。焊缝位置影响焊接结构变形的一般规律是：焊缝距焊接结构截面中性轴越远，则构件就越易弯曲；当焊缝处在构件截面中性轴的一侧时，构件焊后将向焊缝一侧弯曲。对大的焊接结构件来说，往往在整个焊接结构的中性轴两侧都有许多焊缝，由于两侧焊缝的数目、位置各不相同，便导致结构发生整体的弯曲变形
焊接参数	焊接方向	对一般对接直焊缝来说，不管焊缝有多长，其横向受力的分布，总是在末端产生较大的拉应力，中段受到大的压应力，而且焊缝越长，采用直通焊（连续向一个方向焊接）的方法，这种应力就越大，由此产生的焊件变形也就越大。不同的焊接方向会使焊接结构产生不同的变形，这不仅是因为在焊接过程中沿焊缝方向上热量分布不均匀，主要是由于冷却有先后，在膨胀、收缩过程中受到的约束程度不同而引起的
	焊接方法	在焊接过程中，由于焊接方法的不同，金属受热的体积越大，变形也就越严重。如在气焊时，由于焊件的受热面较大，因此焊件的变形也较大；而在电弧焊时，尽管其热能较大，但热量较集中，焊接速度又远快于气焊，因此，相对来说焊件的受热面就比气焊时小，所以变形也就较小。同理，等离子弧焊和电子束焊产生的变形就更小
	焊接电流与焊接速度	对大多数的焊接结构来说，变形随着焊接电流增加而增加，使用的焊条直径大，变形也大。同时，变形随着焊接速度的增加而减小，其根本原因是在于焊接结构受热体积的增大与减小

（续）

影响因素		原因
焊件	结构刚性	金属结构在力的作用下不容易发生变形的，称做刚性大，反之称刚性小。同样，在焊接结构中，刚性大的变形小，刚性小的变形就大。在焊接结构中，刚性对于影响拉伸、弯曲和扭曲变形又有不同的规律，简述如下 　　① 影响焊接结构拉伸变形的刚性，主要取决于结构截面积的大小。焊接结构的截面积越小，则抵抗拉伸变形的刚性就小，拉伸变形就越大 　　② 影响焊接结构弯曲变形的刚性，主要取决于结构截面的形状和尺寸。例如截面完全相同的梁，当在结构中的安放位置使截面的垂直尺寸小于水平尺寸时，抗弯刚性就小，易产生弯曲变形；截面完全相同的结构，长度越大，抗弯刚性越小。板厚相同的 T 字梁（或工字梁、箱形梁），腹板高度越小，抗弯刚性就越小 　　③ 影响焊接结构扭曲变形的刚性，除了决定于结构尺寸大小外，最主要的是结构截面的形状。如结构截面是不封闭的，则抵抗扭曲变形的刚性就小 　　综上所述，一般短而粗的焊接结构刚性较大，细而长的构件刚性较小。在实践中，估计焊后产生各种变形的程度，必须要综合考虑上述几个方面的因素
	线膨胀系数	金属材料受热时，在某一个方向上发生的膨胀叫线膨胀。当温度上升 1 ℃时金属所增加的长度与 0 ℃时长度的比值叫做线膨胀系数，用 a 表示，单位是 mm/mm·℃，a 值越大则焊后收缩变形也越大

三、焊接变形的矫正方法

焊接变形一般是可以矫正的，采用的矫正方法主要有机械矫正法和火焰矫正法两种。

1. 机械矫正法　机械矫正法是利用机械力的作用来矫正变形。图 6-32 所示为一块中部突起的薄板手工锤击矫正变形的实例。矫正时，不应锤击薄板的突起部分，而应锤击其突起部分四周的金属，最好的方法是沿着薄板原始变形的半径方向由里向外锤击（图 6-32a）或者顺着薄板的突起部分四周逐渐向里锤击（图 6-32b）。

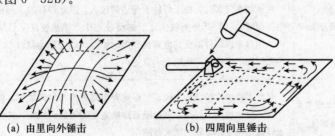

(a) 由里向外锤击　　　　　(b) 四周向里锤击

图 6-32　手工锤击法矫正薄板的变形

手工锤击焊缝时，为了避免在钢板或焊缝上留下印痕，可采用如图 6 - 33 所示方法，用锤子打击小平锤或用木锤锤击焊缝。

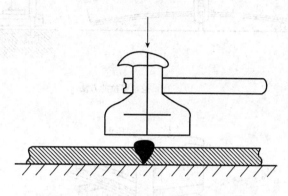

图 6 - 33　锤击焊缝

对于工字梁焊接变形的矫正方法有很多。

如图 6 - 34a 所示为采用拉紧器拉的方法来矫正工字梁焊后产生的拱曲变形，这是常用的一种机械矫正方法。

如图 6 - 34b 所示为采用压头压的方法来矫正工字梁焊后产生的拱曲变形，视工字梁尺寸的大小，可在不同的压力机上进行。

采用千斤顶来矫正工字梁焊后产生的拱曲变形，也是一种常用的机械矫正方法，如图 6 - 34c 所示。

对于低碳钢结构，可在焊后直接应用上述 3 种方法矫正。但对于一般合金钢的焊接结构，焊后必须先行消除应力处理后才能进行机械矫正。否则一则矫正困难，二则易产生断裂。

2. 火焰加热法

（1）火焰加热法的矫正原理　火焰矫正法是用氧-乙炔火焰或其他气体火焰（一般采用中性焰），以不均匀加热的方式引起结构变形来矫正原有的残余变形。具体方法是将变形焊件的局部（较长的金属部分），加热到 600～800 ℃的温度，此时钢板呈褐红色至樱红色之间，然后自然冷却或强制冷却，使这些局部在冷却后产生的收缩变形来抵消原有的变形。

火焰矫正法的关键是掌握火焰局部加热引起变形的规律，以便确定正确的加热位置，否则会得到相反的效果。火焰矫正法在使用时，应控制温度和重复加热次数。这种方法不仅适用于低碳钢，而且还适用于部分低合金钢结构的矫正，其中小部分还可用水强制冷却。经热处理的高强度钢，加热温度

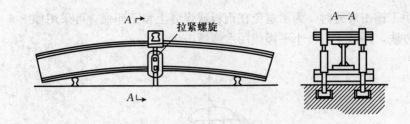

(a) 拉紧器拉的方法

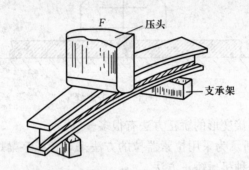

(b) 压头压的方法

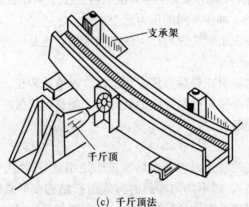

(c) 千斤顶法

图 6-34　工字梁焊接变形的矫正方法

不应超过回火温度。

　　(2) 火焰加热法的加热方式　实际操作中，通常采用点状加热矫正、线状加热矫正和三角形加热矫正 3 种方式来对焊件变形进行矫正。

　　① 点状加热矫正。图 6-35 为点状加热，以矫正钢板的变形（管子矫正也常用）。加热点直径 d 一般不小于 15 mm，加热时，点与点的距离 a 应随变

形量的大小而变，残余变形越大，a 越小，一般在 50～100 mm。为提高矫正速度和避免冷却后在加热处产生小泡突起，往往在加热完每一个点后，立即用木锤锤打加热点及其周围，然后浇水冷却。这种方法常用于矫正厚度在 8 mm 以下钢板的波浪变形。

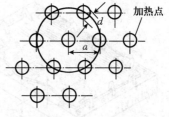

图 6-35　点状加热

图 6-36 为直钢管弯曲的点状加热矫正。加热温度为 800 ℃，加热速度要快，加热一点后迅速移到另一点加热。经同样方法加热、冷却一到两次，即能矫直。

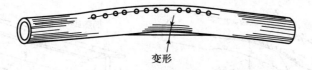

图 6-36　直钢管弯曲的点状加热矫直

② 线状加热矫正。火焰沿着直线方向移动，或者同时在宽度方向作横向摆动，形成带状加热，均称线状加热，图 6-37 为线状加热的几种形式。

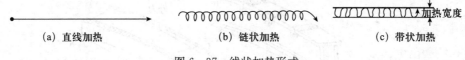

(a) 直线加热　　　　　　(b) 链状加热　　　　　　(c) 带状加热

图 6-37　线状加热形式

在线状加热矫正时，加热线的横向收缩大于纵向收缩。加热线的宽度越大，横向收缩也越大，所以，应尽可能发挥加热线横向收缩的作用。加热线宽度一般取钢板厚度的 0.5～2 倍。这种矫正方法多用于变形较大或刚性较大的结构，也可矫正钢板。图 6-38 为采用线状加热矫正的实例。

线状加热矫正，根据钢材性能和结构的性能，可同时用水冷却，称水火矫正。这种方法一般用于厚度小于 8 mm 的钢板。水火距离通常在 25～30 mm，对于允许水火矫正的低合金结构钢，在矫正时应根据不同钢种把水火距离拉得远些。

③ 三角形加热矫正。三角形加热即加热区域呈三角形状。加热部位是在弯曲构件的凸缘，三角形的底边在被矫正构件的边缘，顶点朝内。由于三角形加热的面积较大，所以收缩量也较大，常用于矫正厚度较大、刚性较强的构件弯曲变形。矫正时可用两个或更多个焊炬同时加热，并根据构件具体情况加外力或用水急冷。图 6-39 为 T 字梁的三角形加热矫正。

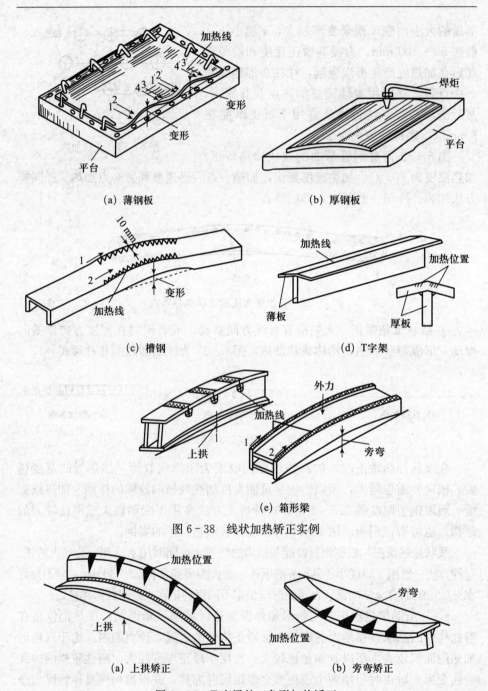

（a）薄钢板　　　　　　　（b）厚钢板

（c）槽钢　　　　　　　（d）T字架

（e）箱形梁

图 6 - 38　线状加热矫正实例

（a）上拱矫正　　　　　　（b）旁弯矫正

图 6 - 39　T字梁的三角形加热矫正

焊接应力的防止和消除、焊接变形的减小和矫正，方法是多种多样的，但应处理好这两者之间的关系，根据焊件的实际情况予以全面考虑，以便使焊件更好地满足设计与使用要求。

第三节　焊接质量的检验

焊接质量检验包括焊前检验、焊接生产中检验和成品检验。焊前检验的主要目的是预防或减少焊接时产生缺陷，例如，对技术文件（图纸、工艺规程）、焊接材料（焊条、焊剂）和焊件的质量检验；焊接生产中的检验包括焊接设备运行情况、焊接参数正确与否等，其目的是及时发现缺陷和防止缺陷形成；成品检验是焊接检验的最后步骤，是鉴定焊接质量优劣的根据，对焊件的出厂质量和安全使用意义重大。

一、焊接质量的检验方法

焊接质量的检验方法主要有两大类型：即非破坏性检验和破坏性检验。

非破坏性检验是采用各种物理手段检验焊接接头的密封性，而不破坏焊接结构完整性的检验方法。

破坏性检验是焊缝及接头性能检测的一种必不可少的手段。例如，焊缝和接头的力学性能指标、化学成分分析、金相检验等指标和数据只有通过破坏性检验才可能得到。破坏性检验主要是为进行焊接工艺评定、焊接性试验、焊工技能评定和其他考核焊缝和焊接接头的检验法。破坏性检验的数据比较可靠。常用的破坏性检验有力学性能试验、腐蚀试验和金相试验 3 种。

对于焊工初学者，应掌握焊件质量的非破坏性检验技术，所以，本节主要讲述非破坏性检验。

二、焊缝的外观检验

1. 对焊缝的外观质量的要求

（1）对接焊缝的外观质量要求

① 在焊缝全长上的焊缝宽度均匀一致，余高平整均匀，焊条电弧焊平焊的余高为 0～3 mm。

② 焊缝表面不允许有气孔和裂纹。

③ 焊缝表面焊波均匀，焊缝两侧咬边深度小于 0.5 mm，咬边总长不超过设计要求。

④ 焊缝接头处不应有明显的凹凸现象，焊缝表面无明显的焊瘤。

⑤ 多层多道焊缝焊接时，每道焊缝表面的焊波应保持均匀。

⑥ 焊缝的不直度应在规定的范围内。

（2）角焊缝的外观质量要求

① 焊脚尺寸大小均匀一致，无焊缝边缘边线不齐的现象。

② 焊脚尺寸应满足设计要求，无明显的凹陷。

③ 有密封性要求的角焊缝表面不允许存在气孔。

④ 角焊缝的咬边深度小于 0.5 mm，咬边长度应在设计要求之内。

⑤ 角焊缝表面不允许出现裂纹。

⑥ 三角焊焊缝表面不应有明显的焊瘤。

⑦ 多层多道焊时焊缝重叠应平整均匀。

⑧ 角焊缝两侧无飞溅的残留。

满足焊缝外观质量要求的前提是，要选择合适的焊接参数，同时还要在焊接前仔细清除焊件坡口表面的铁锈、油污、水分，以减少焊缝产生气孔、夹渣、裂纹的倾向。

2. 焊缝外观检验的目的　外观目视检验的目的是为了发现焊接接头的咬边、表面气孔、表面裂纹、弧坑、焊瘤等缺陷，同时也为了检验焊缝和焊件的外形尺寸。

3. 焊缝外观检验的方法

（1）肉眼检验法　外观目视检验一般以肉眼检验为主。有时也可借助于量具和 5～10 倍放大镜进行检验。受检验的焊接接头应清理干净，不应有焊接焊渣和其他覆盖层。

对合金钢的焊接产品做外部检查必须进行两次，即紧接焊接之后和经过 15～30 天以后，其中因为有些合金钢内产生的裂纹形成得很慢，以致裂纹在第二次检查时才能发现。

（2）焊缝万能量规法　采用焊缝万能量规检查，它能对焊前的坡口角度、间隙及装配质量进行检测；焊后可测量焊缝的宽度、余高、焊脚尺寸等几何尺寸。

焊缝检验尺又称焊口检测器，有多种型号，可用于测量焊接接头坡口的角度、间隙、错边，还可测量焊缝的宽度、余高及角焊缝厚度等。焊缝检验尺主要由测角尺、主尺和活动尺组成，如图 6-40 所示。焊缝检验尺的测量范围见表 6-3。

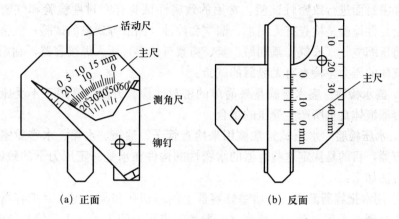

(a) 正面　　　　　　　　　　　　(b) 反面

图 6-40　焊缝检验尺

表 6-3　焊缝检验尺的测量范围

测量项目	测量范围	测量项目	测量范围
测角尺的角度（°）	15,30,45,60,90	焊缝厚度（mm）	≤20
坡口角度（°）	≤150	焊缝宽度（mm）	≤40
钢直尺规格（mm）	40	焊缝余高（mm）	≤20
间隙（mm）	1~5	角焊缝厚度（mm）	1~20
错边（mm）	1~20	角焊缝余高（mm）	≤20

万能量规的使用方法如图 6-41 所示。

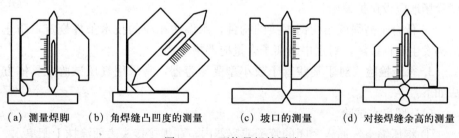

(a) 测量焊脚　　(b) 角焊缝凸凹度的测量　　　(c) 坡口的测量　　(d) 对接焊缝余高的测量

图 6-41　万能量规的用法

三、焊缝的致密性检验

对于储存气体、液体、液化气体的各种容器、反应器和管路系统，都需对焊缝和密封面进行致密性试验，常用的致密性试验有密封性检验和气密性检验。密封性检验是检查有无漏水、漏气和渗油、漏油等现象的试验；气密性检验是将压缩空气（或氨、氟利昂、氦、卤素气体等）压入焊接容器，利用容器内外气体的压力差检查有无泄漏的试验。

1. 盛水检验　盛水检验是最简单的密封性检验方法，常用于不受压或只受到容器液体自重所产生静压的场合。

2. 水压检验　水压试验常被用来检查管子、油箱、水箱、水密舱室以及各种容器，目的是测定这些容器的水密性的构件在承受一定压力下的致密性。具体方法如下：

① 用水把容器灌满，并堵塞好容器上的一切孔和眼，用水泵把容器内的水压提高到技术条件规定的数值（一般是工作压力的 1.25～1.5 倍），在此压力下保持一段时间，然后把压力降低到工作压力，用 1～1.5 kg 左右的圆头小锤在距焊缝 15～20 mm 处沿着焊缝轻轻敲打。

② 用水将容器灌满，不加压力，检查是否漏水。

③ 在焊缝的一面用高压水流喷射，而在焊缝的另一面观察是否漏水。

若焊接接头上发现有水滴或细水纹，则表明该焊接接头不致密。

水压试验时必须注意以下几点：

① 焊件内的空气要先排尽。

② 焊件和水泵上应同时设置校验合格的压力表。

③ 试验场地的温度一般不应低于 5 ℃。

④ 压力应按规定逐级上升，中间应作短暂停压，不得一次升到试验压力，试验场地应设保护设施。

⑤ 低合金高强度结构钢焊接的构件，水温按相应的技术条件规定，防止结构发生脆性破坏，对水中氯离子含量应严格注意。

3. 气压检验　对于某些管子或小型受压容器，常采用气压试验，具体方法如下。

（1）肥皂水试验

① 将压缩空气通入密闭的管子或容器内，在焊接接头表面涂抹上肥皂水。

② 较小的容器可全部浸入水中。

③ 用压缩空气对着焊缝的一面猛吹，焊缝另一面涂上肥皂水。

当焊缝中有穿透性的缺陷时，容器内的气体就会从这些缺陷中逸出，使焊接接头处肥皂水起泡或浸在水中的容器冒水泡，表明该焊接接头不致密。

（2）氨气试验　这种检验方法有时被用于蒸汽管子的焊缝密封性检验，其试验方法是：将容器的焊缝表面用质量分数为 5％的硝酸汞水溶液浸过的纸带盖严实，在密闭的管子或容器内加入体积分数为 20％的氨气体，加压至所需的压力值时，如果焊缝有不密封的地方，氨气就透过焊缝，并作用到浸过硝酸汞的纸上，使该处形成黑色的图像，表明该焊接接头不密封，根据这些图像就可以确定焊缝的缺陷部位。

这种方法比较准确，便宜和迅速，同时可在低温下检查焊缝的密封性。

4. 煤油检验　煤油检验常用于检查敞开的容器，如储存石油、汽油或同类其他产品的固定式储器。

先在容器的外侧焊缝上刷一层石灰水，待干燥泛白后，再在焊缝内侧刷涂煤油。由于煤油表面张力小，具有透过极小孔隙的能力，当焊缝有穿透性缺陷时，煤油能透进去，并在有石灰粉层的一面泛出明显的油斑或带条。为准确地确定缺陷大小和位置，应在涂煤油后立刻观察，一般观察时间为 15～30 min，此法适用于不受压的一般容器、循环水管等。

四、焊缝的探伤检验

对于焊缝内部缺陷，可用无损探伤方式来检验，其检验方法主要有超声波探伤、磁力探伤、X 射线探伤、γ 射线探伤等。

1. 焊缝的超声波探伤

（1）超声波探伤的基本原理　超声波探伤是利用超声波探测材料内部缺陷的无损检验法。由于超声波在金属中传播很远，故可用来探测大型焊件（厚度＞40 mm)焊缝中的缺陷，并且能较灵敏地发现缺陷位置，但对缺陷的性质、形状和大小较难确定。图 6 - 42 为超声波探伤检验示意图。当探头在 M 位置时，超声波未遇到焊缝中缺陷，到 K 处反射，继续向前传播，探头接收不到反射波，在荧光屏上只有一个表示向焊件发出超声波的"终脉冲"a；当探头移到 N 位置时，超声波遇到焊缝中缺陷 c 从原路反射回来，探头接收到后会在荧光屏上出现"缺陷脉冲"c，从脉冲口到 c 的距离可以计算出缺陷的深度 h，从 c 的脉冲高度可以确定缺陷面积。

（2）超声波探伤的特点

① 优点。适用范围广、对人体无影响、灵敏度高，能及时得出探伤结论。

② 缺点。焊件形状需简单、表面粗糙度要求高、对探伤人员的技术水平要求高、不能测定缺陷性质、不能保留永久性探伤记录。

（3）超声波探伤的应用范围　焊件厚度的上限，几乎不受限制。下限一般

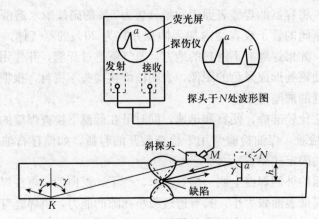

图 6-42　超声探伤检验原理

为 8～10 mm，最少为 2 mm。能探出直径大于 1 mm 的气孔、夹渣、裂纹等；对表面及近表面缺陷不灵敏。

2. 焊缝的磁力探伤

（1）磁力探伤的基本原理　利用焊件在磁化后，在缺陷的上部会产生不规则的磁力线这一现象来判断焊缝中的缺陷位置。

图 6-43 为磁粉探伤检验原理示意图。在焊缝表面撒上磁性氧化铁粉，根据铁粉被吸附的痕迹，就能判断缺陷位置和大小。磁粉检验后，焊件应进行退磁处理。

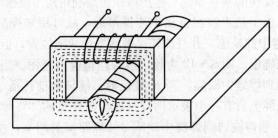

图 6-43　磁粉检验原理

（2）焊缝磁力探伤的操作方法　磁粉探伤的基本程序为：

① 清理。在磁粉探伤前，应对受检的焊缝表面及其附近 30 mm 区域进行干燥和清洁处理。当受检表面妨碍显示时，应打磨或喷砂处理。

② 磁化。根据受检面形状和易产生缺陷的方向，选择磁化方法和磁化电流，通电时间为 0.5～1 s。磁化方法有电极触点法（用两个电极接触在受检查焊缝表面的两个点上，通电产生磁场）和磁轭法（电磁铁法或永久磁铁法）。

采用电极触点法，其磁化电流为 35～50 A，两电极触点间距离一般为 80～200 mm。采用磁轭法，要求使用的磁铁具有一定磁动势，交流电磁轭提升力≥50 N；直流电或永久磁铁磁轭提升力≥200 N，两磁极间的距离宜在 80～160 mm。

③ 检查。检查操作要连续进行，在磁化电流通过时再施加磁粉。干磁粉应喷涂或撒布，磁粉粒度应均匀，一般用不小于 200 目的筛子筛选。磁悬液应缓慢浇上，注意适量。施用荧光磁粉时需在黑暗中进行，检查前 5 min 将紫外线探伤灯（或黑光灯）打开，使荧光磁粉发出明显荧光。为防止漏检，每个焊链一般需进行两次检验，两次检查的磁力线方向应大体垂直。

3. 焊缝的射线探伤 射线探伤是采用 X 射线或 γ 射线照射焊接接头检查内部缺陷的无损检验法。图 6-44 为射线探伤的原理示意图。通常用超声探伤确定有无缺陷，在发现缺陷后，再用射线探伤确定其性质、形状和大小。

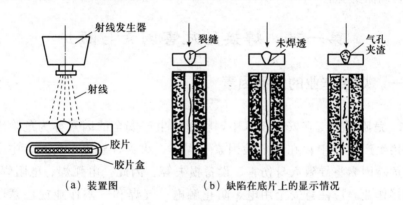

图 6-44 射线探伤原理

射线探伤能探出焊缝的气孔、夹杂物、未焊透、未熔合、裂纹等缺陷。检验灵敏度高，能从胶片上观察到焊缝内部缺陷的位置、形状、大小和分布情况。

焊 工 安 全

　　焊接生产过程中，焊工要与焊机、控制电器、可燃易爆物质、压力容器等接触，有的还要在恶劣环境下（如高空、井下、水中、狭小空间等）作业，因此作业安全与劳动防护不仅关系到焊工的人身安全和健康，还直接影响到焊接生产能否正常进行。为此，焊工必须严格遵守安全操作规程，杜绝各种事故的发生，确保安全生产。

第一节　焊接的危害因素与防护

一、焊接作业的危害因素

　　1. 危险因素　在安全技术中，将影响生产安全的因素称为危险因素。在焊接生产过程中存在的危险因素有爆炸、火灾、触电、灼烫、中毒等，这些危险因素将导致人身伤害、设备损失等。因此，电弧焊、电阻焊等各种焊接作业。应注意安全用电，防止触电；气焊和气割作业应注意防火、防爆；在特殊环境下作业还应注意特有的危险性，如高空作业要防止坠落的危险。

　　2. 有害因素　在安全技术中，将影响人体健康的因素称为有害因素。焊接作业时，产生影响人体健康的有害因素有辐射、高频电磁场、烟尘、有害气体、放射性物质、噪声等。长期处在这些有害因素环境下作业，对人体的健康将造成危害，可能染上尘肺、慢性中毒、血液病、电光性眼疾、皮肤病等职业病。因此，必须采取可靠的劳动卫生防护措施。保护操作者的人身安全和健康。

　　各种焊接方法的有害因素影响程度见表7-1。

表7-1　各种焊接方法的有害因素

焊接方法		有害因素						
		电弧辐射	高频电场	烟尘	有害气体	金属飞溅	射线	噪声
手工电弧焊	酸性焊条	轻微		中等	轻微	轻微		
	低氢型焊条	轻微		强烈	轻微	中等		
	高效率铁粉焊条	轻微		最强烈	轻微	轻微		
电渣焊				轻微				
埋弧焊				中等	轻微			
CO₂气体保护焊	细丝	轻微		轻微	轻微	轻微		
	粗丝	中等		轻微	轻微	中等		
	管状焊丝	中等		强烈	轻微	轻微		
钨极氩弧焊		中等	中等	轻微	中等	轻微	轻微	
熔化极氩弧焊	焊铝及铝合金	强烈		中等	强烈	轻微		
	焊不锈钢	中等		轻微	中等	轻微		
	焊黄铜	中等		强烈	中等	轻微		
等离子弧焊	小电流	轻微	轻微		轻微		轻微	
	大电流	中等	轻微		轻微		轻微	
等离子弧切割	铝材	强烈	轻微	中等	强烈	中等	轻微	中等
	铜材	强烈	轻微	强烈	最强烈	中等	轻微	中等
	不锈钢	强烈	轻微	中等	中等	轻微	轻微	中等
电子束焊							强烈	
气焊（焊黄铜、铝）				轻微	轻微			
钎焊	火焰钎焊				轻微			
	盐浴钎焊				最强烈			

（1）电弧辐射　焊条电弧焊时，焊接电弧温度可达 3 000 ℃以上，等离子弧的电弧温度在其弧柱中心可达 18 000～24 000 ℃。在此高温下可产生强的弧光，电弧弧光主要包括红外线、紫外线和可见光线。弧光辐射到人体上被体内组织吸收，引起组织的热作用、光化学作用或电离作用，致使人体组织发生急性或慢性的损伤。

皮肤受电焊弧光强烈紫外线作用时，可引起皮炎，呈弥漫性红斑，有时出现小水泡，渗出液和浮肿，有烧灼感并发痒。电焊弧光紫外线作用严重时，还伴有头晕、疲劳、发烧、失眠等症。因电焊弧光紫外线过度照射引起眼睛的急性角膜炎、结膜炎，称为电光性眼炎。若长期受紫外线照射会引出水晶体内障眼疾。

焊条电弧焊可以产生全部波长的红外线（760～1 500 nm）。红外线波长越短，对机体危害作用就越强。长波红外线可被皮肤表面吸收，使人产生热的感觉，短波红外线可被组织吸收，使血液和深部组织加热，产生灼伤。眼睛长期接受短波红外线的照射，可产生红外白内障和视网膜灼伤。

焊接电弧的可见光亮度，比肉眼通常能承受的光度约大 10 000 倍。被照射后眼睛疼痛，看不清东西，通常叫电焊"晃眼"。因此不带防护面罩禁止观看电焊弧光。

电弧辐射对未加防护眼镜的影响见表 7 - 2。

表 7 - 2　电弧光对视觉器官的影响

类　别	波长（nm）	影　响　的　程　度
不可见的紫外线（短）	<310	引起电光性眼炎。受害数小时后即产生：头痛、眼中剧痛、流泪、畏光、眼角黏膜发红、角膜表皮细胞膨胀，并使角膜的实质细胞浮肿
不可见的紫外线（长）	310～400	对视觉器官无明显影响
可见光线	400～750	当辐射光极其明亮时，会损坏视网膜和脉管膜。视网膜损害严重时会使视力减弱，甚至失明；影响的时间短会感到眩晕
不可见的红外线（短）	750～1 300	反复长时间地影响，会使眼睛水晶体的体囊膜损伤，产生白内障，水晶体逐渐变浊
不可见的红外线（长）	1 300 以上	当影响很严重时，眼睛才会受到损害

（2）焊接烟尘　焊接操作中的金属烟尘包括烟和粉尘。焊条和母材金属熔融时所产生的蒸气在空中迅速冷凝及氧化形成的烟，其固体微粒直径往往小于 0.1 μm。直径 0.1～10 μm 的微粒称为粉尘。飘浮于空气中的粉尘和烟等微粒，俗称气溶胶。焊条电弧焊的金属烟尘还来源于焊条药皮的蒸发和氧化。

有关现场调查的测定结果表明，在没有局部抽风装置的情况下，室内使用碱性焊条单支焊钳焊接时，空气中焊接烟尘浓度可达 96.6～246 mg/m³。采用 E4303(J4220) 焊条在通风不良的罐内进行焊接时，空气中烟尘浓度为 186.5～286 mg/m³，采用 D5015(J507) 焊条时为 226.4～412.8 mg/m³。以上数字说明：使用碱性焊条比酸性焊条，通风不良的罐、舱内比一般厂房内空气中焊接烟尘的浓度有明显的增高，而且远远高于国家规定车间空气中电焊烟尘最高允许浓度 6 mg/m³ 的标准。

　　金属烟尘是电弧焊的一种主要有害因素，尤其是焊条电弧焊。焊接烟尘的成分复杂，主要为铁、硅、锰等金属的氧化物，对于碱性焊条还有钙、钾、钠的氟化物。其中主要毒物是锰的氧化物（MnO）。焊接烟尘是造成焊工尘肺的直接原因，焊工尘肺多在接触焊接烟尘 10 年，有的长达 15～20 年以上发病，其症状为气短、咳嗽、咳痰、胸闷和胸痛等，可通过 X 射线透视诊断。

　　锰中毒也由焊接烟尘引发，锰的化合物和锰尘通过呼吸道和消化道浸入人体。电焊工锰中毒发生在使用高锰焊条以及高锰钢的焊接中，发病多在接触 3～5 年以后，甚至可长达 20 年才逐渐发病。锰及其化合物主要作用于末梢神经和中枢神经系统，轻微中毒可引起头晕、失眠及舌、眼睑和手指轻微震颤。中毒进一步发展，表现出转变、跨越、下蹲困难，甚至走路左右摇摆或前冲后倒，书写时震颤不停等。

　　此外，焊接烟尘还会引起焊工金属热，其主要症状是工作后发烧、寒战、口内金属味、恶心、食欲不振等。翌晨经发汗后症状减轻。一般在密闭罐、船舱内使用碱性焊条，易引起焊工金属热。

　　焊接车间空气中烟尘及有害物质的最高允许浓度见表 7-3。

表 7-3　焊接车间空气中有害物质的最高允许浓度

有害物质名称	最高允许浓度（mg/m³）
电焊烟尘	6
含 10% 以上游离二氧化硅的粉尘	2
含 10% 以下游离二氧化硅的粉尘	10
氧化铁粉尘	10
铝、氧化铝、铝合金粉尘	4
氧化锌	5
铅烟	0.03
铅金属、含铅漆料铅尘	0.05
氧化镉	0.1
锰及其化合物（换算成 MnO_2）	0.2
铍及其化合物	0.001
三氧化铬、铬酸盐、重铬酸盐（换算成 Cr_2O_3）	0.05
金属汞	0.01
氟化氢及氟化物（换算成 F）	1
臭氧（O_3）	0.3
氧化氮（换算成 NO_2）	5
一氧化碳（CO）	30

（3）有害气体　焊接、切割时，在电弧的高温和强烈的紫外线的作用下，在弧区周围形成多种有害气体。其中主要有：臭氧、氮氧化物、一氧化碳、二氧化碳和氟化氢等。

臭氧是由于紫外线照射空气，发生光化学作用而产生的。臭氧产生于距离电弧约 1 m 远处，而且气体保护焊比焊条电弧焊产生的臭氧要多得多。臭氧浓度超过允许值时，往往引起焊工咳嗽、胸闷、乏力、头晕、全身酸痛等，严重时可引起支气管炎。

氮氧化物是由于焊接高温的作用，使空气中的氮、氧分子氧化而成。电焊有害气体中的氮氧化物主要为二氧化氮和一氧化氮。一氧化氮不稳定，很容易继续氧化为二氧化氮。氮氧化物为刺激性气体，能引起焊工剧烈咳嗽、呼吸困难和全身无力等。

焊接、切割中产生一氧化碳的原因大体有 3 种：一是二氧化碳与熔化了的金属元素发生反应而生成；二是由于二氧化碳在高温电弧作用下分解而产生；三是气焊时，氧、乙炔等可燃气体燃烧比例不当而形成的。一氧化碳经呼吸道由肺泡进入血液与血红蛋白结合成碳氧血红蛋白，使人体缺氧，造成一氧化碳（煤气）中毒。

CO_2 气体保护焊和气焊作用都会产生大量二氧化碳气体。二氧化碳是一种窒息性气体，人体吸入过量二氧化碳会引起眼睛和呼吸系统刺激，重症者可出现呼吸困难，知觉障碍、肺水肿等。

氟化氢的产生主要是由于碱性焊条药皮中含有的萤石（CaF_2）在电弧高温下分解形成。氟化氢极易溶于水而形成氢氟酸，具有较强的腐蚀性。人体吸入较高浓度的氟化氢，强烈刺激上呼吸道，还可引起眼结膜溃疡以及鼻黏膜、口腔、喉及支气管黏膜的溃疡，严重时可发生支气管炎、肺炎等。

（4）高频电场　非熔化极氩弧焊和等离子弧焊接、切割等，采用高频振荡器引弧，会产生高频电磁场。特别是频繁引弧的场合，电磁场强度较大，长期接触较强的高频电磁场，会使人的神经功能紊乱或神经衰弱等。一般要求高频电磁场的强度不宜超过 30 V/m。

电焊振荡器所产生的高频电磁场，对人体有一定影响，虽危害不大，但长期接触较大的高频电磁场，会引起头晕、头痛、疲乏无力、记忆力减退、心悸、胸闷和消瘦等症状。此外，在不停电更换焊条时，高频电磁场会使焊工产生一定的麻电感觉，这在高处作业是很危险的。

（5）放射性物质　氩弧焊和等离子弧焊、等离子弧切割使用的钍钨极，含有的氧化钍质量分数为 $1\% \sim 2.5\%$。钍是天然的放射性物质。但从实际检测结果可以认为，焊接、切割时产生的放射性剂量对焊工健康尚不足以造成损害。但钍钨极磨尖时放射性剂量超过卫生标准，大量存放钍钨极应采取相应的防护措施。

人体长时间受放射性物质射线照射，或放射性物质进入并积蓄在体内，可造成中枢神经系统、造血器官和消化系统的疾病。

（6）噪声　在等离子弧喷枪内，由于气流的压力起伏、振动和摩擦，并从喷枪口高速喷射出来，产生噪声。噪声的强度与成流气体的种类、流动速度、喷枪的设计以及工艺性能有密切关系。等离子弧喷涂时声压级可达 123 dB，常用功率（30 kW）等离子弧切割时为 111.3 dB，大功率（150 kW）等离子弧切割时则可达 118.3 dB。上述检测结果均超过了卫生标准 90 dB。

噪声对人体中枢神经系统和血液循环系统都有影响，能引起血压升高、心动过快、厌倦和烦躁等。长期在强噪声环境中工作，还会引起听觉障碍。

焊接过程中噪声主要来自等离子弧焊、等离子喷涂、旋转式电弧焊机、风铲铲边及锤击钢板等。我国制定的噪声卫生标准见表 7 - 4。

表 7 - 4　噪声卫生标准

每个工作日接触噪声时间（h）	新建、扩建、改建企业允许噪声 [dB(A)]	现有企业暂时放宽允许噪声 [dB(A)]
8	85	90
4	88	93
2	91	96
1	94	99
最高不得超过 115[dB(A)]		

二、焊工防护

1. 焊工个人劳动防护用品　在施焊现场，为了焊工安全，焊工必须按照国家规定，穿戴好防护用品。焊工的防护用品较多，主要有防护面罩、头盔、防护眼镜、防噪声耳塞、安全帽、工作服、耳罩、手套、绝缘鞋、防尘口罩、安全带、防毒面具及披肩等。

焊工使用的主要个人劳动防护用品及应用见表 7 - 5。

表 7 - 5　主要个人劳动防护用品及应用

防护用品	防护作用	保护部位	应用场合
头盔、面罩	避免焊接熔化金属飞溅对人体面部和颈部的灼伤	眼、鼻、口、脸	电弧焊、等离子弧焊及气割、碳弧气刨
眼镜	保护眼睛免受强光或弧光的刺激和伤害	眼	气焊、气割、电弧焊、电渣焊、闪光对焊、电阻点焊及其辅助工作
工作服	起隔热、反射和吸收等屏蔽作用，保护人体免受焊接热辐射或飞溅物伤害	躯体四肢	一般焊接、切割用白色棉帆布工作服，气体保护焊用粗毛呢或皮革面料工作服，全位置焊用皮工作服，特殊高温作业用石棉工作服
通风头盔	能有效隔离有毒有害气体	眼、鼻、口、颈、胸、脸	封闭容器内焊接、气割、气刨等
口罩	可减少焊接烟尘和有害气体吸入人体	口、鼻	电弧焊、非铁金属气焊、打磨焊缝、碳弧气刨、等离子弧焊及切割
耳塞、耳罩	降低噪声对人体的危害	耳	风铲清焊根、等离子弧切割、碳弧气刨
安全帽	预防高空和外界飞来物的危害	头	高层交叉作业现场
毛巾	防止颈部被弧光或飞溅物灼伤	颈	电弧焊焊接
手套	防止手和手臂受弧光、飞溅物灼伤及防触电	手、臂	焊接和气割
绝缘鞋	防止触电，保护双足避免灼伤和砸伤	足	电弧焊、等离子弧焊及切割、碳弧气刨等
鞋盖	阻挡熔化金属飞溅灼伤脚部	足	飞溅强烈的场合

（1）防护面罩及头盔　一般涂料焊条电弧焊等熔化极电弧焊，在焊接时都有高温的熔融金属飞溅物，它会灼伤人体面部及颈部，防护面罩及头盔可以避免强烈的电弧光伤害和飞溅物对人体的灼伤，同时又可以通过滤光镜片保护眼睛。最常用的有手持式面罩、头戴式面罩、送风面罩和头盔、安全帽面罩等。

面罩必须具有轻便、耐热、不导电、不导热、不漏光等特点。

（2）防护眼镜　焊工用防护眼镜包括滤光玻璃（黑色玻璃）和防护白玻璃两层。在焊接操作中，焊工选择滤光片的遮光编号是以可见光透过率的大小来决定的，可见光透过率越大，编号越小，玻璃颜色越浅。焊接滤光片分为吸收式、吸收-反射式及电光式 3 种。

焊工在选择滤光片时，选择小号的滤光片，焊接过程会看得比较清楚，但紫外线和红外线防护不好，会伤害焊工眼睛；如果选择大号的滤光片，对紫外线与红外线防护得较好，但滤光片玻璃颜色较深，不容易看清楚熔池中的熔渣和铁液及母材熔化情况。这样，不由自主地使焊工面部与焊接熔池的距离缩短，从而使焊工吸入较多的烟尘与有毒气体，眼睛也会因过度集中精神看熔池而容易疲劳，长久下去会造成视力下降。护目镜遮光号的选择见表 7-6。

表 7-6　护目镜遮光号的选择

焊接方法	焊条尺寸（mm）	焊接电流（A）	最低遮光号	推荐遮光号
焊条电弧焊	<2.5	<60	7	—
	2.5～4	60～160	8	10
	4～6.4	160～250	10	12
	>6.4	250～550	11	14
气体保护焊及药芯焊丝电弧焊	—	<60	7	
		60～160	10	11
		160～250	10	12
		250～550	10	14
钨极惰性气体保护焊	—	<50	8	10
		50～100	8	12
		150～800	10	14
气焊（根据板厚）	—	<3		4 或 5
		3～13	—	5 或 6
		>13		6 或 8
气割（根据板厚）	—	<25		3 或 4
		25～150	—	4 或 5
		>150		5 或 6

（3）防护工作服　焊条电弧焊时所产生的有害因素主要是弧光辐射和热辐射，焊接用防护工作服，主要起隔热、反射和吸收等屏蔽作用，以保护人体免

受焊接热辐射和飞溅物的伤害。而弧光中的紫外线会造成皮肤的灼伤，甚至脱皮，作用强烈时会伴随全身症状，如头痛头晕、易疲劳、发烧、失眠等，此外紫外线辐射会破坏棉织品纤维，减低使用寿命。故最好穿戴白色帆布工作服，以防止弧光灼伤皮肤。

在焊接过程中，焊工常用白帆布制作的工作服具有隔热、反射、耐磨和透气性好等优点。在进行全位置焊接和切割时，特别是仰焊或切割时，为了防止焊接飞溅物或熔渣等溅到面部或额部造成灼伤，焊工应使用石棉制作的披肩帽、长套袖、围裙和鞋盖等保护用品进行防护。

焊接过程中，为了防止高温飞溅物灼伤焊工，工作服上衣不应该系在裤子里面；工作服穿好后，要系好袖口和衣领上的衣扣，工作服上衣不要有口袋，以免高温飞溅物掉进口袋中引发燃烧；工作服上衣要做大，衣长要过腰部，不应有破损孔洞，不允许沾有油脂，不允许潮湿，工作服应较轻。焊工用的工作服如图7-1所示。

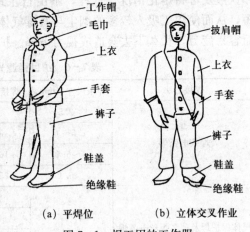

（a）平焊位　　　　（b）立体交叉作业

图7-1　焊工用的工作服

（4）安全帽　在高层交叉作业（或立体上下垂直作业）现场，为了预防高空和外界飞来物的危害，焊工应佩戴安全帽。每次使用前都要仔细检查各部分是否完好，是否有裂纹，调整好帽箍的松紧程度，帽衬与帽顶内的垂直距离应保持在20～50 mm之间。

（5）防尘口罩　焊工在焊接与切割过程中，当采用整体或局部通风后也不能使烟尘浓度或有毒气体降低到卫生标准以下时，必须佩戴合格的防尘口罩或防毒面具。

防尘口罩有隔离式防尘口罩和过滤式防尘口罩两大类。每一类又分为自吸式和送风式两种。

隔离式防尘口罩将人的呼吸道与作业环境相隔离，通过导管或压缩空气将干净的空气送到焊工的口和鼻孔处供呼吸。

过滤式防尘口罩通过过滤介质，将粉尘过滤干净，使焊工呼吸到干净的空气。

　　防毒面具通常可以采用送风式焊工头盔来代替，焊接作业中，焊工可以采用软管式呼吸器或过滤式防毒面具。

　　自吸过滤式防尘口罩如图 7-2 所示。

　　(6) 电焊手套　焊接和切割过程中，焊工必须佩戴防护手套，手套要求耐磨、耐辐射热、不容易燃烧以及绝缘性良好，最好采用牛（猪）绒面革制作手套。

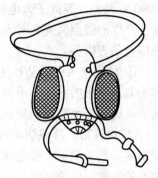

图 7-2　自吸过滤式防尘口罩

　　(7) 工作鞋　焊接过程中，焊工必须穿绝缘工作鞋。焊工的工作鞋，需经过 5 000 V 的耐电压试验并且达到合格，在有积水的地面上焊接时，焊工的工作鞋必须是经过 6 000 V 的耐电压试验并达到合格的防水橡胶鞋。工作鞋是粘胶底或橡胶底的，鞋底不得有铁鞋钉。

　　(8) 防噪耳塞　耳塞是插入外耳道最简便的护耳器，它有大、中、小三种规格供人们选用。耳塞的平均隔离噪声值为 15～25 dB，它的优点是防噪声作用大，体积小，携带方便，容易保持，价格也便宜。佩戴耳塞时，推入外耳道时用力适中，不要塞得过深，以感觉适度为止。

　　护耳塞一般由软塑料和软橡胶制成（图 7-3）。

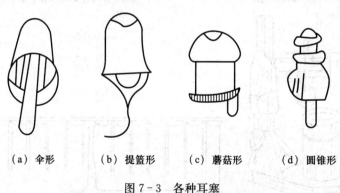

(a) 伞形　　　　(b) 提篮形　　　　(c) 蘑菇形　　　　(d) 圆锥形

图 7-3　各种耳塞

　　(9) 防噪耳罩　耳罩对高频噪声有良好的隔离作用，平均可以隔离噪声值为 15～30 dB。它是一种以椭圆形或腰圆形罩壳把耳朵全部罩起来的护耳器。

　　(10) 安全带　焊工在高处作业时，为了防止意外坠落事故，焊前必须在现场系好安全带后再开始焊接操作。安全带要耐高温、不容易燃烧，要高挂低用，严禁低挂高用。焊接切割作业时，绝对不允许使用尼龙安全带。

2. 焊接危害因素的防护

（1）电弧辐射的防护　焊接电弧温度很高，焊条电弧焊电弧温度可达 3 000 ℃以上，等离子弧电弧柱中心温度甚至高达 18 000～24 000 ℃。在此温度下产生的强烈弧光会对人体的眼睛、皮肤造成灼伤，因此，应采取防止电弧光辐射伤害措施。

① 使用个人劳动防护用品。电弧焊时，必须穿长袖工作服和长裤，戴电焊手套。使用的面罩不得漏光，并正确选用护目遮光镜片。在可看清熔池的情况下，选用颜色稍深的护目遮光镜片。

② 设置防护屏或防护室。防护屏应选用阻燃材料，如玻璃纤维布及薄铁板制成，其表面涂上黑色或深灰色漆，高度不低于 1.8 m，下部留有 100 mm 左右的间隙，以流通空气。防护屏有固定式遮屏板、挂在柱间铁丝上的屏幕、安在框架上的活动保护屏和护帷、挂在自动焊机头上的屏幔等。

防止电弧辐射用的装置如图 7-4 所示。

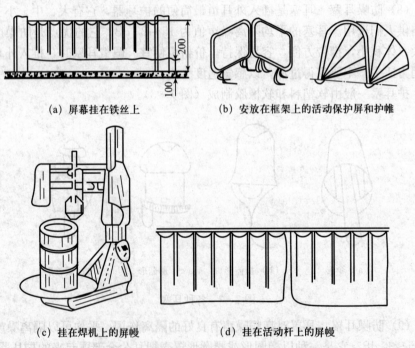

（a）屏幕挂在铁丝上　　　　（b）安放在框架上的活动保护屏和护帷

（c）挂在焊机上的屏幔　　　　（d）挂在活动杆上的屏幔

图 7-4　防止电弧辐射用的装置（单位：mm）

③ 减少弧光反射。在焊接场地的墙壁上，采用能吸收光线而不反光的材料做墙壁饰面。

④ 采用密闭罩。在带有抽风罩的密闭箱体内进行焊接，人体与焊接区隔开，不但防护了强烈的弧光辐射，而且可排除烟尘和有害气体。

等离子弧密闭罩及净化系统如图 7-5 所示。

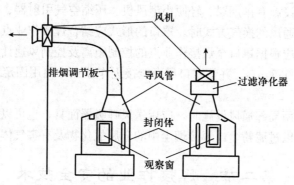

图 7-5　等离子弧密闭罩及净化系统

（2）热污染的防护　焊接电弧及预热焊件的高温散发出的热量，会造成焊接场所的热污染。尤其是在狭小舱室、罐体等内部施焊时，热量不易散去，使工作环境温度急剧增高，造成严重的热污染。防护热污染的主要措施有改进焊接工艺、加强焊接作业点的通风、采取隔热的方法、使用送风面罩等。

（3）有毒气体和烟尘的防护　焊接作业中产生相当多的有毒气体和烟尘。人体若长期大量吸入烟尘后，会造成尘肺。烟尘中若含可溶性氟化物或锰氧化物较多，会造成氟中毒或锰中毒。

焊接场所通风除尘是有毒气体和烟尘防护的最重要措施。通风有局部通风、全面通风两种。

① 全面通风换气。全面通风换气是通过管道及风机等机械的通风系统进行全车间的通风换气。全面通风换气应采用引射通风或吹-吸式通风的方式，如图 7-6、图 7-7 所示。

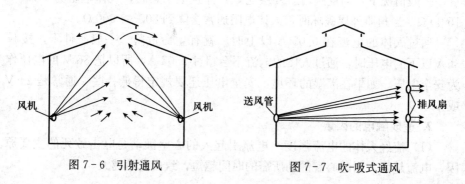

图 7-6　引射通风　　　　　　　图 7-7　吹-吸式通风

② 局部通风换气。局部通风换气是通过局部排风的方式来实现，焊接烟尘和有害气体被排风罩口有效地吸走。采用局部排风时，焊接工作地附近的风速应控制在 30 m/min，以保证电弧不受破坏。

局部通风设施有排烟罩、轻便小型风机、压缩空气引射器、排烟除尘机组等。采用局部通风的换气方式时，罩口的形式应结合焊接作业点的特点，其罩口风量、风速应根据罩口至焊接作业点的控制距离及控制风速计算。罩口的控制风速应大于 0.5 m/s，并使罩口尽可能接近作业点，使用固定罩口时的控制风速不小于 1~2 m/s。

当无法采用局部通风设施时，应用送风呼吸器面具，也可以使用防尘口罩和防毒面具，以过滤粉尘或焊接烟尘中的金属氧化物及有害气体。

第二节 焊接作业的安全技术

一、防止触电

焊工都有触电危害，必须懂得安全用电常识以及触电后急救知识。

1. 电流对人体危害 由于不慎触及带电体，发生触电事故，会使人体受到各种不同的伤害。根据伤害性质可分为电击和电伤两种。电击是指电流通过人体，使内部器官组织受到损伤，如果受害者不能迅速摆脱带电体，则最后会造成死亡事故。电伤是指在电弧作用下或熔丝熔断时，对人体外部的伤害，一般会造成烧伤、金属溅伤等。

电击所引起的伤害程度与人体电阻的大小有关，人体的电阻愈大，通过的电流愈小，伤害程度也就愈轻；通过人体的电流越大，流通时间愈长，伤害愈严重。

一般情况下，当皮肤角质外层完好，并且很干燥时，人体电阻为 1 000~15 00 Ω。当角质外层破坏时，人体电阻通常会降到 800~1 000 Ω。

通过人体的电流在 0.05 A 以上时，就有生命危险。一般条件下，接触36 V 以下的电压时，通过人体的电流不会超过 0.05 A，所以把 36 V 的电压作为安全电压。如果在潮湿的环境，安全电压还要规定得低一些，通常是 24 V或 12 V。

2. 造成触电的因素

(1) 流经人体的电流强度 电流引起人的心室颤动是电击致死的主要原因，电流越大，引起心室颤动所需的时间越短，致命危险越大。

　　能引起人感觉到的最小电流为感知电流，工频（交流）电流约 1 mA，直流约 5 mA。交流电流为 5 mA 即能引起轻度痉挛。

　　人触电后自己能摆脱电源的最大电流称为摆脱电流，交流约 10 mA，直流约 50 mA。

　　在较短时间内危及生命的电流称为致命电流，交流为 50 mA。在有预防触电的保护装置的情况下，人体允许电流一般可按 30 mA 考虑。

　　（2）通电时间　电流通过人体时间越长，危险越大，人的心脏每收缩扩张一次，中间约 0.1 s 间歇，这段时间心脏对电流最敏感。若触电时间超过 1 s，肯定会与心脏最敏感的间隙重合，增加危险。

　　（3）电流通过人体的途径　通过人体的心脏、肺部或中枢神经系统的电流越大，危险越大，因此人体从左手到右脚的触电事故最危险。

　　（4）电流的频率　现在使用的工频交流电是最危险的频率。

　　（5）人的健康状况　人的健康状况不同，对触电的敏感程度不同，凡患有心脏病、肺病和神经系统疾病的人，触电伤害的程度都比较严重，因此不允许有这类疾病的人从事电焊作业。

　　（6）电压的高低　电压越高，触电危险越大，一般双相 380 V 比单相 220 V 触电危险更大。

　　在一般比较干燥的情况下，人体电阻为 1 000～1 500 Ω，人体允许电流按 30 mA 考虑，则安全电压 $U = 30 \times 10^{-3}$ A $\times$ (1 000～1 500 Ω) = 30～45 V，我国规定为 36 V。

　　对于潮湿而触电危险性较大的环境，人体电阻按 500～650 Ω 计算，则安全电压 $U = 30 \times 10^{-3}$ A $\times$ (500～650 Ω) = 15～19.5 V，我国规定为 12 V。

　　对于在水下或其他由于触电会导致严重的二次事故的环境，人体电阻以 500～650 Ω 考虑，通过人体的电流应按不引起痉挛的电流 5 mA 考虑，则安全电压 $U = 5 \times 10^{-3}$ A $\times$ (500～650 Ω) = 2.5～3.25 V，我国没有规定，国际电工标准会议规定在 2.5 V 以下。

　　3. 焊接作业时的用电特点　不同的焊接方法对焊接电源的电压、电流等参数的要求不同，我国目前生产的电弧焊机的空载电压为 90 V 以下，工作电压为 25～40 V，自动电弧焊机的空载电压为 70～90 V，氩弧焊机、CO_2 气体保护焊机的空载电压为 65 V 左右，等离子切割电源的空载电压高达 300～450 V，所有焊接电源的输入电压为 220 V/380 V，都是 50 Hz 的工频交流电，因此触电的危险比较大。

4. 焊接作业造成触电的原因　焊接时触电事故有两种：一是直接触电，即接触焊接设备正常运行状态下的带电体或靠近高压电网；二是间接触电，即触及意外带电，也就是正常运行状态下不带电，而由于绝缘损坏或设备发生故障而成为带电的物体。

（1）直接触电的原因　焊接作业时，手或身体某部位在更换焊条、焊件时接触焊钳、焊条等带电部分，而脚或身体的其他部位对地面或金属结构之间绝缘不好，如在容器、管道内，阴雨、潮湿的地方或人体大量出汗的情况下进行焊接，容易发生触电；当手或身体某部位触及裸露而带电的接线头、接线柱、导线等而触电；在靠近高压电网的地方进行焊接，人体虽未触及带电体，而是接近带电体至一定程度而发生击穿放电。

（2）间接触电的原因　间接触电主要是焊接设备漏电，人体接触因漏电而带电的壳体发生触电。其漏电原因有以下几方面。

① 设备超负荷使用、内部短路发热、腐蚀性物质的作用，致使绝缘性能降低而漏电。

② 线圈因雨淋、受潮导致绝缘损坏而漏电。

③ 焊接设备受震动、碰击使线圈或引线的绝缘造成机械性损坏，破损的导线与铁芯或箱壳相连而漏电。

④ 金属物落入设备中，连通带电部位与壳体而漏电。

⑤ 人体触及绝缘损坏的电线、电缆、开关等发生触电。

⑥ 利用厂房金属构架、管道、天车轨道等作为焊接二次回路而发生触电。

5. 触电的方式　触电主要有单相触电和双相触电两种。

（1）单相触电　根据电源中性是否接地，单相触点分为电源中性点接地的单相触电和电源中性点不接地的单相触电，如图 7-8 所示。

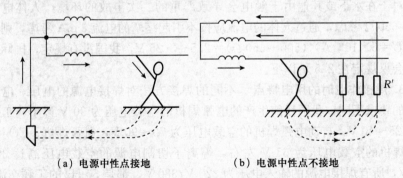

　　（a）电源中性点接地　　　　　　（b）电源中性点不接地

图 7-8　单相触电的类型

① 电源中性点接地的单相触电。这时人体处于相电压之下，危险性较大。如果人体与地面的绝缘较好，危险性可以大大减小。

② 电源中性点不接地的单相触电。这种触电也有危险。乍看起来，似乎电源中性点不接地时，不能构成电流通过人体的回路。其实不然，要考虑到导线与地面间的绝缘可能不良，甚至有一相接地，在这种情况下，人体中就有电流通过。

（2）双相触电　当人体同时和两根火线接触，或者和一根火线、一根零线接触时，电流从一根导线经过人体流至另一根导线，这种情况称为两相触电。两相触电常发生在在电杆上工作时。这时，即使触电者穿上绝缘鞋，或站在绝缘台（或干燥的地板）上，也起不了保护作用。因此。两相触电最危险(图7-9)。

图7-9　双相触电

接触正常情况下应不带电的金属。接触正常情况下应不带电的金属体部分是触电的另一种情形。例如，电焊机的外壳本来是不带电的，但由于绕组绝缘损坏，而与外壳接触，使它也带电。人手触及带电的电焊机（或其他电气设备）外壳，相当于单相触电。大多数触电事故属于这一种。

6. 预防触电的措施

（1）隔离防护装置　焊接设备要有良好的隔离防护装置。伸出箱体外的接线端应用防护罩盖好，有插销孔接头的设备，插销孔的导体应隐蔽在绝缘板平面内。设备的一次线应设置在靠墙壁不易接触的地方且长度一般不宜超过2～3 m。当有临时任务需要较长的电源线时，应沿墙壁或立柱隔离布置，其高度必须距地面2.5 m以上，不允许将电源线拖在地面上、各设备之间。设备与墙壁之间至少要留1 m宽的通道。

（2）接地保护或接零保护　在采用三相三线制而中性点（零线）不直接接地的电网中，如果焊接设备的带电部分意外与金属外壳相碰，人与外壳接触，故障电流将通过人体电阻和电网对地绝缘阻抗构成回路。当电网对地绝缘正常时，故障电流很小，但当电网对地绝缘显著下降时，故障电流可能升到很危险的程度，人体即明显触电。在三相四线制电网中，中性点（零线）直接接地，如果设备不接零线，当某相线碰到焊接设备外壳时，如果人体与外壳接触，电流就会通过人体而导致触电。

焊机的接地保护如图 7-10 所示，接零保护如图 7-11 所示。

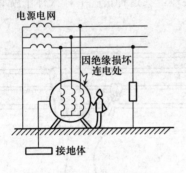

图 7-10　焊机接地保护

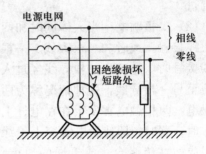

图 7-11　焊机接零保护

弧焊变压器的二次线圈与焊件相接的一端，也必须接地或接零。当一次线圈与二次线圈的绝缘击穿，高压出现在二次回路时，这种接地和接零能保证焊工的安全。但必须指出，二次线圈一端接地或接零时，焊件则不应接地或接零，否则一旦二次回路接触不良，大的焊接电流可能将接地线或接零线熔断，不但使焊工安全受到威胁，而且易引起火灾。焊机与焊件的正确与错误的保护性接地与接零如图 7-12 所示。

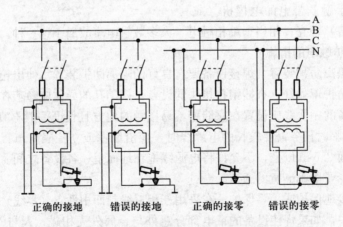

图 7-12　焊机与焊件的接地与接零

将焊接设备外壳可靠接地，当外壳漏电时，由于接地电阻很小（≤4 Ω），则电流绝大部分不经过人体,而经过接地线构成回路,防止人体触电。同时,在接地电阻很小的情况下,一次线电流过载,熔丝就会熔断,从而切断电源,起到安全保护的作用。

采用保护接零措施后,当某相线与焊接设备外壳相碰时,通过外壳形成该相的单相短路,短路电流促使线路上的保护装置(如熔断器)动作,从而切断故障部分电源,起到保护作用。

采用保护接地或接零措施应注意以下几个问题。

① 在中性点接地的三相四线制电网中,不应只采取保护接地措施。

② 在三相四线制电网中,不允许在零线回路上装设开关和熔断器。

③ 在中性点接地的三相四线制电网中,不应将部分焊接设备接地,而另一部分接零。

④ 弧焊变压器的二次线圈与焊件相接的一端必须接地或接零。当在有接地或接零线的焊件上进行焊接时,应将焊件上的接地或接零线拆除,焊后再恢复;在与大地紧密相连的焊件上进行焊接时,则应将焊接设备二次线圈一端的接地线或接零线的接头断开,焊完后再恢复。

⑤ 焊接设备二次端的焊把线上既不准接地,也不准接零。

⑥ 接地线或零线时,先接接地体或零干线,后接设备外壳,拆除时则顺序相反。

⑦ 严禁用氧气、乙炔等易燃易爆气体管道作为接地装置的自然接地极。防止由于产生的电阻热或引弧时冲击电流的作用产生火花而发生爆炸事故。

(3) 采用自动断电装置 为保护设备安全,又能在一定程度上保护人身安全,应装设熔断器、过载保护开关、漏电开关。当在电焊机的空载电压较高,而又有触电危险的场所作业时,焊机必须采用空载自动断电装置。当焊接引弧时,电源开关自动闭合;停止焊接,更换焊条时,电源开关自动断开;能有效避免空载时的触电。

(4) 采用合格的电缆线 焊机用的软电缆线应采用多股细铜线电缆,其截面要求应根据焊接需要的载流量和长度,按规定选用。电缆长度一般不超过20~30 m。焊接电缆要绝缘良好,绝缘电阻不得小于1 MΩ。

(5) 正确穿戴防护用具 焊工应戴合格的手套,不得戴有破损和潮湿的手套,在可能导电的焊接场所工作时,所用的手套应该用具有绝缘性能的材料或附加绝缘层制成,并经检验合格后方能使用。电焊工应穿橡胶底的防护鞋,防护鞋应经耐电压5 000 V试验合格,在有积水的地面上焊接时,焊工应穿经过耐电压6 000 V试验合格的防水橡胶鞋。

7. 触电急救方法　人触电以后，会出现神经麻痹、呼吸中断、心脏停止跳动等现象，外表呈现昏迷不醒的状态。但不应该认为是死亡，而应该看做是假死，并且迅速而持久地进行抢救，有触电者经过 4 h 甚至更长时间的紧急抢救而得救的事例。有个统计材料介绍：从触电后 1 min 开始救治者，90%有良好效果；从触电后 6 min 开始救治者，10%有良好效果；而从触电后 12 min 开始救治者，救活的可能性很小。由此可知，抢救迅速是非常重要的。

（1）迅速脱离电源　如果触电地点附近有电源开关或电源插销，可立即拉开开关或拔出插销，断开电源（图 7-13a）。用干燥的竹竿、木棒等工具将电线移掉（图 7-13b）。必要时用绝缘工具切断电线，以断开电源（图 7-13c）。如果触电者的衣服是干燥的，又没有紧缠在身体上，可以用一只手抓住他的衣服，拉离电源。但是，因为触电者的身体是带电的，其鞋子的绝缘也可能遭到破坏，救护人员不得接触触电者的皮肤，也不能够触摸触电者的鞋子（图 7-13d）。

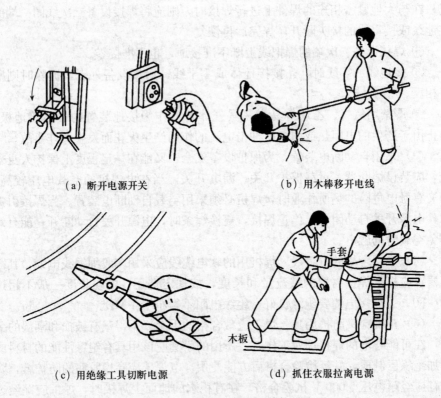

（a）断开电源开关　　　　　　　　（b）用木棒移开电线

（c）用绝缘工具切断电源　　　　　（d）抓住衣服拉离电源

图 7-13　使触电者迅速脱离电源

（2）人工呼吸法急救触电者 对有心跳而呼吸停止的触电者，可采用口对口人工呼吸法进行急救。

将触电者仰卧，解开衣领和裤带，然后将触电者头偏向一侧，张开其嘴，用手指清除口腔中的假牙、血块等异物，使呼吸道畅通（图 7-14a）。抢救者在病人的一边，使触电者的鼻孔朝天头后仰（图 7-14b）。用手捏紧触电者的鼻子，并将颈部上抬，深深吸一口气，用嘴紧贴触电者的嘴，大口吹起（图 7-14c）。然后放松捏鼻子的手，让气体从触电者肺部排出，如此反复进行，每 5 s 吹气 1 次，坚持连续进行，不可间断，直到触电者苏醒为止（图 7-14d）。

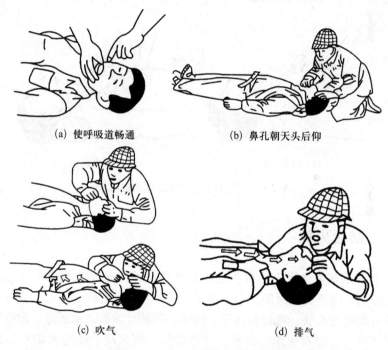

(a) 使呼吸道畅通   (b) 鼻孔朝天头后仰

(c) 吹气   (d) 排气

图 7-14 人工呼吸法急救触电者

（3）胸外心脏按压法急救触电者 对有呼吸但心脏停止跳动的触电者，应采用胸外心脏按压法进行急救。

将触电者仰卧在硬板上或地上，颈部枕垫软物使头部稍后仰，松开衣服和裤带，急救者跪跨在触电者腰部（图 7-15a）。急救者将右手掌根部按于触电者胸骨下 1/2 处，中指指尖对准其颈部凹陷的下缘，当胸一手掌，左手掌复压在右手背上（图 7-15b）。掌根用力下压 3～4 cm（图 7-15c）。突然放松，按压与放松的动作要有节奏，每秒进行一次，必须坚持连续进行，不可中断，直到触电者苏醒为止（图7-15d）。

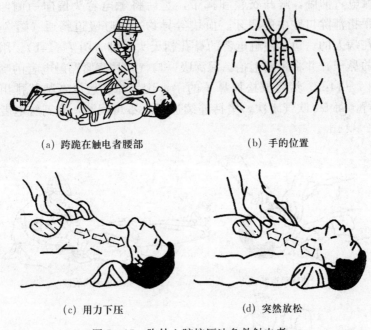

(a) 跨跪在触电者腰部　　　　　　　　(b) 手的位置

(c) 用力下压　　　　　　　　(d) 突然放松

图7-15　胸外心脏按压法急救触电者

二、防止火灾

1. 焊割现场发生火灾的可能性　燃烧是一种发光放热的化学反应，它必须有可燃物、助燃物和火源三个基本条件的相互作用，缺一不可。在焊接时常遇到的可燃物有乙炔、液化石油气、汽油、棉纱、油漆、木屑等，助燃物有空气、氧气等，火源有火焰、电弧、灼热物体、电火花、静电火花及金属飞溅等，所以焊割现场很容易引起火灾。

2. 产生燃烧的3个条件　产生燃烧必须具备3个条件：可燃物、助燃物及着火源。

（1）可燃物　不论固体、液体、气体，凡能与空气中的氧起剧烈的反应物质，一般都称为可燃物质，如木材、纸张、棉花、汽油、酒精、乙炔气、氢气和液化石油气等。这些物质的内部化学组成物大都会有碳、氢、硫、氧、磷等元素，受外部热源条件的影响，促使物质内部分解，析出可燃成分。大部分可燃物质主要以碳氢化合物的形式存在着，即所谓有机物质。

物质的可燃性随条件的变化而变化，如木刨花比整块的原木容易燃烧，木粉甚至能爆炸。大块的铝、镁是不能燃烧的，但铝粉、镁粉不但能自燃而且还有爆炸性。加热到橘红色的铁丝在空气中是不燃烧的，但在纯氧或氯气中能发光、发热而燃烧。甘油在常温下是不容易着火的，但遇到高锰酸钾则会剧烈燃烧。

（2）助燃物　凡能帮助和支持燃烧的物质都称为助燃物，如空气（氧）和氯酸钾、高锰酸钾等氧化剂。为了使可燃物质完全燃烧就必须要有充足的空气（氧在空气中约占 21％）。如燃烧 1 kg 木材就需要 4～5 m³ 空气；燃烧 1 kg 石油需要 10～12 m³ 空气。当空气供应很充足或物质在纯氧中燃烧时，则燃烧很猛烈；但若缺乏空气，则燃烧就不完全；当空气中的含氧量低于 14％时，就不会燃烧。

（3）着火源　凡能引起可燃物质燃烧的热能，都叫着火源。要使可燃物质起化学变化而发生燃烧就需要有足够的热量与温度，各种不同的可燃物质燃烧时需要的温度和热量各不相同。着火源有如下几种：

① 明火。火柴与打火机的火焰；油灯火、喷灯火、烟头火；焊接、气割时的火焰飞溅等（包括灼热铁屑和高温金属）。

② 电气火。电火花（电路开启、切断、熔丝熔断等）；电器线路超负荷、短路、接触不良；电炉电热丝、电热器、电灯泡、红外线灯、电熨斗等。

③ 摩擦、冲击产生的火花。

④ 静电荷产生的火花。电介质相互摩擦、剥离或金属摩擦生成，如液体、气体沿导管高速流动或高速喷出等产生的静电火花。

⑤ 雷击产生的电火花。分直接雷击和感应雷电。

⑥ 化学反应热。本身自燃、遇火燃烧、与其他物质接触起火。

3. 焊割作业的防火措施　焊接时焊接金属的飞溅金属和乱扔的焊条头均容易引起火灾。因此，一般要采取下列措施。

① 禁止在储存有易燃易爆物品的房间或场地、容器上焊接。在可燃物品附近焊接，应远离 10 m 以外，并要有防火材料遮挡。

② 焊工在高空作业时，应仔细观察焊接处下面有无易燃物，防止金属飞溅引发火灾。

③ 有接地线的结构，在焊前应将接地线拆除。防止由于焊接回路接触不良，使接地线变为焊接回线，烧毁接地线，引起火灾。

4. 灭火措施　一切灭火措施都是为了防止燃烧的三个条件同时出现在一起，必须设法消除三个燃烧条件中的一个。主要灭火措施有：

（1）控制可燃物　防止造成燃烧的物质基础，尽量缩小物质燃烧的范围。

（2）隔绝空气（助燃物）　防止构成燃烧的助燃条件。

（3）消除着火源　消除激发燃烧的热源。

利用灭火器灭火是采用抑制法（化学中断法），使灭火剂参与到燃烧反应过程中去，使燃烧过程中产生的游离基消失，使燃烧反应终止。各类灭火器的性能及应用见表7-7。

表7-7　各类灭火器的性能及应用

名　　称	装填的药剂	用　　途	注意事项
泡沫灭火器	碳酸氢钠发沫剂和硫酸铝溶液	扑灭油类火灾	冬季应防冻结，定期更换
二氧化碳灭火器	液态二氧化碳	扑救贵重的仪器设备，不能用于扑救钾、钠、镁、铝等引起的火灾	防喷嘴堵塞
干粉灭火器	小苏打或钾盐干粉	扑救石油产品、有机溶剂、电气设备、液化石油气、乙炔气瓶等火灾	干燥、通风、防潮，半年称重一次
1211灭火器	二氟氯-溴甲烷	扑救各种油类、精密仪器、高压电器设备火灾	防受潮、日晒，半年检查一次，充装药剂

焊接时各种火情的灭火物质选用见表7-8。

表7-8　各种焊接火情采用的灭火物质

火灾情况	灭火物质和扑灭措施
电器设备着火	立即切断电源，同时用二氧化碳灭火器灭火，然后用1211灭火器补救。严禁用水和泡沫灭火器灭火
电石桶、电石库房等着火	不能用泡沫灭火器、1211灭火器扑救，只能用二氧化碳、干粉灭火器和干砂扑救
乙炔发生器着火	立即关紧总阀门停止供气，并使电石与水隔离。只能用二氧化碳灭火器和干粉灭火器扑救
氧气瓶着火	立即关闭气瓶总阀门停止供气，使其自行熄灭
铝热焊剂着火	无法扑灭，可用沙土覆盖，并迅速转移未燃烧的焊剂
焊机着火	先拉闸断电，然后再扑救。未断电前，禁止用水或泡沫灭火器扑救，以防触电。只能用干粉灭火器、二氧化碳灭火器扑救
变压器漏油起火	用沙土覆盖，或用二氧化碳灭火器扑救

三、防止爆炸

1. 焊割现场发生爆炸的可能性　爆炸是物质发生急剧的物理和化学变化，能在瞬间释放出大量能量的现象。它能摧毁建筑物并能造成严重的人员伤害。

爆炸一般按爆炸能量来源的不同分为物理爆炸和化学爆炸。

物理爆炸：由物理变化（温度、体积和压力等因素）引起的爆炸。

化学爆炸：物质在极短的时间内完成化学反应，生成新的物质并产生大量气体和能量的现象。

在焊割现场发生爆炸，可能性最大的是化学爆炸。化学爆炸也必须同时具备三个条件：足够的易燃易爆物质；易燃易爆物质与空气等氧化剂混合后的浓度在爆炸极限内；有能量足够的火源。

焊接时可能发生爆炸的几种情况。

（1）可燃气体的爆炸　工业上大量使用的可燃气体，如乙炔（C_2H_2）、天然气（CH_4）、液化石油气［主要成分：丙烷（C_3H_8）和丁烷（C_4H_{10}）］等，它们与氧气或空气均匀混合达到一定极限，遇到火源便发生爆炸，这个极限为爆炸极限。常用可燃气体在混合物中所占体积的百分比来表示，如乙炔与空气混合爆炸极限为 2.2%～81%，乙炔与氧气混合爆炸极限为 2.8%～93%；液化石油气与空气混合爆炸极限为 3.5%～16.3%，与氧气混合爆炸极限为3.2%～64%，且易产生混合爆炸。

（2）可燃液体或可燃液体蒸气的爆炸　在焊接场地或附近放有可燃液体时，可燃液体或可燃液体的蒸气达到一定浓度，遇到电焊火花，即会发生爆炸。如汽油蒸气与空气混合，其爆炸极限仅为 0.7%～6.0%。

（3）可燃粉尘的爆炸　可燃粉尘（如镁、铝粉尘，纤维粉尘等）悬浮于空气中，达到一定浓度范围遇到火源（如电焊火花等）也会发生爆炸。

（4）焊接直接使用可燃气体的爆炸　如乙炔，若操作不当而发生回火时，会发生爆炸。

（5）密闭容器的爆炸　对密闭容器或正在受压的容器进行焊接时，如不采取适当的措施，也会发生爆炸。

2. 焊割作业时防止爆炸的措施

① 严禁在内有压力的容器上焊接，距离焊接处 10 m 以内不要放置易爆物品。

② 焊接带油的容器和管道前必须将油放尽，并用碱水和热水冲洗干净。

四、焊接设备的操作安全

1. 焊机的安全使用

（1）焊机的工作环境应与焊机技术说明书上的规定相符，在工作的温度过高或过低、湿度过大、气压过低以及在腐蚀性或爆炸性等特殊环境中作业时，应使用适合特殊环境条件性能的焊机或采取防护措施。

（2）防止焊机受到碰撞或剧烈震动（特别是整流式焊机），严禁焊机带电移动；室外使用的焊机必须有防雨、雪的防护措施，如图 7-16 所示。

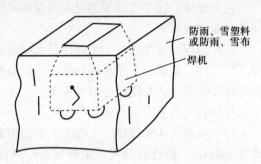

防雨、雪塑料或防雨、雪布

焊机

（3）焊机必须有独立的专用电源开关，其容量应符合要求，当焊机超负荷工作时，应能自动切断电源。禁止多台焊机共用一个电源开关，如图 7-17 所示。

图 7-16　室外使用的焊机防雨、雪的措施

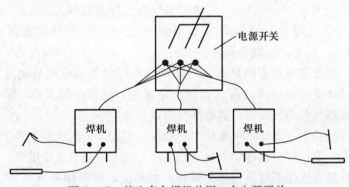

电源开关

焊机　焊机　焊机

图 7-17　禁止多台焊机共用一个电源开关

（4）焊机电源开关应装在焊机附近人手便于操作的地方，周围留有安全通道，如图 7-18 所示。

（5）采用启动器启动的焊机，必须先合上电源开关，然后再启动焊机。

（6）焊机的一次电源线的长度一般不宜超过 2~3 m，当有临时任务需要较长的电源线时，应沿墙或立柱用瓷瓶隔离布设，其高度必须距离地面 2.5 m 以上，不允许将一次电源线拖在地面上，如图 7-19 所示。

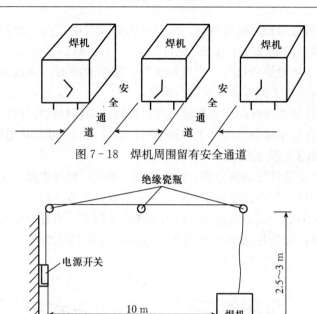

图 7-18　焊机周围留有安全通道

图 7-19　焊机一次电源线的布设

（7）焊机外露的带电部分应设有完好的防护（隔离）装置，其裸露的接线柱必须设有防护罩。

（8）禁止连接建筑物的金属构架和设备等作为焊接电源回路。

（9）焊机应平稳放在通风良好、干燥的地方，不得靠近高热及易燃易爆危险的环境，如图 7-20 所示。

（10）禁止在焊机上放置任何物品和工具，如图 7-21 所示。

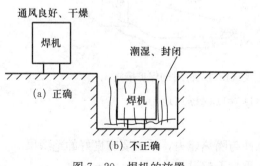

图 7-20　焊机的放置

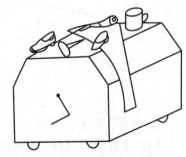

图 7-21　禁止在焊机上放置任何
物品和工具

（11）焊机必须经常保持清洁，清扫焊机必须停电进行。清扫时，焊接现场如有腐蚀性、导电性气体或飞扬的浮尘，必须对焊机进行隔离防护。

（12）每半年对焊机进行一次维修保养，发生故障时，应该立即切断焊机电源，及时通知电工或专业人员进行检修。

（13）经常检查和保持焊机电缆与焊机接线柱的接触良好并保持螺母紧固。

（14）工作完毕或临时离开工作场地时，必须及时切断焊机电源。

2. 焊接电缆的安全使用

（1）焊接电缆外皮必须完整、绝缘良好、柔软，绝缘电阻不小于 1MΩ。

（2）连接焊机与焊钳必须使用柔软的电缆线，长度一般不超过 20～30 m。

（3）焊机的电缆线必须使用整根的导线，中间不应有连接接头，当工作需要接长导线时，应使用接头连接器牢固连接，并保持绝缘良好，如图 7-22 所示。

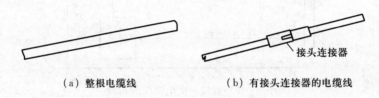

（a）整根电缆线　　　　　（b）有接头连接器的电缆线

图 7-22　焊机电缆线的安全要求

（4）焊接电缆线要横过马路时，必须采取保护套等保护措施，严禁搭在气瓶、乙炔发生器或其他易燃易爆物品的容器或材料上，如图 7-23 所示。

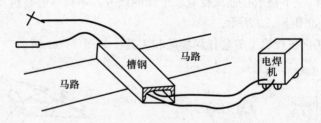

图 7-23　焊接电缆线横过马路时的保护措施

（5）禁止焊接电缆与油、脂等易燃易爆物品接触。

3. 电焊钳的安全使用

（1）电焊钳必须有良好的绝缘性与隔热能力，手柄要有良好的绝缘层。

（2）电焊钳应保证操作灵便、重量不超过 600 g。

（3）禁止将过热的焊钳浸在水中冷却后使用，如图 7-24 所示。

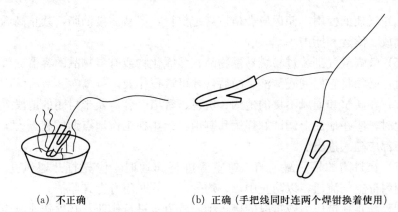

　　(a) 不正确　　　　　　　(b) 正确 (手把线同时连两个焊钳换着使用)

图 7 - 24　禁止将过热的焊钳浸在水中冷却后使用

五、气焊、气割的安全操作技术

　　气焊和气割所使用的乙炔、液化石油气、氢气、氧气和电石等都属于危险品；氧气瓶、乙炔气瓶和液化石油气瓶等属于压力容器；焊补燃料容器和管道时，要与危险物品和压力容器接触，同时又使用明火。因此，气焊、气割必须严格执行安全操作规程，杜绝爆炸和火灾事故发生。

　　1. 气焊、气割作业场地的安全要求

　　(1) 气焊、气割工作场地必须有防火设施，焊工应通晓其使用方法。

　　(2) 当气焊、气割工作场地有下列情况时禁止作业：堆放大量易燃品而又未采取防护措施；可能形成易燃易爆蒸气或积聚爆炸性粉尘。同时禁止在油库、喷漆房、乙炔站、氧气站、木材仓库等储有易燃易爆及危险品库房内作业。

　　(3) 气焊或气割作业地点 10 m 内，不得放置有机粉料、木屑、棉纱、棉花、干草、汽油、煤油、油漆等易燃易爆物品。

　　(4) 作业场地要注意通风和排气，应能有效地排除作业时产生的有害气体、烟尘，避免发生中毒事故。

　　2. 气焊、气割作业的安全操作规程

　　(1) 未经考试合格或无操作证者，不准作业。徒工应有师傅带领作业。

　　(2) 作业前，焊（割）工必须穿戴好各种劳动防护用品，如工作服、高温皮鞋、防护手套、护目镜等，以防灼伤、伤目、触电等事故发生。

　　(3) 作业前应检查工作场地 10 m 内是否有易燃易爆物品及影响安全生产的物品，如有应加以清理。检查焊（割）炬、气管、接头及气瓶附件等是否完好。

（4）气瓶的使用、储运应严格按规定执行，严禁沾染油脂，禁止高温、曝晒、倒放、滚运和撞击。

（5）气焊或气割装过易燃易爆物品、强氧化物或有毒物品的容器、管道和设备时，必须将它们彻底清洗干净后，才可进行作业。

（6）在狭窄和通风不良的地沟、坑道、管道、容器及半封闭的地段等处进行作业时，应在地面上调试好焊炬和割炬，禁止在工作地点调试和点火。焊炬和割炬都应随人进出。

（7）在封闭的桶、罐、箱、舱室等进行作业时，应先打开通风孔、洞、门，使内部空气流通，以防止中毒、灼伤。必要时应有专人监护。

（8）禁止在带压力或带电的罐、柜、管道等进行作业，必须作业时应先释放压力，切断气源或电源。

（9）登高作业应遵守有关高空作业安全操作规程，根据作业高度和环境条件，定出危险区范围，禁止在作业区下方及危险区内存放易燃易爆物品和停留人员。登高作业应使用安全带、安全帽、梯子、工作平台、工具袋等防护用品和工具。

（10）在水泥地面上切割金属材料时，应采取遮挡措施，防止火花直接喷射地面发生水泥块爆炸和灼伤事故。

（11）皮管穿越通道要加盖保护。皮管的紧固夹头要经常检查，防止松动滑脱。

（12）不要把焊（割）炬放在热工作物上。工作时要防止火焰喷射到氧气瓶、乙炔瓶和易燃易爆物品上。

（13）气焊发生回火时，必须立即先关闭乙炔调节阀，再关闭氧气调节阀。气割遇到回火时，应先关闭气割氧调节阀，再关闭乙炔和氧气调节阀。

（14）乙炔皮管或乙炔瓶的减压阀燃烧爆炸时，应立即关闭乙炔瓶或乙炔发生器的总阀门。氧气管发生燃烧时，应立即关紧氧气瓶总阀。

（15）作业结束，应将氧气瓶阀和乙炔瓶阀关紧，再将减压阀的调节螺钉拧松，收好气管，检查场地周围，熄灭火种，确认完全消除安全隐患后，方可离开现场。

3. 氧气瓶的安全使用规则

（1）室内或室外使用氧气瓶时，都必须将氧气瓶妥善放置，以防止倾倒。

（2）氧气瓶一般应该直立放置，只有在个别情况下才允许卧置，但此时应该把瓶颈稍微垫高一些，并且在瓶的两侧用木块等物件塞好，防止氧气瓶滚动而造成事故。

（3）严禁氧气瓶阀、氧气减压器、焊炬、割炬、氧乙炔胶管等沾上易燃物质和油脂等，以免引起火灾或爆炸。

（4）取卸瓶帽时，只准用手或扳手旋转，严禁用铁锤等敲击（图7-25）。

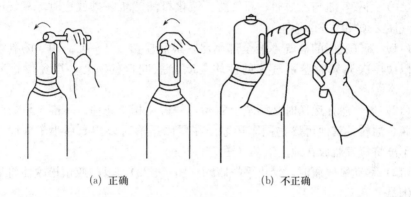

(a) 正确　　　　　　　　　　　　(b) 不正确

图7-25　取卸氧气瓶瓶帽的方法

（5）在瓶阀上装接减压器前，应缓慢地拧开瓶阀，吹掉瓶阀出口处内外的杂物，并再轻轻地关闭阀门；然后装接减压器，之后再缓慢地开启阀门，不准开得过快，否则高压氧流速过急会产生静电火花而引起减压阀燃烧或爆炸。

（6）在瓶阀上安装减压器时，与阀口连接的螺母必须拧紧，以防瓶阀开启高压氧冲出时脱落。人体要避开阀口喷出方向，并缓慢开启阀门。

（7）冬季若发现氧气瓶阀阀杆空转，排不出气时，应首先顺时针旋动手轮，将瓶阀阀门关紧，然后用热水或蒸汽将瓶阀缓慢加热，使之解冻（图7-26a），绝对禁止用明火烘烤（图7-26b）。

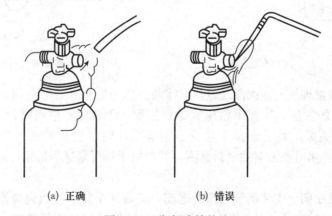

(a) 正确　　　　　　　　　　　　(b) 错误

图7-26　瓶阀冻结的处理

（8）氧气瓶不可放置在焊割施工的钢板上或有电流通过的导体上。

（9）氧气瓶停止工作时，应松开减压器上的调压螺栓，再关闭氧气阀门。

（10）当氧气瓶与乙炔瓶、氩气瓶、液化石油气瓶并排放置时，氧气瓶与可燃气瓶必须相距 5 m 以上。

（11）氧气瓶内的氧气不准全部用尽，最后应留 0.1～0.2 MPa 的剩余氧气，以便再次充氧时鉴别气体的性质与吹除瓶阀口的灰尘，以免混进其他气体。

（12）氧气瓶在运送时必须戴上瓶帽，并避免相互碰撞。不准与可燃气体的气瓶、油料及其他可燃物同车运输。在厂内运输时要用专用小车并固定牢固。不准将氧气瓶放在地上滚动（图 7 - 27）。

（13）移动氧气瓶时，禁止手托瓶帽（图 7 - 28），以防瓶帽松脱而将氧气瓶倾倒。

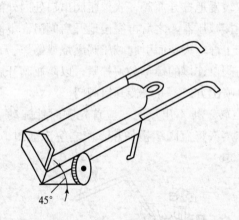

图 7 - 27　用小车运输氧气瓶　　　图 7 - 28　移动氧气瓶的错误动作

（14）当发现氧气瓶阀漏气时，可待瓶内压力低于 0.2 MPa 后，采用如图 7 - 29a 所示的方法，用扳手将压紧螺母扳紧。无效时，应顺时针旋动手轮，将瓶阀阀门关紧，然后卸掉手轮及压紧螺母，取出损坏的密封垫圈，如图 7 - 29b 所示，然后换上新的密封垫圈，并用扳手将压紧螺母扳紧，最后将手轮重新装好。

（15）在瓶阀上安装氧气减压器之前，应旋动手轮，将瓶阀缓慢开启，以吹掉出气口处的杂质。开启氧气瓶瓶阀时，操作者应站在气体喷出方向的侧

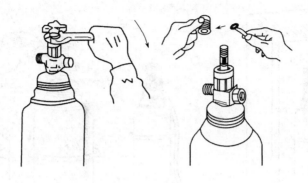

（a）扳手拧紧压紧螺母　　　（b）取出损坏的密封垫圈

图 7 - 29　氧气瓶漏气时的维护

面，避免氧气流朝向人体、避免易燃气体或火源喷出。图 7 - 30 所示为开启氧气瓶瓶阀的错误操作方向。

（16）禁止在带压力的氧气瓶上，通过拧紧阀体和压紧螺母的方法来消除泄漏。图 7 - 31 所示为带压状态下消除瓶阀泄漏的错误操作。

图 7 - 30　开启氧气瓶瓶阀的错误　　　图 7 - 31　带压状态下消除瓶阀泄漏的
　　　　　操作方向　　　　　　　　　　　　　错误操作

（17）夏季在室外使用氧气瓶时，必须把它放在凉棚内或阴凉处（图 7 - 32a），不应放在露天阳光下（图 7 - 32b）遭受阳光的强烈照射，否则会使瓶内氧气体积急剧膨胀而引起气瓶爆炸。

（18）检查氧气瓶瓶口是否有泄漏现象时，可用肥皂水涂在瓶口上进行试验，如图 7 - 33 所示。若有气泡出现，则说明该处有泄漏，应采取措施将其消除。

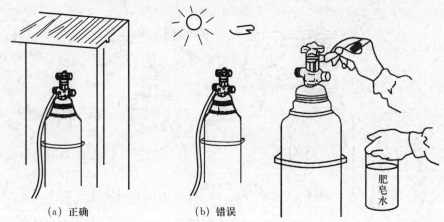

(a) 正确	(b) 错误

图 7 - 32 夏季在室外使用氧气瓶时的放置方法　图 7 - 33 检查氧气瓶口的泄漏情况

　　(19) 安装氧气减压器之前，先逆时针方向缓慢旋动氧气瓶阀上部的手轮，利用瓶内的高压氧气流来吹除瓶阀出气口处的污物，此时瓶阀的出气口不得对准操作者或他人。待污物吹尽后，应立即旋紧手轮，并将减压器的进口对准氧气瓶阀的出气口，使压力表面处于垂直位置，然后用无油脂的扳手将螺母拧紧（图 7 - 34）。

　　(20) 氧气瓶必须做定期检查，合格后才能继续使用。

　　4. 乙炔瓶的安全使用规则　乙炔瓶内的最高压力是 1.5 MPa，由于乙炔是易燃、易爆的危险气体，所以在使用时必须谨慎，除了必须遵守氧气瓶的使用规则外，还应该严格遵守下列规则：

　　(1) 在开启和关闭乙炔气瓶时，应利用方孔套筒扳手转动乙炔瓶阀中阀杆上端的方形头来实现。当逆时针转动方孔套筒扳手时，就会从瓶内放出乙炔气（图 7 - 35a），相反则停止供气（图 7 - 35b）。

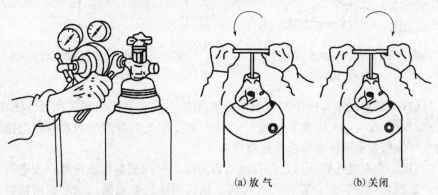

	(a) 放 气	(b) 关 闭

图 7 - 34　安装氧气减压器的方法　　图 7 - 35　乙炔瓶的放气和关闭操作

（2）使用乙炔气瓶时，应直立放置（图7-36a），不能卧置（图7-36b）。因卧放会使丙酮随着乙炔流出，甚至会通过减压器流入乙炔气胶管和焊、割炬内，这是非常危险的。如因特殊情况使用卧放的乙炔瓶，必须先将其直立20 min，然后再连接乙炔减压器使用。

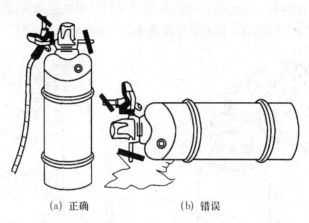

(a) 正确　　　　　　　(b) 错误

图7-36　乙炔瓶的放置方式

（3）吊装乙炔瓶时应使用麻绳（图7-37a），严禁使用电磁起重机、铁链或钢丝绳（图7-37b），以免钢瓶滑落或与钢瓶摩擦产生火花，而引起乙炔瓶爆炸。

（4）当乙炔瓶阀由于凝水而冻结时，绝对禁止用明火烘烤（图7-38）。可用40 ℃以下的温水解冻。

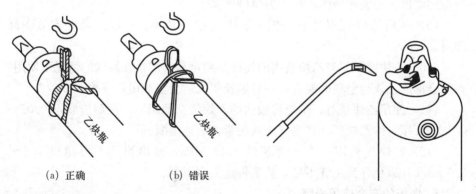

(a) 正确　　　　　　　(b) 错误

图7-37　吊装溶解乙炔瓶的方法　　　图7-38　解冻乙炔瓶阀的危险操作

（5）气焊、气割需要调整工作压力时，可沿顺时针方向缓慢地转动减压器的调压螺钉，如图 7-39 所示。直至减压器的低压表指针指到所需的工作压力为止。此时应注意：不能过快地旋转调压螺钉，以防止高压气体冲坏弹性薄膜装置或使低压表损坏。

（6）安装 YQE-222 型乙炔减压器前，首先用方孔套筒扳手打开乙炔瓶阀，吹除出气口处的污物，然后将乙炔减压器的进气口对准乙炔瓶阀的出气口，并顺时针方向转动紧固螺钉，依靠夹环将减压器固定在瓶阀上（图 7-40）。

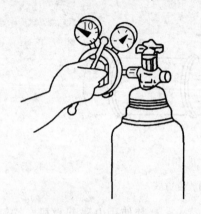　　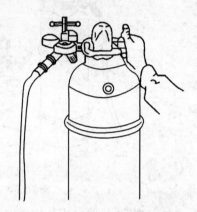

图 7-39　调整工作压力的方法　　　　　图 7-40　安装乙炔减压器的方法

（7）乙炔瓶不应遭受剧烈震动和撞击，以免瓶内多孔性填料下沉而形成空洞，影响乙炔的储存，引起乙炔瓶的爆炸。

（8）乙炔瓶的表面温度不得超过 40 ℃，因乙炔温度过高会降低丙酮对乙炔的溶解度，而使瓶内的乙炔压力急剧增高。

（9）开启乙炔瓶阀时应缓慢，不得超过一转半，一般只需开启 3/4 转即可。

（10）乙炔减压器与乙炔瓶阀的连接必须可靠，严禁在漏气的情况下使用，否则会形成乙炔与空气的混合，一旦触及明火就会造成爆炸事故。

（11）使用乙炔瓶对，不能将瓶内的乙炔气全部用完，最后应剩下 0.05～0.1 MPa 压力的乙炔气，并将气瓶阀关紧，防止渗漏。

（12）乙炔气使用压力不得超过 0.15 MPa，输出流速不可超过 1.5～2.5 m³/h，以免导致用气不足，甚至带走太多丙酮。

5. 焊炬的安全使用规则

（1）根据焊件厚度，选择恰当的焊炬与焊嘴，并用扳手将焊嘴拧紧，拧到不漏气为止。

（2）焊炬使用前，应首先检查其射吸力是否正常。方法是将黑色的氧气胶管接在焊炬下方的氧气管接头上，乙炔胶管暂不接，然后打开氧气瓶阀，调节减压器调压螺钉，向焊炬输送氧气，接着打开乙炔调节阀和氧气调节阀。当氧气从焊嘴流出时，用手指按在乙炔进气管接头上，如图 7 - 41 所示。若手指上感到有足够的吸力，则表明焊炬的射吸力是正常的；相反，

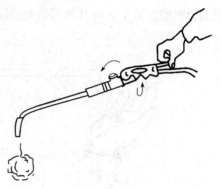

图 7 - 41　检查焊炬射吸力的方法

如果没有吸力，甚至氧气从乙炔管接头中喷出来，则说明射吸力不正常，必须进行修理，否则严禁使用。

（3）将乙炔皮管接在乙炔管接头上，并和氧气皮管（已接入接头）一起用专用夹子或细铁丝扎紧。

（4）关闭各气体调节阀，检查焊炬各连接处是否有漏气。

（5）焊炬需经上述检查合格后才可点火使用。点火时，先逆时针方向稍微打开氧气调节阀，然后再打开乙炔调节阀，用点火枪点火，并随即调整火焰能率的大小及火焰形状，直至达到所需火焰的种类为止。若调节不正常或时有灭火现象，应立即检查是否漏气或管路有否堵塞，并进行修理。

（6）严禁将正在正常燃烧的焊炬卧放在焊件或地面上。

（7）焊炬使用过程中若发生回火，应迅速关闭乙炔调节阀，同时关闭氧气调节阀，如图 7 - 42 所示。等回火熄灭后，再打开氧气调节阀，吹除残留在焊炬内的余烟或烟灰，并将焊炬手柄前面的部分放在水中冷却。

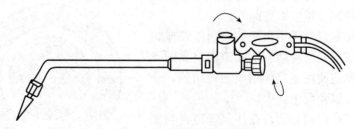

图 7 - 42　消除回火的方法

（8）当焊炬出现没有射吸力，并伴有逆流现象时，首先应检查焊嘴是否被堵塞。如果不是这种情况，可将乙炔胶管卸下来，用手堵住焊嘴，开启氧气调节阀，使之倒流，将杂质从乙炔管接头处吹出，如图 7 - 43 所示。必要时，可

把混合气管卸下来，将其内部杂质清除干净。

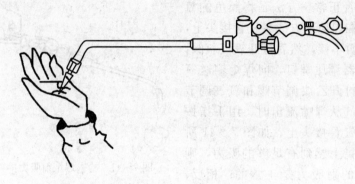

图7-43　用氧气冲刷射吸管

（9）停止使用时，应首先关闭乙炔气调节阀，然后再关闭氧气调节阀，熄火时应听到"嗖"的一声，不可有"啪"的一声，以防产生回火及烟尘。

（10）焊炬不准沾染油脂，以防油脂遇到氧气燃烧而爆炸。焊炬的结合面不能碰伤，以防止因漏气而影响操作。

（11）焊炬的焊嘴头部孔道若被堵塞，严禁把焊嘴头在焊件上摩擦，应使用专用钢质通针清理，消除其堵塞物。

（12）焊接结束后，应将焊炬挂放在适当地方，不准挂放在氧气瓶或乙炔瓶上。

6. 割炬的安全使用规则　除了应按焊炬的使用规则外，还应注意如下各点：

（1）由于割炬内有高压氧通道，因此割嘴的各个部分和各接头处的密封性与它的紧密性尤需特别注意，以防漏气。

（2）切割时，飞溅出来的金属微粒或熔渣较多，割嘴孔道易堵塞，孔道内易黏附飞溅物，因此应使用适当的钢质通针清除，使孔道畅通，以免发生回火。

（3）割炬内嘴必须与高压氧通道密封紧密连接，以免高压氧窜入环形通道而把预热火焰吹熄。

（4）装配组合式割嘴时，必须使嘴芯与外套保持同心，如图7-44所示。这样才能

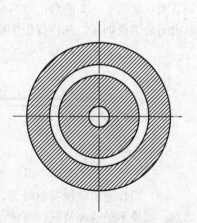

图7-44　割炬嘴芯和外套的装配

使切割氧流位于预热火焰中心，而不至于发生偏斜。

（5）割炬使用过程中若发生回火现象时，应迅速关闭切割氧调节阀，然后关闭乙炔和预热氧调节阀，如图7-45所示。待回火熄灭后，再打开切割氧调节阀，吹除残留在割炬内的余烟和烟灰。

（6）气割时，待火焰调整正常后，若割嘴头发出有节奏的"叽、叽"声，而火焰并不熄灭，稍稍打开切割氧时，尚能勉强切割，但进一步开大切割氧时，火焰就立即熄灭。此时应拆下割嘴外套，轻轻拧紧嘴芯，如图7-46所示。

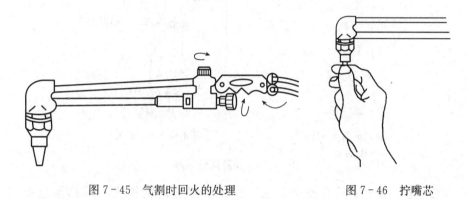

图7-45 气割时回火的处理　　　　　　图7-46 拧嘴芯

六、特殊环境焊接作业的安全操作技术

1. 登高焊割作业的安全操作技术

焊工在离地2 m或2 m以上的地点进行的焊接与切割作业为高处焊接与切割作业，如图7-47所示。

高处焊接与切割作业时，由于作业的活动范围比较窄，出现安全事故前兆很难紧急回避，所以，发生安全事故的可能性比较大。高处焊接与切割作业容易发生的事故主要有触电、火灾、高空坠落和物体打击等。

（1）防止高空坠落的安全措施

① 焊工必须使用符合国家标准

图7-47 高处焊接与切割作业

要求的安全带，穿胶底防滑鞋。不要使用耐热性能差的尼龙安全带，安全带要高挂低用，切忌低挂高用，如图7-48所示。

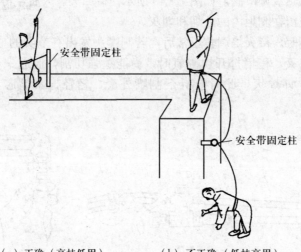

(a) 正确（高挂低用）　　　　(b) 不正确（低挂高用）

图7-48　预防高处坠落

②登高梯子要符合安全要求，梯子脚要包防滑橡皮。单梯与地面夹角应大于60°，上下端均应放置牢靠；人字梯要有限制跨钩，夹角不能大于40°，不得两人同时用一个梯子工作，也不能在人字梯的顶阶上工作。

③防坠落的安全网的架设，应该外高里低，不留缝隙，而且铺设平整。随时清理网上的杂物，安全网应该随作业点的升高而提高，发现安全网破损要及时进行更换。

④高处焊割的脚手板要结实牢靠，单人行道的宽度不得小于0.6 m，双人行道的宽度不得小于1.2 m，上下的坡度不得大于1：3，板面要钉有防滑条，脚手架的外部按规定应加装围栏防护。

⑤登高作业时，应首先检查攀登物是否牢固，然后再攀登。

⑥不应使用高频引弧器，防止万一麻电，失足坠落摔伤。

⑦雨天、雪天、雾天和5级以上的大风天，无可靠防护措施，禁止高空作业。

⑧患有高血压、心脏病、精神病、癫痫病及肺结核等病症者及酒后者，均不得高空作业。

（2）防止物体打击的安全措施

① 高空作业时，电焊钳软线应紧固在固定地点，不要缠绕在身上或搭在背上。

② 高空作业时，随手使用的工具，应装在工具袋里，防止掉落伤人。

③ 焊条应装在焊条筒里。更换后的焊条头不应随手往下扔，防止砸伤或灼伤下面的人。

④ 禁止在高空相互抛掷材料、工具等。

（3）防止高处触电的安全措施

① 在距离高压线 3 m 或距离低压线 1.5 m 的范围内进行焊接与切割作业时，必须停电作业，当高压线或低压线电源切断后，还要在开关上挂"有人作业，严禁闭合开关"的标示牌，然后才能进行焊接与切割作业。

② 要配备安全监护人，密切注视焊工的安全动态，随时准备拉开开关。

③ 不得将焊钳、电缆线、氧乙炔胶管搭在焊工的身上带到高处，要用绳索吊运。焊接与切割作业时，应将电缆线、氧乙炔胶管在高处固定牢固，严禁将电缆线、氧乙炔胶管缠绕在焊工的身上或踩在脚下，如图 7 - 49 所示。

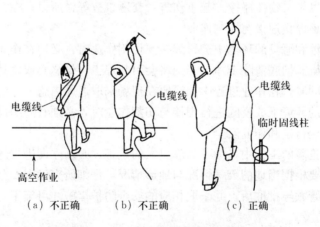

图 7 - 49　高处焊接与切割操作

④ 在高处焊接与切割作业时，严禁使用带有高频振荡器的焊机焊接，以防焊工在高频电的作用下发生麻电（有触电感觉但不至电伤）后而失足坠落。

（4）防止火灾的安全措施

① 在高空气焊或气割时，禁止在工作地点下方堆放易燃、易爆物品和停留人员，如图 7 - 50 所示。

② 高处焊接与切割作业的现场要设专人观察火情，如有情况及时通知有关部门采取措施。

③ 高处焊接与切割作业的现场要配备有效的消防器材。

④ 不要随便乱扔刚焊完的焊条头，以免引起火灾。

2. 在恶劣气候条件下焊割作业的安全操作技术　一般不允许在大雨或雷电的状态下进行焊接与切割作业，以防止造成触电或雷击事故。

在雨水多的季节，要从物体的不安全状态和人的不安全行为方面采取各项安全措施来防止触电事故的发生。

图 7 - 50　高空气焊

在进行焊接或切割作业时，遇到 6 级以上（含 6 级）的大风应该停止焊接与切割作业；在大雾或暴雪的情况下，由于能见度比较低，作业周围环境情况不明，容易发生与物体碰撞、起重伤害、交通事故等，所以，在大雾或暴雪的条件下，应该停止焊接与切割作业。

在强腐蚀和恶臭的环境中进行焊接与切割作业时，必须在作业前，将腐蚀性物料或污染源彻底清除干净，否则将会引起焊工头晕恶心或使其身体受到腐蚀性伤害。同时，在作业过程中，还要在现场采取通风措施。

在昏暗的环境下或夜间进行焊接与切割作业时，必须有照明设备，以确保作业人员安全行走和作业安全。

在紧急抢险的工作中，为了消除更大的危害，必须立即进行焊接与切割作业时，一定要根据当地的天气情况与地形情况，仔细研究确保安全操作的若干问题，经主管领导批准后，并采取相应的安全防护措施才可施工，以确保焊工操作的安全。

3. 在容器内焊割作业的安全操作技术

（1）应隔离和切断该设备和外界联系的部位。

（2）在容器内焊接时内部尺寸不应过小，外面必须设专人监控，或两人轮换工作，随时保持联系。

（3）设备内部应采取良好的通风措施，严禁用氧气代替压缩空气向容器内吹风，防止燃烧或爆炸。

（4）焊割炬要随人进出，不准放在容器内。

（5）在容器内部焊接时，要做好绝缘防护工作，照明电压采用12 V，以防触电事故。

（6）做好个人防护，戴好静电口罩和专用面罩，减少烟尘等对人体的危害。

（7）在容器、管道内进行置换补焊时，焊接与切割作业现场必须与易燃易爆的生产区进行安全隔离；焊接与切割作业前应进行动火分析；严格控制容器内可燃物或有毒物质的含量；将置换后的化工及燃料容器的内、外表面进行彻底清洗；在焊接与切割过程中，还要随时对残留的可燃气体或毒物进行检测。

（8）在容器、管道内进行带压不置换补焊时，要严格控制容器、管道内的含氧量（氧的体积分数控制在1%以下）。补焊过程中，保持容器、管道内有一定的正压（正压过大，会从裂纹处猛烈向外喷火，使焊工无法进行补焊而导致出现裂纹处熔化；正压过小，会使介质流速小于燃烧速度而产生回火，引起容器和管道爆炸）。严格控制作业点周围可燃气体的含量。

（9）防毒防窒息。动火系统要与引起中毒、窒息的生产系统完全隔绝，切断毒物与毒气的来源；分析动火系统内的有毒气体的含量和含氧量，确认没有毒物、毒气和窒息性气体，采取安全措施，确定安全监护人，经过有关单位批准后，方可从事焊接与切割动火。

4. 焊补燃料容器的安全操作技术

（1）当气焊或气割储存过汽油或其他油类的容器时，应先用热碱水将容器内壁清洗干净，再用压缩空气吹干，然后才可进行气焊或气割，如图7-51所示。

（2）气焊汽油桶时，需将容器上的孔盖全部打开，并要在充分做好防护工作的情况下，才能进行作业，如图7-52所示。

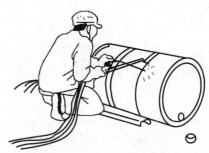

图7-51 用碱水冲洗汽油桶　　　　　图7-52 打开孔盖气焊汽油桶

（3）当气焊或气割工作点与易燃物之间的距离无法保持 10 m 以上时，应采用不燃烧材料隔开，如图 7-53 所示。

隔燃物

图 7-53　在易燃物附近气割

（4）焊接时，电焊机二次回路及气焊设备、乙炔皮管等要远离易燃物，防止操作时因线路火花或乙炔皮管漏气而起火。

（5）动火前必须制订好计划，并且通知有关安全人员准备好灭火器材；在暗处或夜间工作时，应有足够的照明，并准备好带有防护罩的低压行灯等。

参考文献

陈丽丽，杜贤宏．2010．焊工技能图解［M］．北京：机械工业出版社．

《焊接工艺与操作技巧丛书》编委会．2010．焊条电弧焊工艺与操作技巧［M］．沈阳：辽宁科学技术出版社．

胡蓉，陈炳毅．2009．焊工工艺与技能训练［M］．北京：人民邮电出版社．

李绍军．2009．焊工工种操作实训［M］．哈尔滨：哈尔滨工业大学出版社．

刘云龙．2008．焊工技能［M］．北京：机械工业出版社．

刘云龙．2009．CO_2 气体保护焊技术［M］．北京：机械工业出版社．

丘宏星，陈太贵．2009．焊工操作技能［M］．福州：福建科学技术出版社．

丘宏星．2010．焊工一本通［M］．福州：福建科学技术出版社．

上海市职业指导培训中心．2006．焊工技能快速入门［M］．南京：江苏科学技术出版社．

王亚君，周岐．2010．电焊工操作技能［M］．北京：中国电力出版社．

项晓林．2011．初级焊工技术［M］．北京：中国劳动和社会保障出版社．

中国就业培训技术指导中心．2010．焊工（基础知识）（第 2 版）［M］．北京：中国劳动和社会保障出版社．

图书在版编目（CIP）数据

焊工 / 鲁植雄，李晓勤主编 . —北京：中国农业
出版社，2012.11
　（新农村能工巧匠速成丛书）
　ISBN 978 - 7 - 109 - 17307 - 1

　Ⅰ.①焊…　Ⅱ.①鲁…　②李…　Ⅲ.①焊接　Ⅳ.
①TG4

中国版本图书馆 CIP 数据核字（2012）第 256097 号

中国农业出版社出版
（北京市朝阳区农展馆北路 2 号）
（邮政编码 100125）
责任编辑　何致莹　黄向阳

北京中科印刷有限公司印刷　新华书店北京发行所发行
2013 年 4 月第 1 版　2013 年 4 月北京第 1 次印刷

开本：720mm×960mm　1/16　印张：20.75
字数：410 千字
定价：43.00 元
（凡本版图书出现印刷、装订错误，请向出版社发行部调换）